地热单井取热原理与方法

宋先知　李根生　张逸群　黄中伟　石　宇　著

科 学 出 版 社

北　京

内 容 简 介

地热单井取热主要聚焦于“取热不取水”的地热开采新方法。本书系统介绍了地热单井取热系列方法的取热原理、参数影响规律、现场应用等方面的理论基础与最新研究成果。全书共 7 章，分别介绍地热单井取热方法、单井井下换热器参数优化与结构设计、单井同轴套管闭式循环取热机理与参数、单井同轴套管开式循环取热机理与参数、多分支井自循环地热系统取热原理与参数、多分支井闭式循环地热系统产能预测与参数、单井取热方法室内实验等内容。

本书可供从事地热钻采技术研究的科研人员、高等院校相关专业的师生，以及地矿、能源等产业的工程技术人员阅读参考。

图书在版编目（CIP）数据

地热单井取热原理与方法 / 宋先知等著. —北京：科学出版社，2022.10

ISBN 978-7-03-068168-3

Ⅰ. ①地… Ⅱ. ①宋… Ⅲ. ①地热井 Ⅳ. ①P314

中国版本图书馆CIP数据核字（2021）第035922号

责任编辑：万群霞　崔元春 / 责任校对：王萌萌
责任印制：师艳茹 / 封面设计：图阅盛世

科 学 出 版 社 出版
北京东黄城根北街 16 号
邮政编码：100717
http://www.sciencep.com
北京九天鸿程印刷有限责任公司 印刷
科学出版社发行　各地新华书店经销
*
2022 年 10 月第　一　版　开本：720 × 1000　1/16
2022 年 10 月第一次印刷　印张：12 1/4
字数：247 000

定价：198.00 元

（如有印装质量问题，我社负责调换）

前　言

地热资源是一种具有重要应用价值的绿色低碳可再生能源，具有优化能源结构、节能减排和改善环境的作用。我国地热资源储量丰富，具有巨大的供暖与发电潜力。因此，地热资源已被视为我国可再生能源规划的重点任务，地热发电也被纳入可再生能源发电补贴项目清单。加快地热资源的高效开发利用，对我国优化能源结构、保障国家能源战略安全、实现低碳转型具有重要意义。

地热资源开采通常需要完钻注入与开采两口井，确保地热尾水回灌率，实现地热能可持续开发，因此其钻完井成本较高。此外，我国的砂岩地热储层占比大，由于储层物性的限制，其地热尾水回灌难度大，容易导致采灌不均衡，诱发地下水位下降、地面沉降、地面塌陷等地质问题。为解决上述问题，亟须探索“取热不取水”的地热开采新方法。地热单井取热是利用单一主井筒实现地热资源开采的技术，具体实现方式包括三种思路：在单一井筒内安装井下换热器进行取热；在主井筒中不同层段侧钻分支井眼，实现取热工质的注入与开采，同时利用分支井眼增强注采能力；在单一主井筒内进行闭式循环取热。该技术有望减少钻井数量，增强取热效果，实现地热资源的“取热不取水”高效低成本开采。

本书是笔者团队近年来研究工作的成果总结。全书共 7 章：第 1 章简要介绍地热单井取热系列方法的取热原理；第 2 章通过数值模拟研究单井井下换热器的取热机理，分析关键参数对取热效果的影响规律，对比不同换热器的取热效果；第 3 章结合理论研究和现场试验手段分析单井同轴套管闭式循环系统的取热效果，并对自主研发的高导热水泥开展实验研究；第 4 章通过数值模拟研究单井同轴套管开式循环地热系统的取热机理，分析工艺参数和储层物性对取热效果的影响规律；第 5 章建立地热储层和井筒耦合流动传热模型，研究多分支井自循环地热系统储层和井筒内的流动传热规律，对比不同取热工质的取热效果，揭示关键参数对系统取热的影响规律；第 6 章通过数值模拟研究多分支井闭式循环地热系统的井筒流动传热规律，分析工艺参数和井筒结构参数对取热效果的影响规律；第 7 章主要介绍自主研发的地热多功能流动传热实验平台，并通过室内实验手段对比多分支井和单井同轴地热系统的注采能力与取热效果。

参加本书相关研究工作的学生包括吕泽昊博士生、王高升博士生、于超博士生、宋国锋博士生、姬佳炎博士生、郑睿硕士生、李嘉成硕士生、许富强硕士生等，还有多位研究人员也参与了有关研究和实验工作，研究成果先后在 *Applied Energy*、*Energy Conversion and Management*、*Renewable Energy*、*Energy*、《石油钻探技术》《建筑科学》等刊物上发表，并在美国地热资源委员会(Geothermal Resources Council)第 41 届、第 42 届、第 44 届年会，第十六届国际传热大会(IHTC16)、第 43 届斯坦福大学地热研讨会等国际会议上宣讲。

本书是笔者在地热单井取热方法方面的阶段性研究成果，随着地热资源钻采技术的发展，新技术和新方法不断出现，需要开展更加深入、全面的研究工作。本书涉及的很多问题远未深入，加之水平有限，书中难免存在不足之处，恳请专家、同行和广大读者批评指正。

作　者

2021 年 12 月

目　录

第 1 章　地热单井取热方法

随着经济的快速发展和人民生活水平的不断提高，人们对能源的需求量日益增大，特别是以煤炭、石油和天然气等化石能源为主的能源消费急剧上升。而化石能源不仅不可再生，其燃烧排放的二氧化碳等温室气体还会导致全球气候变暖，造成严重的环境污染问题，威胁人类社会的可持续发展。因此，大力发展清洁可再生能源已成为世界各国的能源策略。地热能作为一种清洁环保的可再生能源，具有优化能源结构、节能减排和改善环境的重要作用，并且与太阳能、风能、水能等可再生能源相比，地热能基本不受地理位置、气候和季节的影响，具有分布广、储量大、产量稳定和有效工作时间长等优势。

世界地热资源储量丰富，根据世界能源委员会（World Energy Council, WEC）的数据，全球存储在 5km 地壳以内的地热能大约有 1.4×10^{8}EJ，约为 4.9×10^{15}tce①，远远超过全球每年约 500EJ 的能源消耗量[1]。我国也拥有巨大的地热资源量，其中水热型地热资源量折合 1.25×10^{12}tce，每年可采量折合 1.865×10^{9}tce，相当于我国 2015 年煤炭消耗总量的 50%[2]。我国主要沉积盆地的地热资源可开采量折合 1.8×10^{11}tce，每年开发利用可替代折合 9.05×10^{7}tce，可减少二氧化碳排放 3.60×10^{8}t，减少煤灰渣排放 1.513×10^{7}t，减少悬浮粉尘 1.21×10^{6}t[3]。因此，促进地热资源开发利用对节能减排、缓解我国雾霾天气具有重要作用，对改善我国能源战略布局、培育新兴产业和促进生态文明建设等具有重大政治、经济意义[4-7]。

1.1　概　　述

直接采水取热是目前最高效的一种地热开发方式，该方式至少包括一口开采井，以及一口用于回灌地热尾水的注入井。目前，灰岩等岩溶性地热储层的回灌技术较为成熟。2017 年我国发布的《地热能开发利用“十三五”规划》中强调，在“取热不取水”的指导原则下积极推进水热型地热供暖。“取热不取水”即地热井筒与热储之间仅有热量交换，没有或者仅有少量取热工质交换，这种无干扰的地热开发方式，有望降低回灌成本，缓解传统地热开发造成的地面沉降、水质污染、采灌不均衡等问题，具有普适性、绿色环保、寿命长等优点。

① tce 为吨标准煤当量，按我国标准计算，1tce=2.9307×10^{10}J。

另外，在地热系统的建造中，钻完井成本占比较大，有时占比甚至会超过总成本的 50%[8]。因此，若采用传统的注采地热系统，其注采井眼数量较多，将导致投资成本大幅度攀升，显著延长地热开发的投资回收期，制约其商业应用。

针对上述地热系统目前存在的地热尾水回灌难、钻完井成本高的难题，笔者基于“取热不取水”的思路，提出了一系列地热单井取热方法，并对其取热原理开展了深入研究。单井取热方法主要包括单井同轴套管闭式循环地热系统和单井同轴套管开式循环地热系统。前者与储层之间只有热量交换，实现了真正意义上地热开发的“取热不取水”；而后者与储层之间不仅有热量交换，还存在取热工质交换，可以实现注采均衡。

本书的单井取热方法包括单井井下换热器地热系统、单井同轴套管闭式循环地热系统、单井同轴套管开式循环地热系统、多分支井自循环地热系统和多分支井闭式循环地热系统。详细介绍了每一种地热系统的结构与开采流程，采用理论分析、数值模拟和室内实验的方法，针对每一种单井地热系统的取热原理、参数影响规律和结构优化等问题开展了深入研究。

1.2　单井井下换热器地热系统

单井井下换热器地热系统是一种闭式循环系统，主要依靠井底地层水的自然对流进行换热，无需将地层水抽出，不存在地热尾水回灌困难的问题。因此不存在地层水过度开采而导致地层下陷等现象，是一种环保、高效的“取热不取水”的新方法。

单井井下换热器地热系统取热示意图如图 1.1 所示。地热井底采用开式完井方式，井筒内充满了高温地热流体，将换热器安装在井底，即浸泡在井底的高温地热流体中。低温取热工质从地表注入换热器中，通过换热器壁面从井底的高温地热流体中取热，被加热后的高温取热工质再通过换热器回到地面用于供暖等。如果井口采出的地热流体的温度已达到供暖需求，则可以直接注入各户进行供暖；如果采出的地热流体的温度没有达到直接供暖需求，则需要将采出的流体通过热泵升温，达到标准后再注入各户进行供暖。

单井井下换热器地热系统的取热过程使井筒内的地层水温度降低，密度增大，从井筒套管的下开口处流出套管；套管和井壁之间的地层水温度较高，密度减小，向上从套管上部流入套管内，形成连续不断的地热流体交换，补充套管内被换热器采出的热量，使井下换热器能够源源不断地从井内流体中取热，保持热输出的

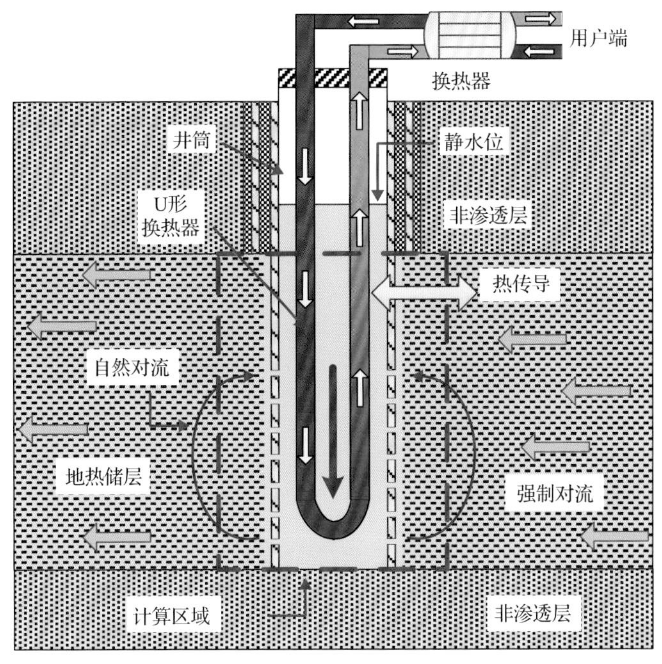

图 1.1　单井井下换热器地热系统取热示意图

稳定性。井壁周围的地热储层属于多孔介质区域，如果地层中存在原始水头梯度，地层中的热水会沿着水头梯度降低的方向以一定的速度强制流动，使地热流体与储层岩石产生强制对流换热。此外，在换热工质和地热储层的温度差驱动下，热储与换热器间会发生热传导作用。因此，单井井下换热器地热系统取热原理复杂，包括自然对流、强制对流和热传导三种方式。

1.3　单井同轴套管闭式循环地热系统

单井同轴套管闭式循环地热系统是一种典型的“取热不取水”地热开采系统，由钻入地热储层中的直井及井筒中呈同轴位置关系的中心保温管组成，系统的取热过程如图 1.2 所示。在此系统中，将取热工质从地面通过高压泵注入环空，由于温度差异，环空中的取热工质通过热对流和热传导从井壁提取热量，然后通过中心管返回地面，流经换热器被利用。取热工质在井筒内产生强制对流换热；环空和地层之间由套管和水泥分隔，并在其内部发生热传导。除此之外，在取热工质与周围地层的温差驱动下，井筒与储层之间的热对流和热传导可以弥补井筒周围的热损耗，而且地层水的流动可以加快传热过程。

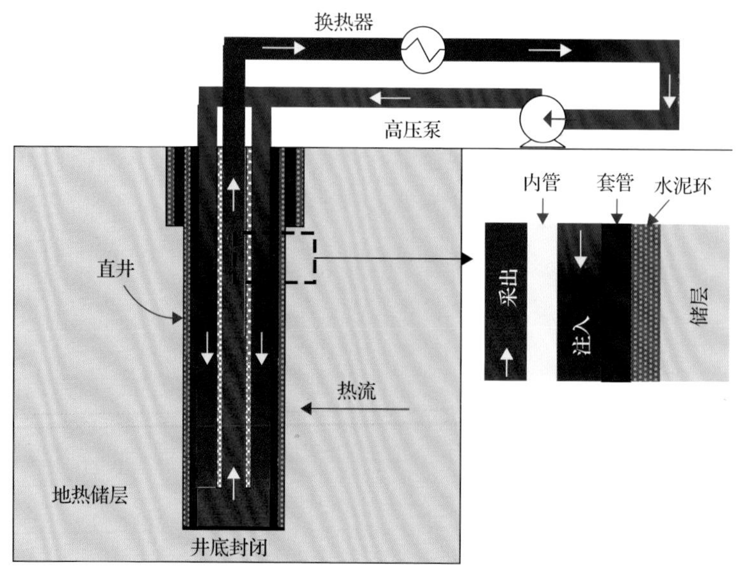

图 1.2　单井同轴套管闭式循环地热系统取热示意图

1.4　单井同轴套管开式循环地热系统

单井同轴套管开式循环地热系统主要利用一口直井完成流体采出和回灌，然后通过流体与岩石的直接接触，增强系统换热，适用于裂缝性水热储层开发。该系统取热原理如图 1.3 所示。首先钻一口直井到目的层位，下套管固井，在井筒上部和下部分别射孔，形成注水段和采水段。然后安装保温管，下入封隔器将注水段和采水段进行封隔。之后循环流体由高压泵进入井筒，从注入段进入储层，在地热储层中进行充分换热，再从采水段进入井内，由保温管返回地面进行供暖或发电利用。地热储层是单井同轴套管开式循环地热系统主要流动传热区域，涉及达西渗流、热传导、热对流等复杂过程。

1.5　多分支井自循环地热系统

传统对井增强型地热系统(enhanced geothermal system, EGS)需要完钻两口井用于取热工质的注入与开采，其垂直对井或定向对井与储层的接触面积小，沟通裂缝数量有限，因此注、采井间连通效果差[9]。针对上述问题，提出了多分支井自循环地热系统开发高温地热资源的新方法[10]，其原理如图 1.4 所示[11,12]。该方法利用多分支径向水平井技术在主井眼上沿一个或多个层位侧钻若干分支井眼，

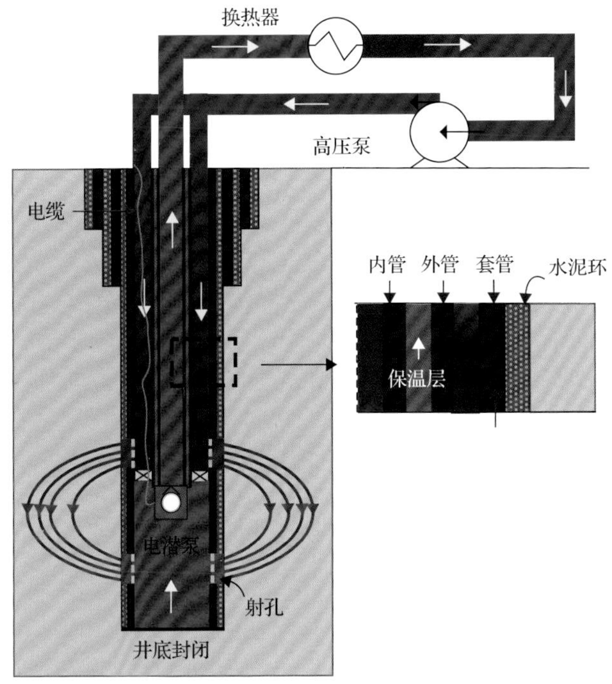

图 1.3　单井同轴套管开式循环地热系统取热示意图

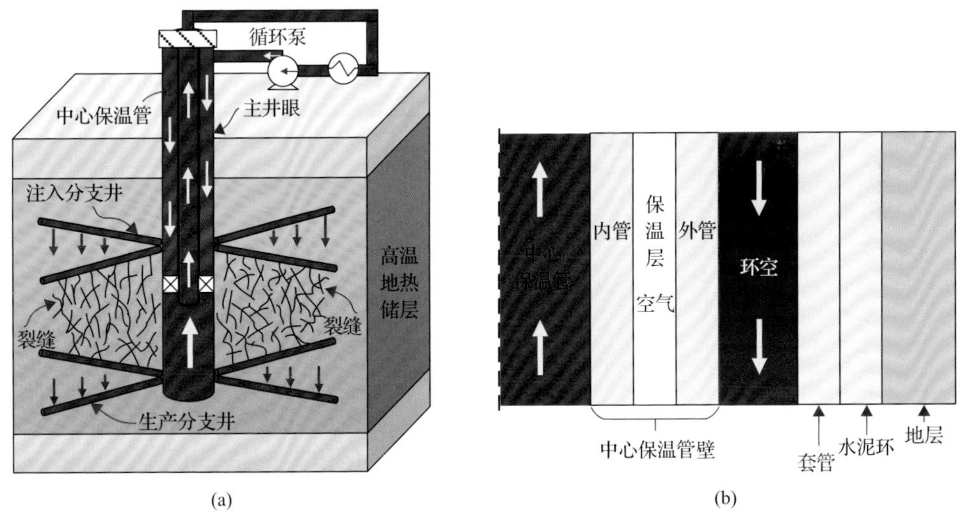

图 1.4　多分支井自循环地热系统取热原理示意图[11,12]

从而扩大井眼与储层的接触面积，增加井眼与裂缝连通的可能性，改善系统的注入能力与生产能力；相比于传统对井增强型地热系统，该方法可实现注采同井，减少钻井数量，降低 EGS 建造成本，有望实现高温地热资源经济高效开发。

多分支井自循环地热系统的具体实施过程：钻进主井眼至高温地热储层段，在上部高温岩体中由主井眼侧钻注入分支井眼，下部岩体中侧钻生产分支井眼，随后利用水力压裂、热应力、化学或爆炸压裂方法在高温岩体中改造储层；在主井眼内下入中心保温管，利用耐高温高压封隔器封隔中心保温管与井筒环空；由环空注入低温换热工质，工质从上层注入分支井眼进入高温地热储层，与高温岩体充分换热后流入下层生产分支井眼，经中心保温管采出至地面进行发电等使用。中心保温管结构如图 1.4(b) 所示，为三层结构，包括内管、保温层和外管。

1.6　多分支井闭式循环地热系统

新型多分支井闭式循环地热系统属于闭式循环系统，与单井同轴套管闭式循环地热系统相比，通过分支井筒显著增加换热长度和换热时间，从而可以大幅度提高系统取热能力。该系统取热原理如图 1.5 所示。钻主井筒至目标储层，然后从主井筒侧钻多个分支井筒，下套管固井。在主井筒和分支井筒中安装中心保温管。然后由环空注入工质，通过套管壁从高温储层中提取热量，最后从中心保温管返回地面进行地热利用。多分支井闭式循环地热系统井内传热过程主要涉及工质内的热传导和热对流，工质与管壁之间的对流换热，中心保温管、套管、水泥环内的热传导。井外地层内的传热过程主要考虑热传导。

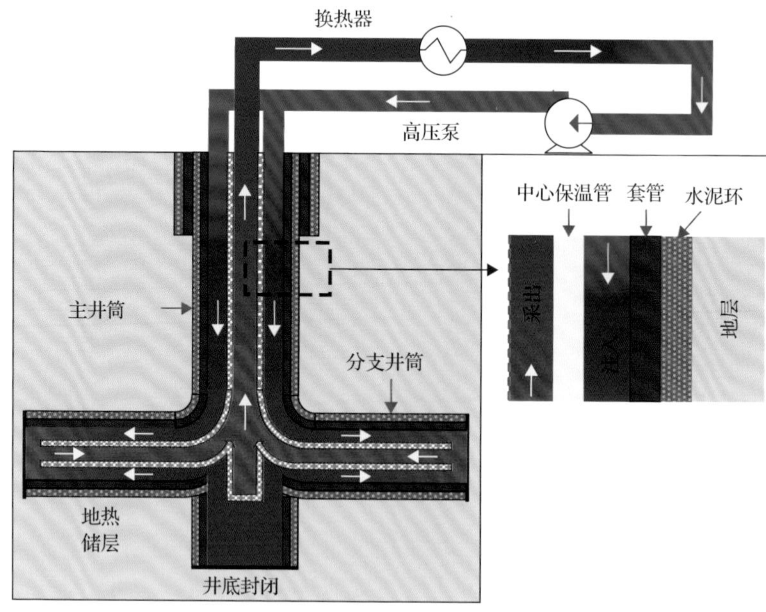

图 1.5　多分支井闭式循环地热系统取热示意图

1.7　中心保温管技术

上述单井取热方法大都需要在井眼中安装中心保温管，对采出的高温流体进行保温。但是市场上现有的真空保温管主要用于地面工程，在地热井中应用存在一定局限性。首先，由于井深数千米，对保温管的抗拉强度、抗内压强度及抗外挤强度均提出了更为严苛的要求。经过计算，并且考虑温度和高速水流的影响，其强度至少需达到几十兆帕，甚至上百兆帕。其次，根据《地热钻探技术规程》(DZ/T 0260—2014)，四开井筒直径仅为 152.4mm，下入的尾管直径甚至仅为 114.3mm，因此在保证足够的注水环空尺寸条件下，真空保温管尺寸将受到极大限制，需进行定制加工，提高了成本。最后，考虑工程实际，无法在地面上加工数千米的真空保温管并下入井底。

因此，笔者专门设计了一种高效的保温管，即双层真空保温管。该技术克服了现有真空保温管存在的加工、安装困难，成本偏高的缺陷，降低了热水返回地面过程中的热量损失，提高了经济效益。双层真空保温管结构主要包括钢管、外管短节、底封、内管短节和真空短节。

(1) 钢管是指能够满足抗压、抗拉强度的套管。可通过螺纹连接，根据不同的井身结构及生产排量要求，同时考虑成本，选择两种尺寸的套管分别作为内管与外管，可在两者之间形成真空环空。

(2) 外管短节主体为与钢管外径相同的短节，上端可通过螺纹与钢管相连，内部存在锥形引导面，引导面下部为密封段，要求壁面光滑，在密封段之后为锥形底封座，可与底封配合形成密闭空间。

(3) 底封为倒锥形的满足抗压要求的实心堵头，可通过胶水与外管短节坐封，形成密闭空间。

(4) 内管短节上端可通过螺纹与内管相连，上部存在可与外管短节锥面坐封的锥面，下部与外管短节内通径一致，表面存在密封槽，可与外管短节形成密封，内管短节下部长度比外管短节相应部分长一些，便于底封打开。

(5) 真空短节为帽状结构，下部可通过螺纹与外管相连接，上部中心可与内管密封，在真空短节的侧面存在抽真空接口，可与真空泵相连接。

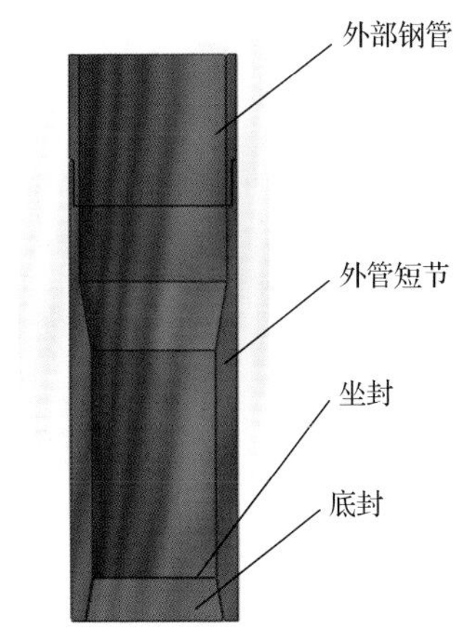

图 1.6　外管管柱组合装配体二维剖面图

图 1.6 为外管管柱组合装配体二维剖面图，结构包括外部钢管、外管短节、坐封和底封。其中外管短节与外部钢管外径相同，上端通过螺纹与外部

钢管相连，内部存在锥形引导面。引导面下部为密封段，壁面光滑，密封段为锥形底封座。通过胶水将底封(实心堵头)与外管短节坐封后，形成密闭空间，并将该外管管柱下入井中，在水压作用下，底封会被压在外管短节下部，到达预计位置后，停止下入，并将其固定在井口位置。

图 1.7 为内管管柱下入外管管柱底部的装配体二维剖面图，新的结构包括内部钢管及内管短节。其中内管短节与内管通过螺纹连接，上部存在可与外管短节锥面坐封的锥面，下部与外管短节内通径一致，表面存在密封槽，内管短节下部长度比外管短节相应部分长一些。在内管短节的密封槽中安装密封件后，将该内管管柱从外部钢管中逐渐下入，在内外钢管之间形成充满空气的环空，即主要的隔热保温层。

图 1.8 为内管管柱打开外管管柱底封的装配体二维剖面图，没有新的结构，其中内管短节的总长度与外管短节相同，内管短节圆柱段密封部分比相应的外管部分长 2cm，便于底封的打开。内管逐渐下入外管短节位置，在外管短节锥面导引下，内管短节进入外管短节密封段，通过内管短节的密封件实现密封，防止水流进入内外管之间的环空。继续下入内管，当内管短节到达底封位置，由于内管短节下部长度比外管短节相应部分更长，在重力作用下打开底封，继续下入直至内管短节锥面与外管短节锥面重合，实现有效坐封，在井口对内管进行固定。此时，内管与井筒连通，形成了流体从环空中流入并从内管中流出的通路。

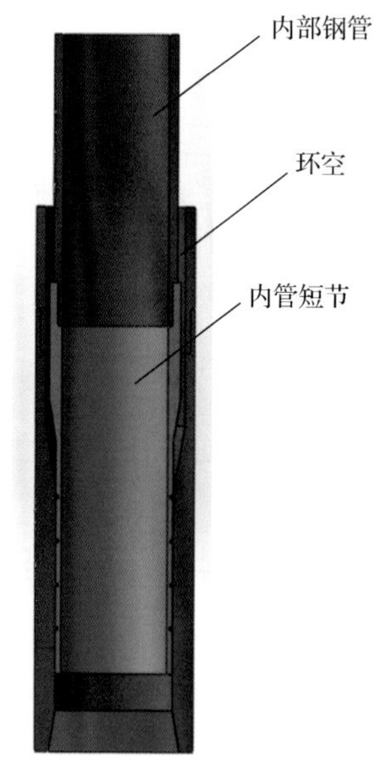

图 1.7　内管管柱下入外管管柱底部的装配体二维剖面图

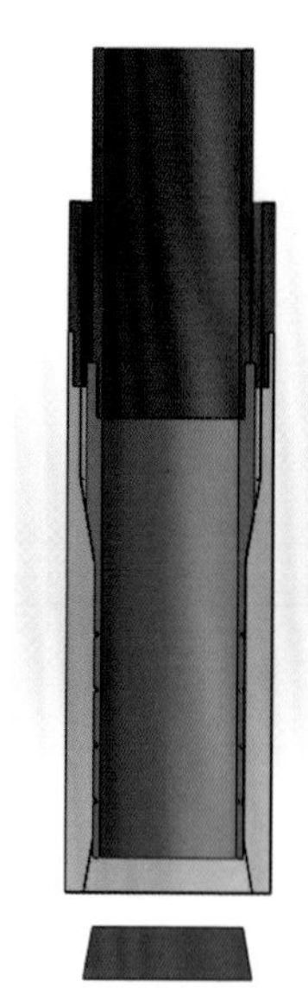

图 1.8　内管管柱打开外管管柱底封的装配体二维剖面图

图 1.9 为地热双层真空保温管装配体的二维剖面图，新的结构为真空短节。真空短节为帽状结构，下部可通过螺纹与外管相连接，上部中心可与内管密封，在真空短节的侧面存在抽真空接口，可与真空泵相连接。通过以上措施，短节形成了全尺寸内外管空气环空，干燥空气的导热系数为 0.023W/(m·K)，甚至比某些保温材料的导热系数都低，可以实现有效的隔热保温，但是从传导散热的角度考虑，在井口安装真空短节，并通过真空泵将内外管环空中的气体抽出形成真空，实现全尺寸的真空保温，极大地降低了回水过程中的热量损失，提高了取热功率。

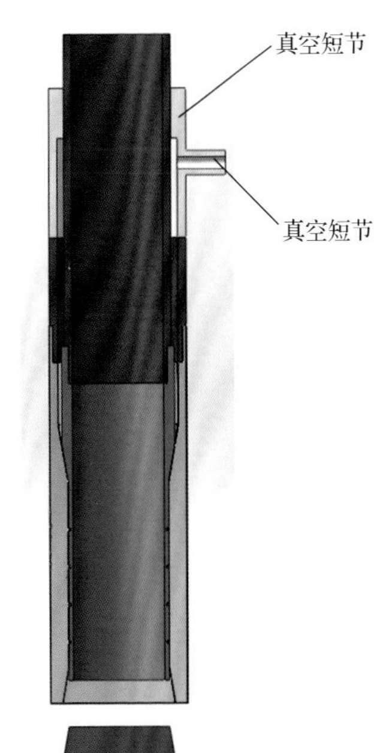

图 1.9　地热双层真空保温管装配体的二维剖面图

地热双层真空保温管与现有真空管相比具备以下优点。

(1) 可操作性强。所有管柱均为普通管柱，无需特殊加工与操作，正常起下钻作业人员即可完成。

(2) 安全性高。无运动部件，无高压作业，密封可长期有效。

(3) 经济性好。所有管柱均为普通管柱，且无需特殊绝热材料，无需特殊作业人员，操作方便，作业时间短，降低了作业成本，特别适合地热开发。

(4) 保温效果好。通过对比分析发现该保温管真空绝热效果最好，热量仅能通过热辐射的方式散失，保温效果好，基本可以避免热量损失。

第 2 章　单井井下换热器参数优化与结构设计

单井井下换热器是一种典型的“取热不取水”地热系统。该系统是一种闭式循环地热系统，避免了地热尾水回灌的难题，同时依靠井底地层水的自然对流和强制对流增强换热性能。本章主要研究单井井下换热器的取热原理，并开展其换热器结构优化设计。

2.1　流动传热模型建立

第 1 章已详细介绍了单井井下换热器的工作原理，其取热过程包括了自然对流换热、强制对流换热和热传导。该小节建立了同时考虑换热器、井筒和储层流动传热过程的数学模型，以此开展数值模拟，研究其取热规律。其中取热工质采用水，水的性质会随温度而变化，其密度和黏度可以表示为

$$\rho=\begin{cases}1000\times\left(1-\dfrac{\left(T_{\mathrm{c}}-3.98\right)^{2}}{503570}\times\dfrac{T_{\mathrm{c}}+283}{T_{\mathrm{c}}+67.26}\right), & 0℃\leqslant T_{\mathrm{c}}\leqslant 20℃\\ 996.9\times\left[1-3.17\times10^{-4}\times\left(T_{\mathrm{c}}-25\right)-2.56\times10^{-6}\times\left(T_{\mathrm{c}}-25\right)^{2}\right], & 20℃<T_{\mathrm{c}}\leqslant 250℃\\ 1758.4+10^{-3}T\left[-4.8434\times10^{-3}+T\left(1.0907\times10^{-5}-T\times9.8467\times10^{-9}\right)\right], & 250℃<T_{\mathrm{c}}\leqslant 300℃\end{cases}\tag{2.1}$$

式中，ρ 为水的密度，kg/m^3；T_{c} 为温度，℃；T 为热力学温度，K。

$$\mu=\begin{cases}10^{-3}\times\left[1+0.015512\times\left(T_{\mathrm{c}}-20\right)\right]^{-1.572}, & 0℃\leqslant T_{\mathrm{c}}\leqslant 100℃\\ 0.2414\times10^{\frac{247.8}{T_{\mathrm{c}}+133.15}}, & 100℃<T_{\mathrm{c}}\leqslant 300℃\end{cases}\tag{2.2}$$

式中，μ 为水的黏度，Pa·s。

2.1.1　换热器流动传热模型

采用非等温管道流模型描述换热器管道内取热工质的强制对流换热过程，具体包括了质量守恒方程[式(2.3)]、动量方程[式(2.4)]和能量守恒方程[式(2.5)]：

$$\frac{\partial\left(A_{\mathrm{p}}\rho_{\mathrm{f}}\right)}{\partial t}+\nabla\cdot\left(A_{\mathrm{p}}\rho_{\mathrm{f}}u_{\mathrm{f}}\right)=0 \tag{2.3}$$

$$\rho_{\mathrm{f}}\frac{\partial u_{\mathrm{f}}}{\partial t}=-\nabla p-\frac{1}{2}f_{\mathrm{D}}\frac{\rho_{\mathrm{f}}}{d_{\mathrm{p}}}\left|u_{\mathrm{f}}\right|u_{\mathrm{f}} \tag{2.4}$$

$$\rho_{\mathrm{f}}A_{\mathrm{p}}c_{p,\mathrm{f}}\frac{\partial T_{\mathrm{f}}}{\partial t}+\rho_{\mathrm{f}}A_{\mathrm{p}}c_{p,\mathrm{f}}u_{\mathrm{f}}\cdot\nabla T_{\mathrm{f}}=\nabla\cdot\left(A_{\mathrm{p}}\lambda_{\mathrm{f}}\nabla T_{\mathrm{f}}\right)+\frac{1}{2}f_{\mathrm{D}}\frac{\rho_{\mathrm{f}}A_{\mathrm{p}}}{d_{\mathrm{p}}}\left|u_{\mathrm{f}}\right|u_{\mathrm{f}}^{2}+Q_{\mathrm{wall}} \tag{2.5}$$

式(2.3)～式(2.5)中，A_{p} 为换热器横截面积，m^2；ρ_{f} 为流体密度，$\mathrm{kg/m^3}$；u_{f} 为流体的流速，m/s；p 为井内压力，Pa；d_{p} 为管的内径，m；$c_{p,\mathrm{f}}$ 为流体的定压比比热容，J/(kg·℃)；Q_{wall} 为地热流体通过换热器壁传递给取热工质的热量，J；λ_{f} 为换热器管内流体的导热系数，W/(m·℃)；T_{f} 为流体的温度，℃。

在式(2.4)中，等式右边第二项表示由于管壁黏滞力而产生的压力损失。f_{D} 为达西摩擦因子，根据 Churchill 模型[13]，f_{D} 由管道表面粗糙度和管道直径决定：

$$\begin{cases}f_{\mathrm{D}}=8\left[\left(\dfrac{8}{Re}\right)^{12}+\left(A+B\right)^{-1.5}\right]^{1/12}\\ A=\left\{-2.457\ln\left[\left(\dfrac{7}{Re}\right)^{0.9}+0.27\left(\dfrac{e}{d_{\mathrm{p}}}\right)\right]\right\}^{16},B=\left(\dfrac{37530}{Re}\right)^{16},e=0.61\mathrm{mm}\end{cases} \tag{2.6}$$

式中，Re 为雷诺数；e 为内管粗糙度。

在式(2.5)中，方程右边第二项为摩擦产生的热量，Q_{wall} 由式(2.7)计算：

$$Q_{\mathrm{wall}}=(hZ)_{\mathrm{eff}}\left(T_{\mathrm{ext}}-T_{\mathrm{f}}\right) \tag{2.7}$$

式中，T_{ext} 为换热器管壁外的温度，℃；$(hZ)_{\mathrm{eff}}$ 为总当量传热系数，包括管壁热阻和内外壁的对流热阻，W/(m·℃)；Z 为管壁的周长，m；h 为强制对流换热系数，W/(m^2·℃)，由式(2.8)计算：

$$h=\frac{Nu\cdot\lambda_{\mathrm{f}}}{d_{\mathrm{p}}} \tag{2.8}$$

式中，Nu 为努塞特数，表示管壁附近的无量纲温度梯度；λ_{f} 为换热器管内流体的导热系数。对于圆管，$(hZ)_{\mathrm{eff}}$ 可由式(2.9)计算：

$$(hZ)_{\mathrm{eff}}=\frac{2\pi}{\dfrac{1}{r_{\mathrm{i}}h_{\mathrm{int}}}+\dfrac{1}{r_{\mathrm{o}}h_{\mathrm{ext}}}+\dfrac{\ln\dfrac{r_{\mathrm{o}}}{r_{\mathrm{i}}}}{\lambda_{\mathrm{p}}}} \tag{2.9}$$

式中，h_{int}为管内对流传热系数，W/(m·℃)；h_{ext}为管外对流传热系数，W/(m·℃)；r_i与r_o分别为圆管的内径与外径。上述两参数可通过努塞特数Nu_{int}和Nu_{ext}计算：

$$\begin{cases} h_{int} = \dfrac{Nu_{int}\lambda_f}{d_p} \\ h_{ext} = \dfrac{Nu_{ext}\lambda_g}{d_p} \end{cases} \tag{2.10}$$

式中，λ_g为换热器管外流体的导热系数；Nu_{int}可通过 Gnielinski 公式[14]计算：

$$Nu_{int} = \frac{\left(\dfrac{f_D}{8}\right)(Re - 1000)Pr}{1 + 12.7\sqrt{f_D/8}\left(Pr^{2/3} - 1\right)} \tag{2.11}$$

式中，Pr为普朗特数，方程的适用范围：Re=3000～6×10^6，Pr=0.5～2000。对于换热器管外的自然对流，可通过 Churchill 和 Chu 提出的模型[15]计算：

$$Nu_{ext} = \left\{0.6 + \frac{0.387Ra^{\frac{1}{6}}}{\left[1 + \left(0.559/Pr\right)^{\frac{9}{16}}\right]^{\frac{8}{27}}}\right\}^2 \tag{2.12}$$

式中，Ra为瑞利数，$Ra=Pr \cdot Gr$；Gr为无量纲格拉晓夫数，表示浮力和黏性力的比值。式(2.12)的适用范围是$Ra<10^{12}$。

2.1.2　储层流体流动模型

储层中的流动利用达西定律描述，其质量守恒方程和动量方程如式(2.13)和式(2.14)所示：

$$\varphi\frac{\partial \rho_g}{\partial t} + \nabla \cdot \left(\rho_g u_g\right) = 0 \tag{2.13}$$

$$u_g = -\frac{k}{\mu}\left(\nabla p + \rho_g g \nabla z\right) \tag{2.14}$$

式中，ρ_g为储层流体密度，kg/m^3；u_g为储层流体流速，m/s；φ为储层孔隙度；k为储层渗透率，mD①；g为重力加速度，m/s^2；$\rho_g g\nabla z$为重力项。在井下换热

① 1D=0.986923×10^{-12}m^2。

器的取热过程中，井筒中地热流体的密度会发生变化，从而产生浮升力，引发自然对流现象，因此加入了重力项描述浮升力作用。

2.1.3　井筒和储层传热模型

在井筒中，热交换过程主要包括对流传热和热传导两部分，可通过式(2.15)描述：

$$\rho_{\rm g} c_{p,\rm g} \frac{\partial T_{\rm w}}{\partial t} + \rho_{\rm g} c_{p,\rm g} u_{\rm g} \cdot \nabla T_{\rm w} - \nabla \cdot \left(\lambda_{\rm g} \nabla T_{\rm w} \right) = -Q_{\rm wall} \tag{2.15}$$

式中，$c_{p,\rm g}$ 为地层流体的定压比热容，J/(kg·K)；$T_{\rm w}$ 为地层流体温度，℃。此外，式(2.15)中的 $Q_{\rm wall}$ 与式(2.5)和式(2.7)中的 $Q_{\rm wall}$ 相等，通过 $Q_{\rm wall}$ 可以把井筒和换热器中的热交换过程联系起来。

在地热储层中，采用局部热平衡理论计算地热流体与储层岩石之间的换热，能量方程由式(2.16)表示：

$$\left(\rho c_p \right)_{\rm eff} \frac{\partial T_{\rm r}}{\partial t} + \rho_{\rm g} c_{p,\rm g} u_{\rm g} \cdot \nabla T_{\rm r} - \nabla \cdot \left(\lambda_{\rm eff} \nabla T_{\rm r} \right) = 0 \tag{2.16}$$

式中，$(\rho c_p)_{\rm eff}$ 为有效定压比热容，J/(℃·m^3)；$\lambda_{\rm eff}$ 为有效导热系数，W/(m·℃)；$T_{\rm r}$ 为地层温度。此外，通过入口和出口之间的焓差，得出换热器的取热功率，从而研究换热器取热速率的变化规律。

2.1.4　边界条件设置

选取某典型地热田作为研究对象，根据其地质条件建立数值模型，开展单井井下换热器地热系统取热特征研究。地质数据表明地下水原始流速为 75m/a，储层初始温度为 70℃。此外，储层厚度为 50m，因此将换热器长度设置为 50m，热储直径设置为 4m。表 2.1 中列出了模型输入参数的默认值，包括几何参数、材料热物理性质和储层物性。

表 2.1　模型输入参数的默认值

输入参数	默认值	输入参数	默认值
工质质量流量 $V_{\rm in}$/(kg/s)	0.1	储层孔隙度	0.35
工质入口温度 $T_{\rm in}$/℃	20	储层渗透率/mD	1000
储层水头梯度 $H_{\rm g}$/(m/m)	0.1	储层岩石热传导系数/[W/(m·℃)]	3
井眼直径/mm	350	储层岩石比热容/[J/(kg·℃)]	850
换热器管壁导热系数/[W/(m·℃)]	350	储层岩石密度/(kg/m^3)	2000

图 2.1 为数值模型边界条件示意图。对于换热器，工质入口温度和工质质量流量在取热过程中始终保持不变，边界上储层水头梯度保持不变。模型中假设储层顶部和底部无渗透性，则储层顶部和底部被设置为无流动边界。此外，认为非渗透层和热储层之间的热传导忽略不计，则模型顶部和底部设置为绝热边界。

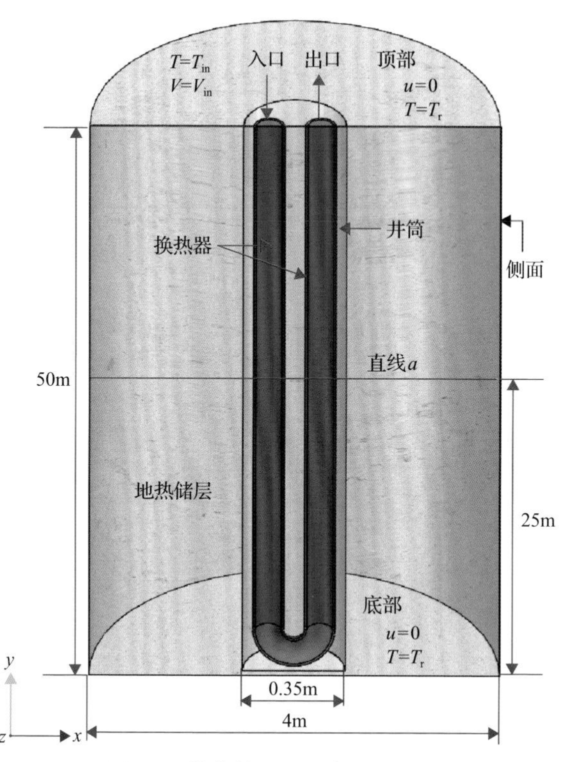

图 2.1　数值模型边界条件示意图

u-流速；T-温度

2.1.5　有限元网格划分

采用有限元求解器 COMSOL 求解上述数学模型。在求解模型之前，需要建立几何模型，并对模型进行有限元网格划分。图 2.2 展示了一个螺旋管换热器的网格划分方案。其中，扫掠网格划分方法适用于 U 形管换热器，自由四面体网格划分方法适用于螺旋管换热器。对于扫掠网格划分方法，首先在源面上生成三角形面单元，其次沿着垂直方向将网格扫描到对应目标面，从而产生三角形棱柱体单元；此外，细化顶部与底部边界的网格以消除边界的影响。对于自由四面体网格划分方法，首先在几何模型的每个面上创建三角形面单元，其次针对整个几何体生成四面体单元。考虑到计算时间和精度，模型中采用的扫掠网格数量为 20000，自由四面体网格数量为 40000。

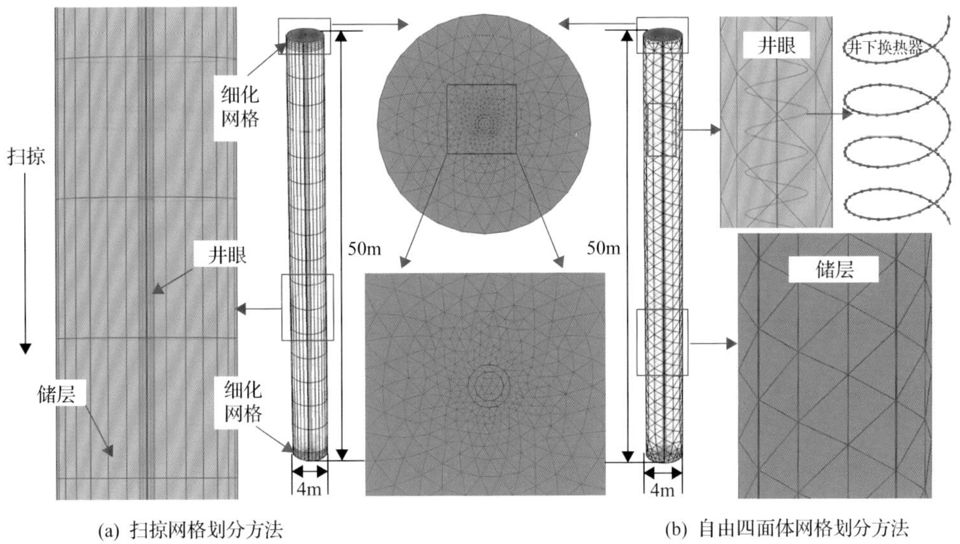

(a) 扫掠网格划分方法　(b) 自由四面体网格划分方法

图 2.2　有限元网格划分方案

2.2　取热原理分析

本节主要以 U 形管换热器为研究对象，分析了取热过程中井筒、储层和换热器内的温度场与流场分布特征，从而揭示单井井下换热器的取热原理。

2.2.1　温度场分布特征

图 2.3 展示了储层和井筒地热流体及换热器工质的温度分布云图，可知井下

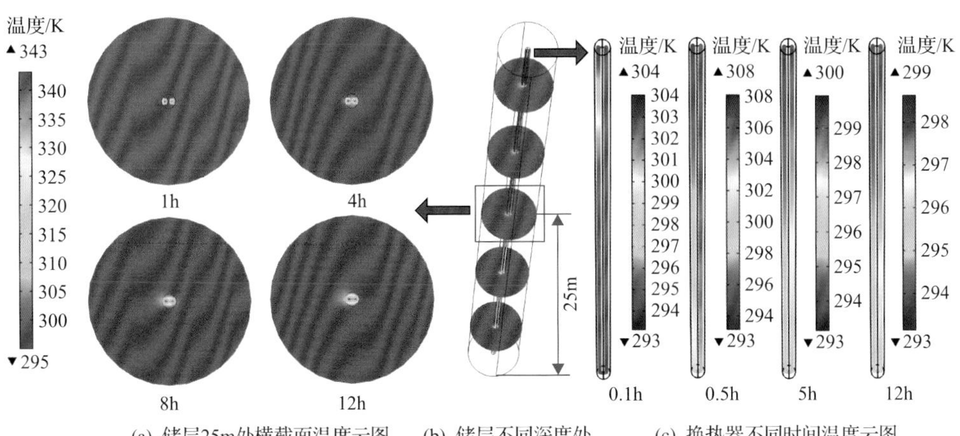

(a) 储层25m处横截面温度云图　(b) 储层不同深度处横截面温度云图　(c) 换热器不同时间温度云图

图 2.3　储层和井筒地热流体及换热器工质的温度分布云图

换热器装置周围的颜色由最初的红色转变为绿色，表明换热器取热显著降低了周围地热流体的温度，且影响范围随时间逐渐扩大；但取热 12h 后，影响范围并未扩大到边界。同时从图 2.4 可观察到取热 12h 后，影响范围仅有 0.8m，影响范围远小于计算边界(计算半径为 2m)；表明几何边界不会影响模拟结果，将几何模型的计算半径设置为 2m 是合理的。此外，图 2.5 也表明 U 形管换热器内工质的温度随着 U 形管的延伸而逐渐升高，在 U 形管入口端地层和管内流体的温度差要大于 U 形管出口端，入口端的热传导效率和影响范围大于出口端。

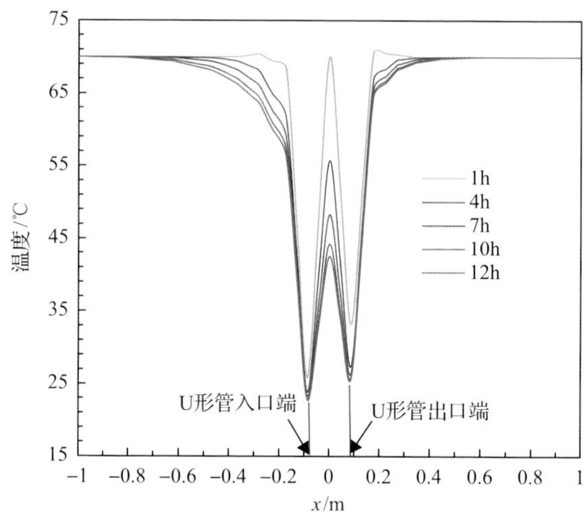

图 2.4　地层内沿直线 a 的温度分布曲线

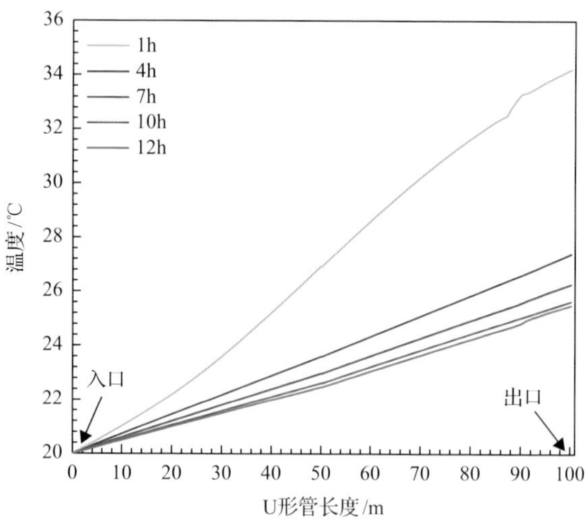

图 2.5　U 形管内轴向温度分布曲线

2.2.2　流场分布特征

图 2.6 展示了在强制对流和自然对流情况下地下水在储层内的流场分布云图，可知在有水头梯度的情况下，没有观察到浮力现象，并且地层流体都朝同一方向流动。而在没有水头梯度的情况下，靠近换热器附近的地层流体温度降低，密度升高，流体向下流动；而远离换热器附近的流体向上流动，储层周围的流体向换热器井壁流动，这与自然对流的规律保持一致。

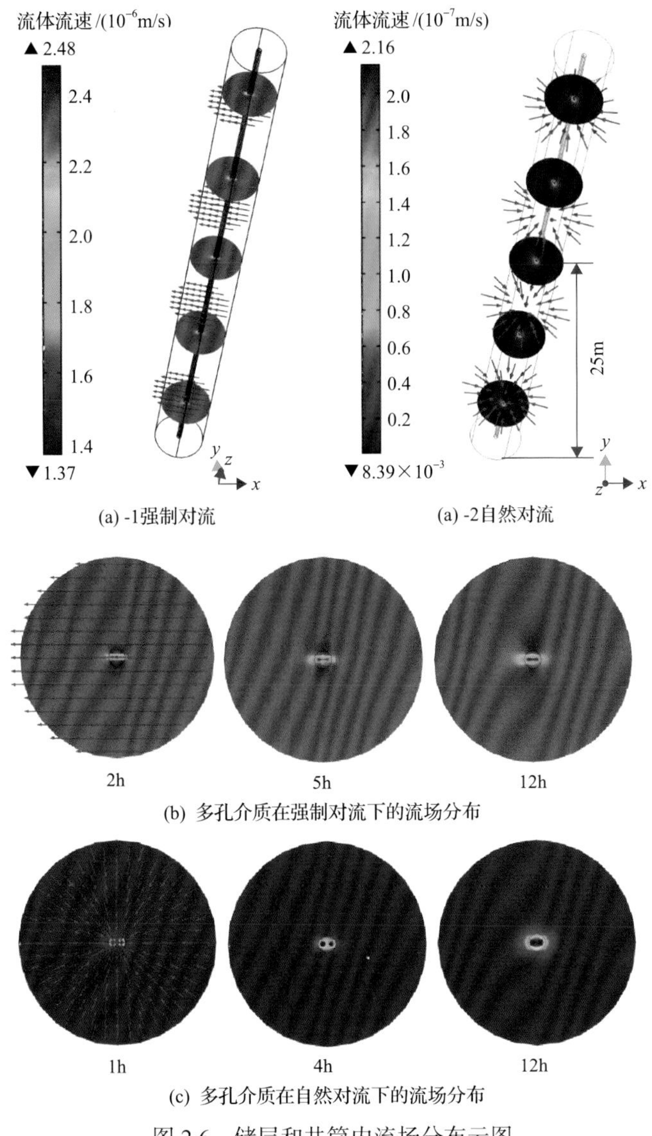

(a) -1强制对流　(a) -2自然对流

2h　5h　12h

(b) 多孔介质在强制对流下的流场分布

1h　4h　12h

(c) 多孔介质在自然对流下的流场分布

图 2.6　储层和井筒内流场分布云图

图 2.7 展示了在强制对流情况下地层内沿直线 a 的径向渗流速度分布。由图 2.7 可知，换热器附近的渗流速度远低于储层中的渗流速度；U 形管出口端的渗流速度略大于入口端的渗流速度；渗流速度随时间推移逐渐降低，这是由于流体温度降度，黏度增大。图 2.8 展示了在自然对流情况下地层内沿直线 a 的径向渗流速度分布。由图 2.8 可知，换热器周围流体渗流速度远大于储层中的流体渗流速度；流体渗流速度随时间推移逐渐增大，这是因为地热流体在温度差的影响下发生自然对流，而换热器周围的温度差最大。

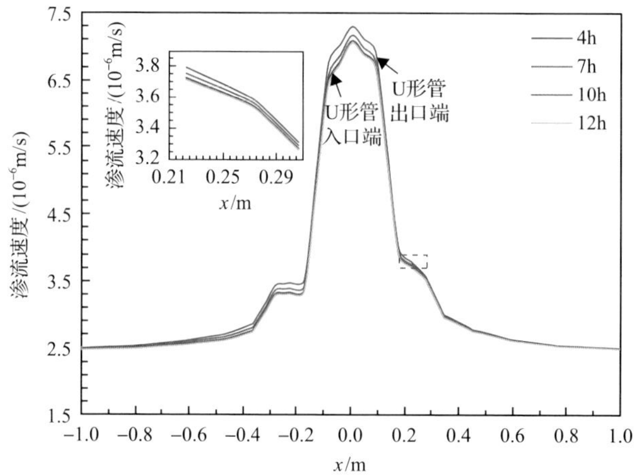

图 2.7　强制对流下地层内沿直线 a 的径向渗流速度分布

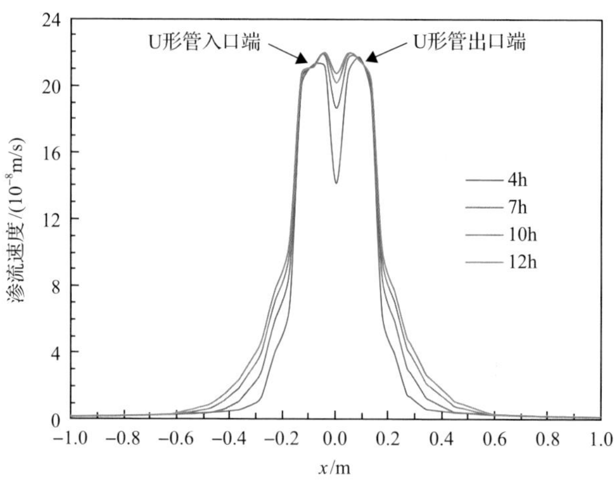

图 2.8　自然对流下地层内沿直线 a 的径向渗流速度分布

2.2.3　出口温度变化规律

换热器的结构包括双 U 形管、W 形管和螺旋管。图 2.9 展示了三种结构井下换热器出口温度随时间变化曲线，可知在不同入口温度(T_{in})情况下，双 U 形管换热器的出口温度在取热早期存在较大差异，但随着时间推移两条曲线逐渐重合。此外，三种井下换热器的出口温度随时间推移逐渐降低，温度变化曲线可划分成三部分：下降区、过渡区和平稳区。下降区在前 20h 之内，三种换热器的出口温度急剧下降；40h 之后，出口温度几乎稳定不变。在后续研究中，以第 40h 的取热数据作为分析对象。

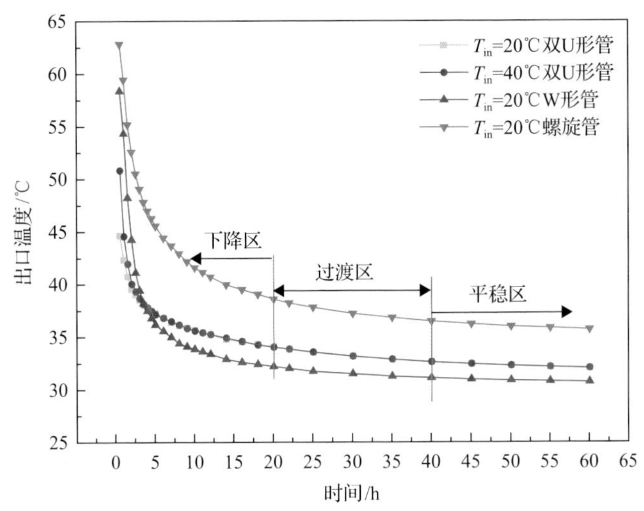

图 2.9　双 U 形管、W 形管和螺旋管换热器出口温度变化曲线

2.3　取热效果影响参数研究

本节仍以 U 形管换热器为研究对象，分析储层孔隙度、导热系数、地层水流速和地层水流动方向几个因素对系统取热效果的影响规律。

2.3.1　储层孔隙度影响规律

图 2.10 展示了不同储层孔隙度下 U 形管换热器的出口温度和取热功率。由图 2.10 可知，储层孔隙度对系统取热效果的影响可以忽略不计。例如，当储层孔隙度由 0.1 增加到 0.5 时，U 形管换热器的出口温度仅降低了 0.14%。然而随着储层孔隙度的增加，系统出口温度和取热功率仍有下降趋势。这是因为储层岩石的热扩散系数约为 $1.50\times10^{-6}m^2/s$，远大于储层流体的热扩散系数 $1.55\times10^{-7}m^2/s$。因此，储层孔隙度增加，则储层流体的占比变大，热储层的综合热扩散系数减小，降低了热储层的传热速率。

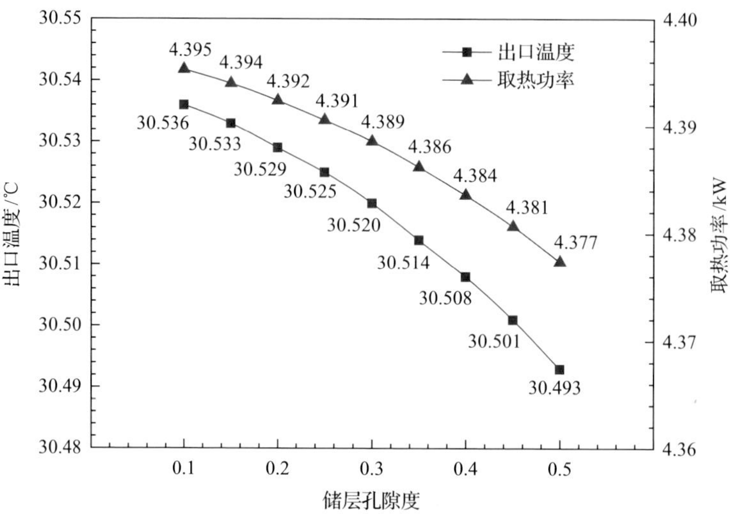

图 2.10　不同储层孔隙度下 U 形管换热器的出口温度与取热功率

2.3.2　导热系数影响规律

图 2.11 对比了不同岩石导热系数和换热器管材下 U 形管换热器的出口温度和取热功率。其中换热器管材为高密度聚乙烯(HDPE)和铜，HDPE 和铜的导热系数分别设置为 1W/(m·℃)和 350W/(m·℃)。由图 2.11 可知，HDPE 换热器的出口温度仅比铜管换热器高 0.18℃。因此换热器管材对系统取热效果的影响较小，可忽略不计。而储层岩石导热系数增加会提高系统的出口温度和取热功率。

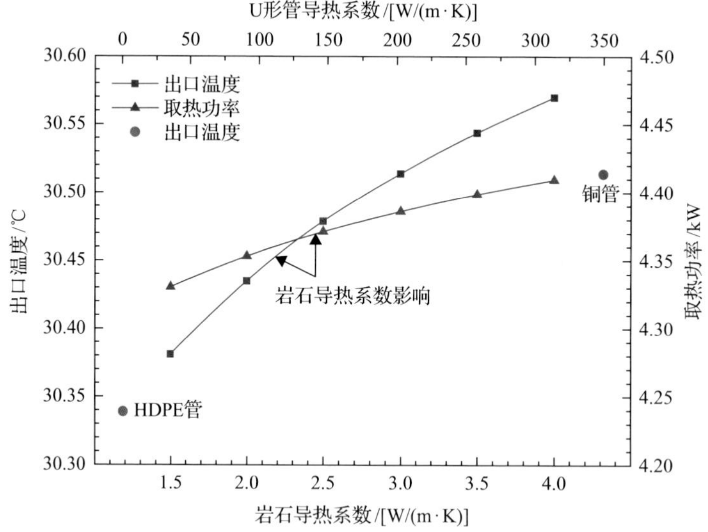

图 2.11　不同岩石导热系数和换热器管材下 U 形管换热器的出口温度与取热功率

2.3.3　地层水流速影响规律

图 2.12 展示了不同地层水渗流速度下 U 形管换热器的出口温度与取热功率。由图 2.12 可知，地层水渗流速度会显著影响系统取热效果。当地层水渗流速度由 0m/s 增加至 2.36×10^{-5}m/s 时，换热器的出口温度和取热功率分别上升了 30.42%和 141.89%。

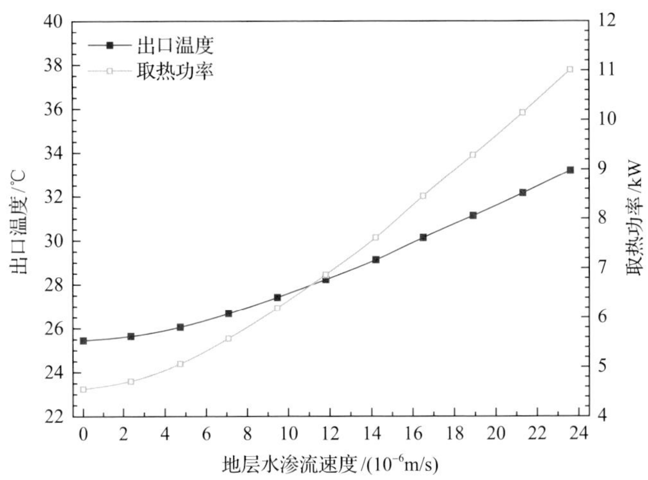

图 2.12　不同地层水渗流速度下 U 形管换热器的出口温度与取热功率

因此，与地层导热系数对系统取热效果的影响程度相比，储层中的强制对流换热起着主导作用，应该通过提高储层的渗透率和导流能力来强化系统的取热效果。

2.3.4　地层水流动方向影响规律

图 2.13 展示了不同地层水流动方向示意图。图 2.14 展示了不同地层水流动方

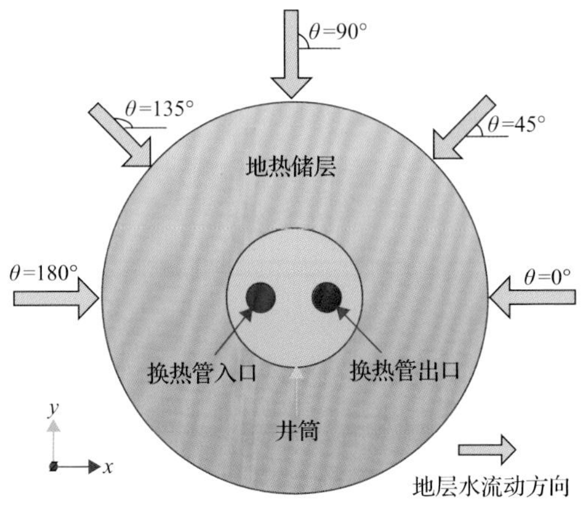

图 2.13　不同地层水流动方向示意图

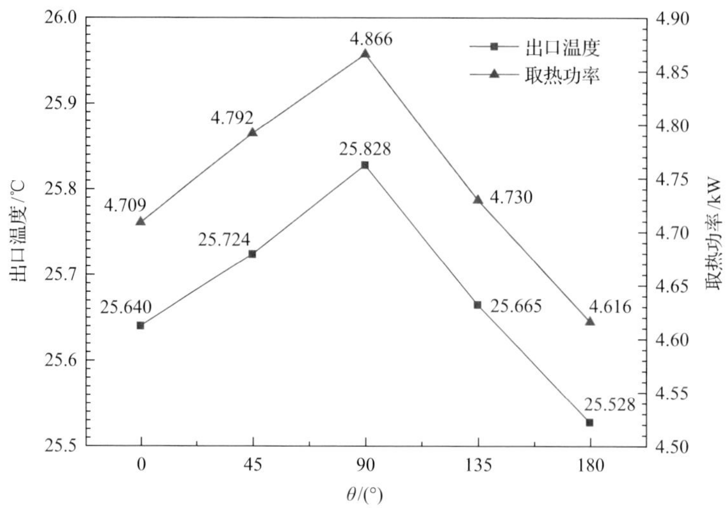

图 2.14　不同地层水流动方向下系统的出口温度和取热功率

向下系统的出口温度和取热功率。由图 2.14 可知，地层水流动方向对系统的取热效果影响较小，可忽略不计。但当 θ(表示地层流体流动方向与换热器的夹角) 为 90° 时，系统的出口温度和取热功率最高。该模拟结果有助于指导换热器的安装作业。

2.4　换热器结构优化设计

2.4.1　换热器结构

本小节主要介绍并联、串联和螺旋管三种换热器的结构。其中并联换热器结构如图 2.15 所示。图 2.15(a)是单 U 形管，管长为 50m，U 形管间距为 0.175m。图 2.15(b)为双 U 形管，由两个 U 形管并联组成，U 形管间距为 0.2m。换热器顶部出口和入口间距为 0.2m，长度为 0.5m。图 2.15(c)为三 U 形管，由三个 U 形管并联组成，相邻两个 U 形管间距为 0.1m。图 2.15(d)是先将两个单 U 形管串联，再将三个结构完全相同的串联结构并联组成的 12 管并联结构，相邻两个单 U 形管间距为 0.1m。图 2.15(e)和图 2.15(d)相似，只是增加了并联结构的个数。

图 2.16 展示了串联换热器结构示意图。图 2.16(a)是将两个单 U 形管串联组成 W 形换热器，换热器顶部入口和出口间距为 0.24m。当换热器取热单管数大于 4 根时，将单管首尾相连组成一个圆环，圆环直径为 0.1m。根据换热器入口和出口位置，由取热单管串联成的圆环形状换热器又可以细分成 3 种结构：第 1 种结构(结构 I)是井下换热器的进口和出口都在圆环上；第 2 种结构(结构 II)是井下换热器的出口放在圆环中心，入口在圆环上；第 3 种是井下换热器的入口放到圆环中心，出口在圆环上。

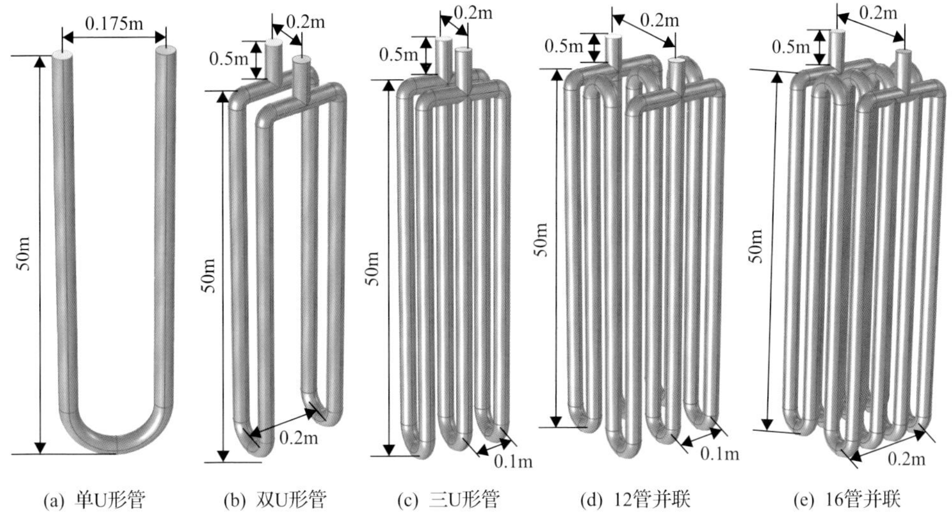

图 2.15　并联换热器结构示意图

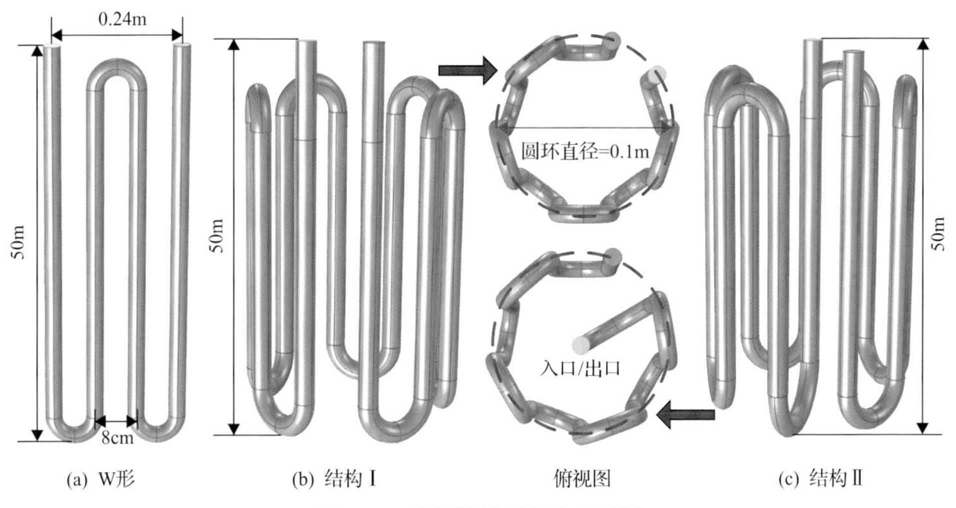

图 2.16　串联换热器结构示意图

图 2.17 展示了螺旋管换热器结构示意图。根据进口位置和出口位置不同，井下换热器的结构又可以被细分成 4 种类型（Ⅰ、Ⅱ、Ⅲ、Ⅳ）。对于图 2.17(a)来说，类型Ⅰ垂直管作为出口；类型Ⅱ垂直管作为入口。对于图 2.17(b)来说，类型Ⅲ垂直管作为出口；类型Ⅳ垂直管作为入口。除此之外，螺旋管的关键几何参数还包括螺旋直径(D_s)、螺旋螺距(h_s)、螺旋线长度(L)和螺旋线高度(H_s)等。表 2.2 中列出了这些参数的默认值，参数间的关系可通过式(2.17)计算：

$$L=\frac{H_s}{h_s}\sqrt{(\pi D_s)^2+h_s^2} \tag{2.17}$$

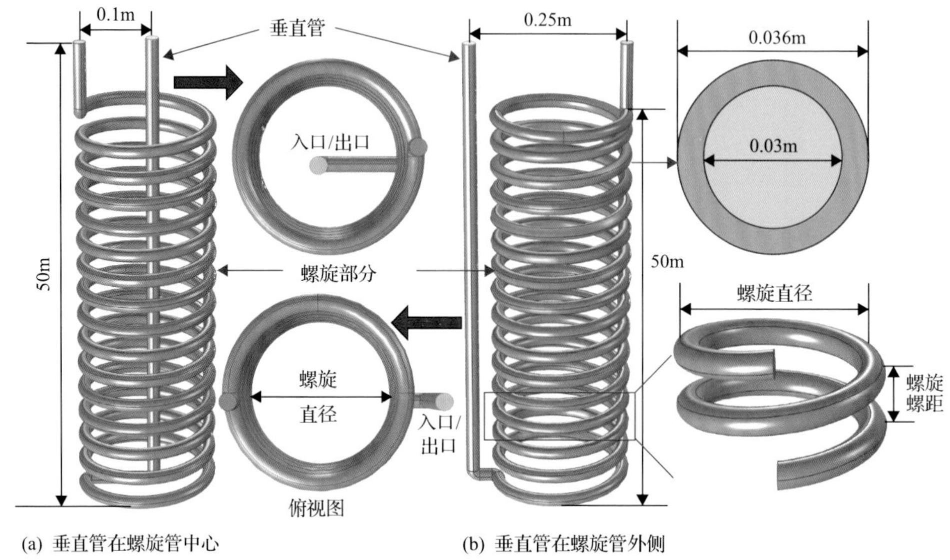

图 2.17　螺旋管换热器结构示意图

表 2.2　螺旋管井下换热器的默认几何参数

螺旋线长度/m	螺旋直径/m	螺旋螺距/m	螺旋线高度/m	井下换热器的管壁材料	井下换热器的管内径/mm	井下换热器的管壁厚度/mm
60	0.2	0.12	11.26	铜	30	3

此外，上述井下换热器管材均为铜，并且井下换热器的管内径为 30mm，管壁厚度为 3mm。

2.4.2　并联换热器取热特征

图 2.18 展示了并联换热器生产 40h 后的温度云图，可以观察到地层中换热器左侧温度影响范围远大于右侧。这是因为地下水从右侧流向左侧。当地热流体以较高温度从右侧储层流入井筒时，其因为换热器的热提取过程而被冷却，随后则以相对比较低的温度从井筒中流入左边储层。此外，从并联换热器生产 40h 后的温度云图还可以看出，换热器内取热工质的温度随着在取热管道中流动距离的增加而升高。但对于 16 管并联的井下换热器，中间两排管内的流体温度要低于外侧两排管的流体温度。图 2.19 展示了 16 管并联换热器生产 40h 后的温度分布曲线。由图 2.19 可知，中间两管(2 号管与 3 号管)具有相同的温度分布，外侧两管(1 号管与 4 号管)具有相同的温度分布。1 号管和 4 号管的温度显著高于 2 号管和 3 号管，最大温差达到 6℃。在 2 号管和 3 号管内，*A*、*B* 两点温度急剧升高，这是因为该处流体与 *C*、*D* 两点的高温流体进行了混合。因此，井筒中的热能更容易被换热器外侧的换热管提取。

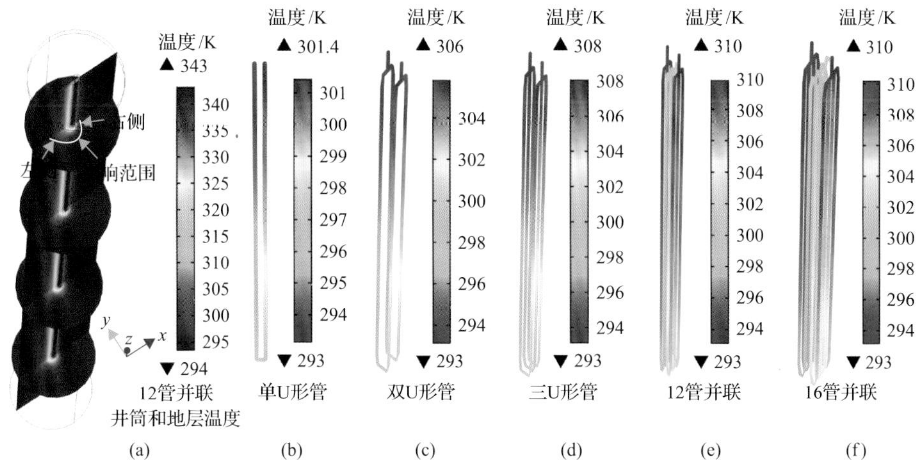

图 2.18　并联换热器生产 40h 后的温度云图

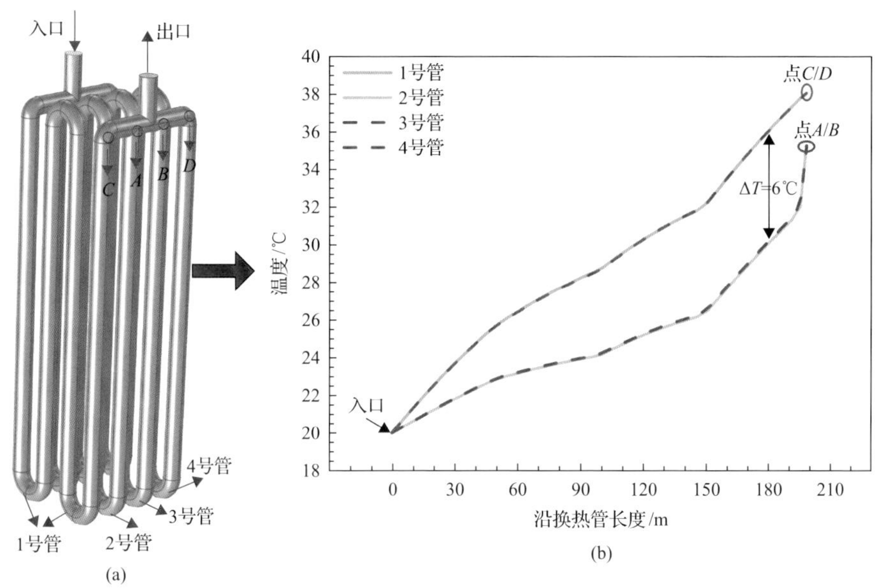

图 2.19　16 管并联换热器生产 40h 后的温度分布曲线

图 2.20 展示了不同换热器长度和换热管数目下并联换热器的出口温度与取热功率。由图 2.20 可知，随着换热器长度增加，并联换热器出口温度和取热功率线性上升，这是因为换热器长度越长，换热面积越大。此外，当换热管数目小于 12 时，出口温度和取热功率随换热管数目的增加而增加。当换热管数目超过 12 时，换热器出口温度和取热功率不再随换热管数目增加而增加。例如，16 管和 12 管并联换热器的出口温度与取热功率相当。因此对于并联换热器来讲，存在一个换热管数目使换热器的取热效果达到最佳。这是因为当并联换热器包含过多换热

管时，位于中间位置的换热管的取热效率会受到外侧换热管的限制，图 2.18 和图 2.19 已证明该结论。

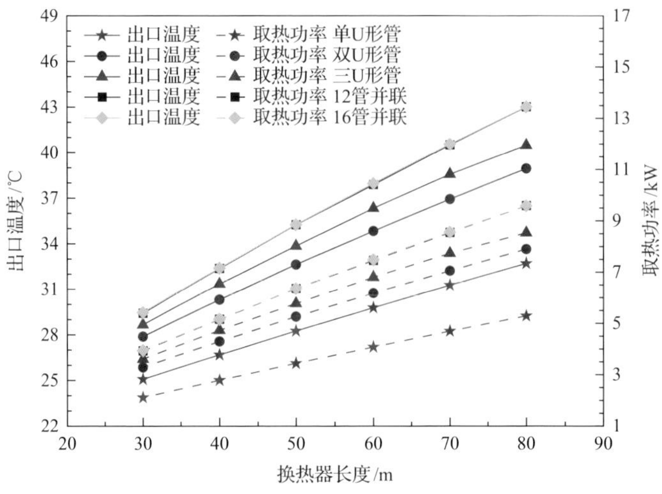

图 2.20　不同换热器长度和换热管数目下并联换热器的出口温度与取热功率

2.4.3　串联换热器取热特征

图 2.21 和图 2.22 分别对比了不同换热管数目的三种串联结构换热器的出口温度和取热功率，可知在不同换热管数目下，三种串联结构的出口温度和取热功率由高到低的顺序：结构Ⅰ＞结构Ⅱ＞结构Ⅲ。由此证明当换热器的出口或者入口

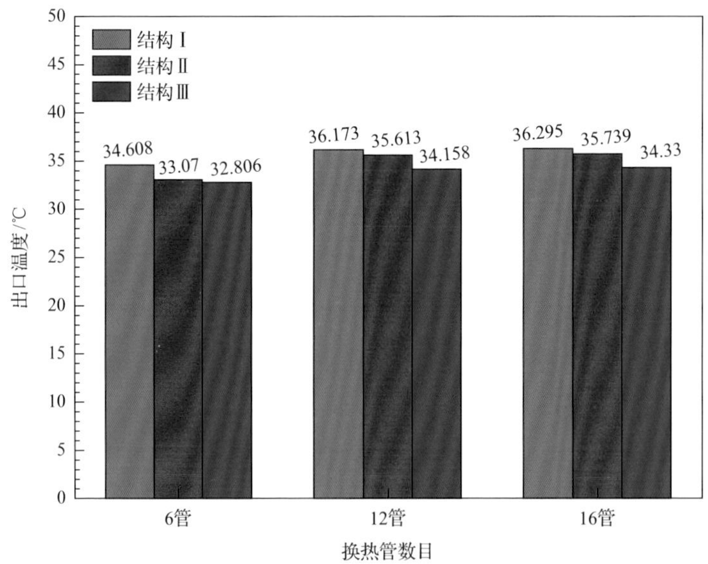

图 2.21　三种串联结构换热器的出口温度对比

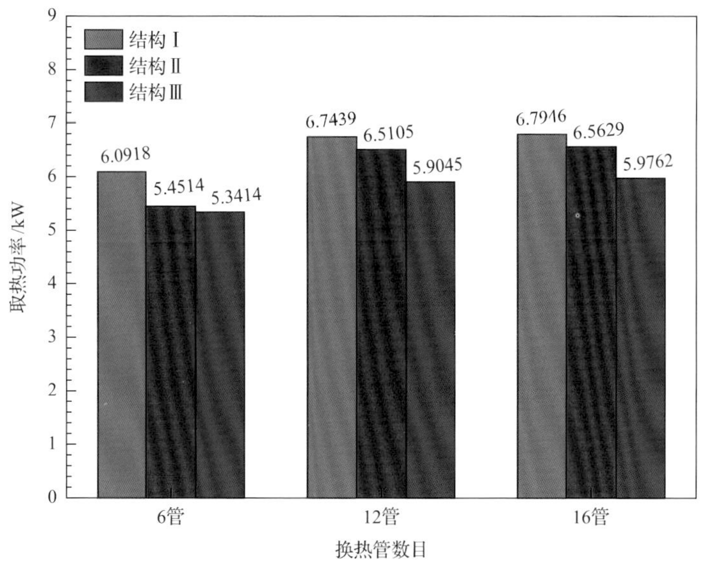

图 2.22　三种串联结构换热器的取热功率对比

被放置在圆环中心时，换热器的出口或入口均会受周围换热管的影响。如果工作液从中间管进入串联换热器，则冷却周围取热单管中的取热工质，反之亦然。因此结构Ⅰ的串联换热器具有最佳取热效果，后续研究主要针对结构Ⅰ进行。

图 2.23 和图 2.24 对比了不同圆环直径下串联换热器的出口温度和取热功率，可知圆环直径对串联换热器的取热效果具有显著影响。在三种换热管数目情况

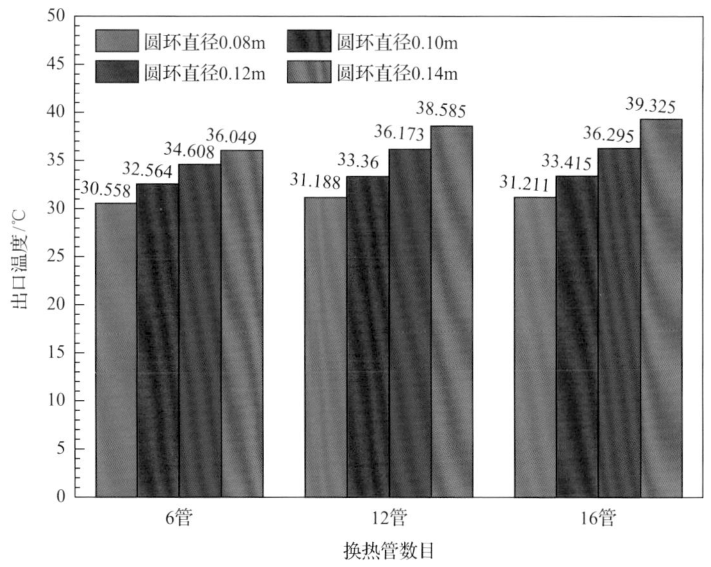

图 2.23　不同圆环直径下串联换热器的出口温度

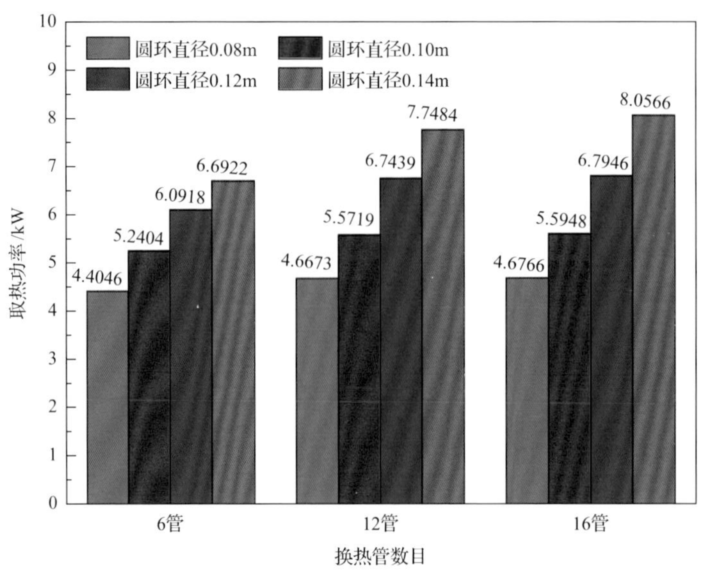

图 2.24　不同圆环直径下串联换热器的取热功率

下，系统的出口温度和取热功率都随圆环直径的增加而上升。例如，对于 12 管串联换热器，当圆环直径从 0.08m 增加至 0.14m 时，出口温度增加了 23.72%，取热功率增加了 66.01%。圆环直径对取热效果产生影响的主要原因：当圆环直径变大时，两相邻换热管间的距离增大，换热管间的相互影响被削弱。因此，在设计多管串联换热器时，换热器的圆环直径应在允许范围内尽可能大。

图 2.25 展示了不同换热管数目下串联换热器的出口温度与取热功率，可知换热器的出口温度和取热功率随着换热管数目的增加而上升。然而，当换热管数目超过 10 后，串联换热器的出口温度和取热功率基本保持不变。因此，与 12 管、

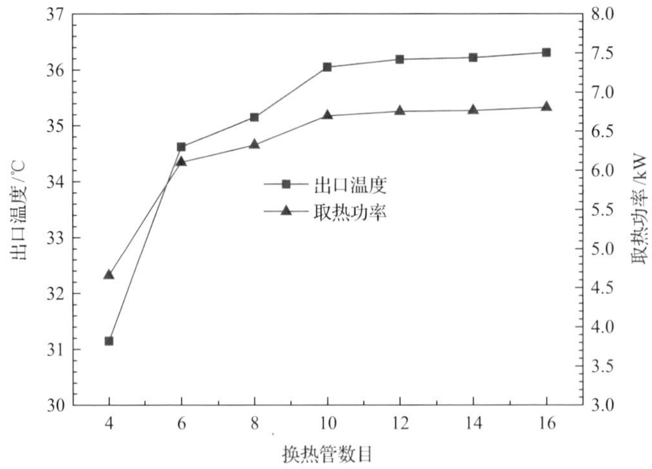

图 2.25　不同换热管数目下串联换热器的出口温度与取热功率

14 管、16 管串联换热器相比，10 管串联换热器与其有着近似的取热效果，但有更加简洁的结构。因此对于串联换热器来讲，换热管数目为 10 是最佳选择。

2.4.4　螺旋管换热器取热特征

图 2.26 和图 2.27 分别对比了三种螺旋线长度条件下不同螺旋结构换热器的出

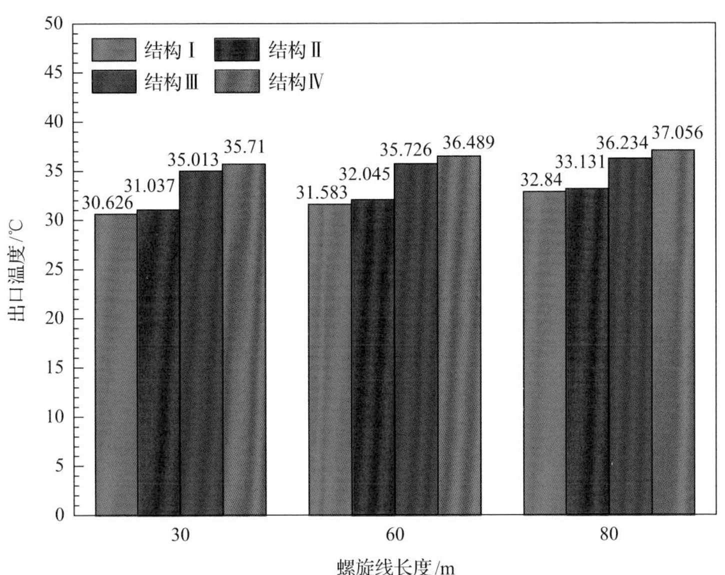

图 2.26　不同螺旋结构换热器的出口温度

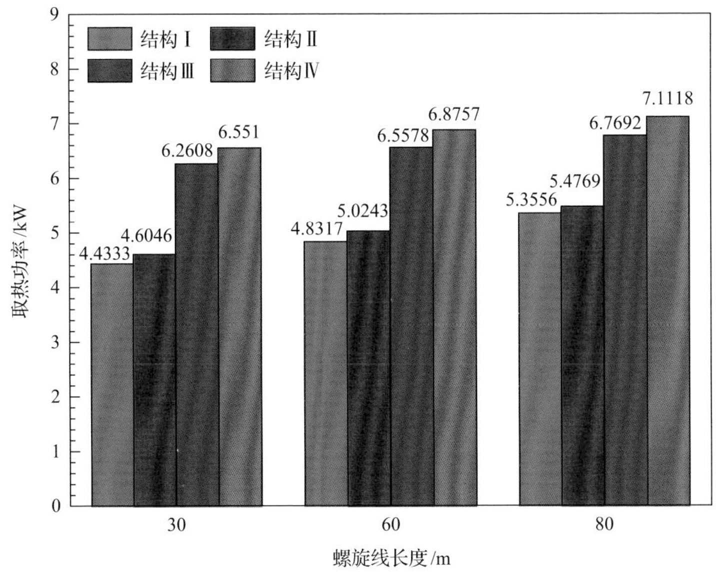

图 2.27　不同螺旋结构换热器的取热功率

口温度和取热功率，可知在三种螺旋线长度下，四种结构的出口温度和取热功率由高到低的顺序：结构Ⅳ＞结构Ⅲ＞结构Ⅱ＞结构Ⅰ。因此，相较于图 2.16(a)中的 W 形结构，图 2.16(b)中的结构有更好的取热效果。这是因为当垂直管被螺旋管包围时，垂直管和螺旋管间将会相互影响，不利于取热。后续研究主要针对结构Ⅳ开展。

图 2.28 展示了不同螺旋线长度下螺旋管换热器的出口温度与取热功率。此处将螺旋管的螺旋直径和螺旋螺距分别设置为 0.2m 和 0.12m。由图 2.28 可知，螺旋管换热器的取热效果随着螺旋线长度的增加而提高。因为螺旋线长度越长，螺旋管换热器的换热面积越大。因此，整个换热器都可设计为螺旋结构以增加换热器的换热面积。

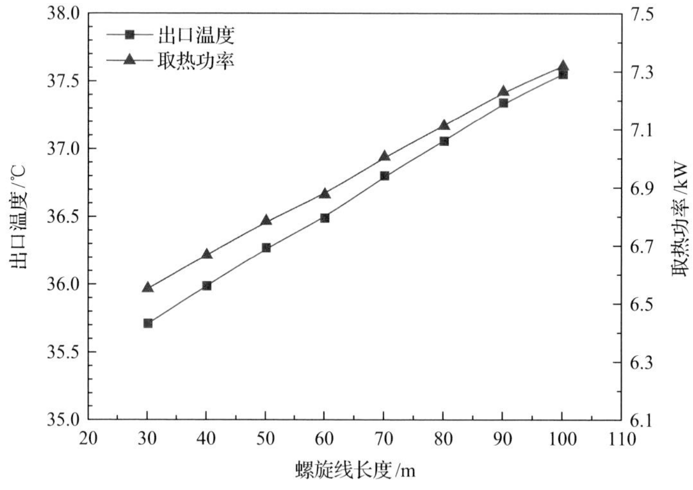

图 2.28　不同螺旋线长度下螺旋管换热器的出口温度与取热功率

图 2.29 展示了不同螺旋直径下螺旋管换热器的出口温度与取热效率。为确保螺旋管的换热面积，此处将螺旋管螺旋线长度设置为 60m，螺旋线高度可通过式(2.17)计算得出。由图 2.29 可知，螺旋管的螺旋直径会显著影响螺旋管换热器的取热效果。螺旋管换热器的出口温度和取热功率随着螺旋直径的增加而上升。当螺旋直径从 0.12m 增加至 0.20m 时，出口温度从 31.94℃增加到了 36.49℃，取热功率从 4.98kW 增加到了 6.88kW。因此，较大的螺旋直径有利于改善和提升螺旋管换热器的取热效果。

图 2.30 展示了不同螺旋螺距下螺旋管换热器的出口温度与取热效率，此处螺旋线高度设置为 10m，可知换热器的出口温度和取热功率随着螺旋螺距的增加而降低。然而，当螺旋螺距从 0.06m 增加至 0.18m 时，出口温度和取热功率仅降低了 1.72%和 3.77%。因此，螺旋螺距对于系统取热效果的影响可忽略不计。

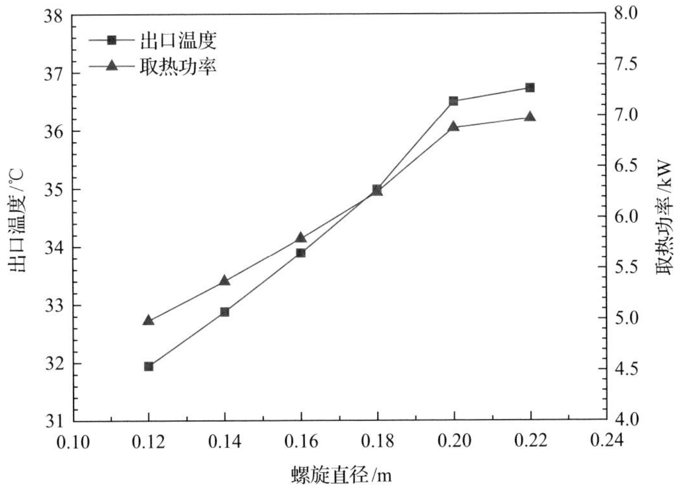

图 2.29　不同螺旋直径下螺旋管换热器的出口温度与取热功率

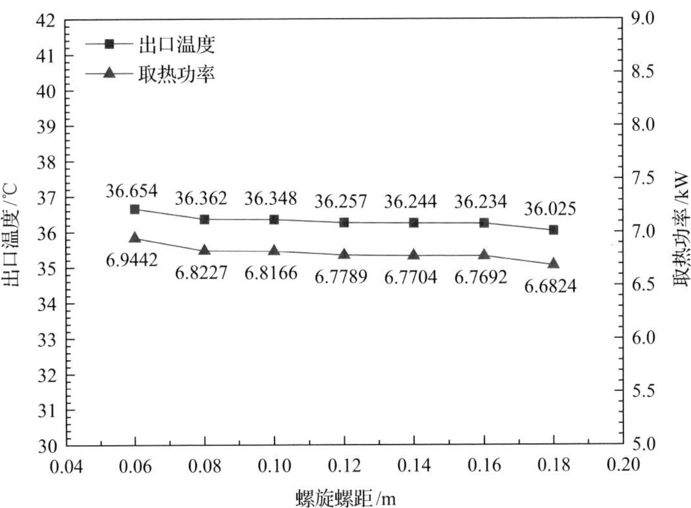

图 2.30　不同螺旋螺距下螺旋管换热器的出口温度与取热功率

2.4.5　不同结构换热器取热效果对比

图 2.31 对比了不同结构换热器的出口温度与取热功率。由图 2.31 可知，在三种换热管数目下，串联结构换热器的出口温度和取热功率均高于并联换热器。这是因为对于并联换热器，其位于中间位置的换热管的取热性能会受到外侧换热管的限制。此外，在三种结构中，螺旋管换热器展示出了最佳取热效果。

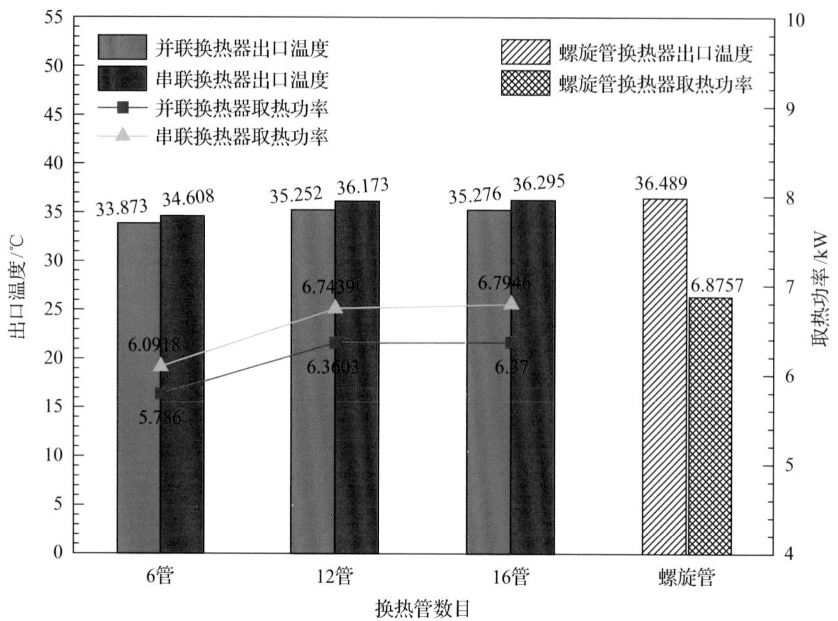

图 2.31　不同结构换热器的出口温度与取热功率对比

2.5　取热工质优选

2.5.1　取热工质介绍

根据井下换热器工作环境以及相关性能要求，取热工质一般应具备以下条件。

(1) 对于给定外界条件，工质的取热功率要尽可能高。这与工质的临界点、比热和密度等热力学性质有关。

(2) 有机工质通常会在高温下发生化学变质或分解，因此要保证工质在循环过程中保持化学性质稳定，并确保其不与所接触的材料发生反应。

(3) 具有较高的安全性能，保证在工作过程中不发生爆炸、燃烧等事故，且对人体无害。

(4) 尽量减少对大气层的影响，避免对臭氧层造成破坏。

(5) 要有良好的可用性和较低的成本。

综上所述，考虑化学稳定性和成本，本节选择了 9 种安全环保的工质，包括水和二氧化碳及 7 种在有机兰金循环中广泛应用的有机工质。

9 种工质的临界压力和临界温度如表 2.3 所示。此处不考虑工质发生相变，各种工质在系统内保持液态。其中各工质的热物性参数包括密度、定压比热容、黏度、导热系数和比热率，根据美国国家标准与技术研究院 (NIST) 数据获得。

表 2.3　取热工质的临界压力和临界温度

工质种类	临界压力/MPa	临界温度/℃
水	22.12	374.15
CO_2	7.38	31.2
R134a	4.06	101.06
R152a	4.52	113.26
R227ea	2.93	101.65
R245fa	3.65	154.01
R1234ze	3.64	109.37
R600a	3.66	134.98
戊烷	3.37	196.4

2.5.2　单 U 形管取热效果对比

本小节主要介绍 9 种不同的循环工质在单 U 形管中的取热效果对比。在本小节中，入口流量设置为 0.0001m^3/s，入口温度设置为 20℃，热储层顶部温度设置为 65℃，地温梯度设置为 0.03℃/m，运行时间设置为 100h。9 种循环工质的出口温度和取热功率如图 2.32 所示，循环压耗如图 2.33 所示。

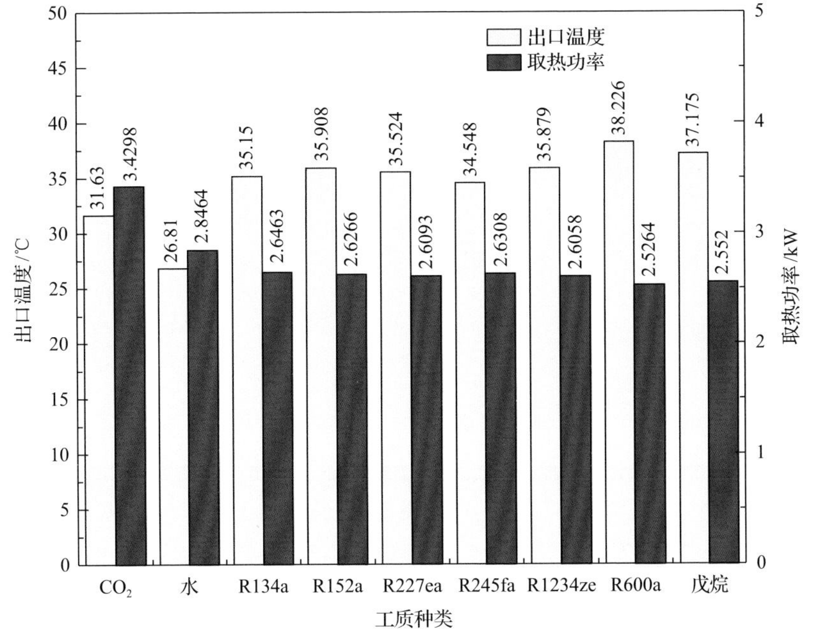

图 2.32　不同取热工质的出口温度和取热功率(单 U 形管)

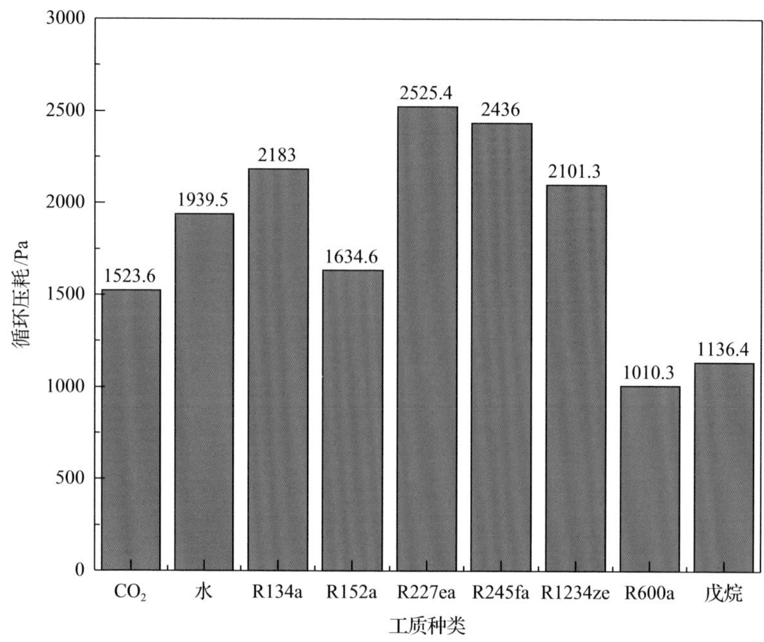

图 2.33　不同取热工质的循环压耗(单 U 形管)

由图 2.32 可知，7 种有机工质和 CO_2 对应的出口温度都高于水，说明这些有机工质的对流换热系数比较高，大部分都优于水。这是因为在相同的工况下，工质与储层进行对流换热的热流密度相差不大，但是其他有机工质的比热容要远小于水，当它们取出相近的热量时，出口温度更高。但有机工质的取热功率均低于水，且远低于 CO_2，CO_2 取热功率比水高出约 20%，比取热功率最高的有机工质 R134a 高出约 30%。由图 2.33 可以看出，R600a 和戊烷的循环压耗较低，而且它们的取热功率也较低，而 CO_2 的循环压耗只高于这两种工质，综合考虑取热功率、出口温度和循环压耗可以得出 CO_2 是最优的取热工质。

2.5.3　双 U 形管取热效果对比

本小节将单 U 形管换成双 U 形管，其他参数与 2.5.2 节一致。9 种工质的出口温度和取热功率如图 2.34 所示，循环压耗如图 2.35 所示。

由图 2.34 可以看出，与单 U 形管结论相同，所选的 7 种有机工质和 CO_2 对应的出口温度都高于水，但是有机工质的取热功率均低于水，且远低于 CO_2，CO_2 取热功率比水高出约 21%，比取热功率最高的有机工质 R134a 高出约 37%，CO_2 相对于二者的优势均变大。由图 2.35 可以看出，R600a 和戊烷的循环压耗较低，而且它们的取热功率也较低，而 CO_2 的循环压耗只高于这两种工质，综合考虑取热功率、出口温度和循环压耗可以得出，CO_2 是最优的取热工质且优势更加明显。

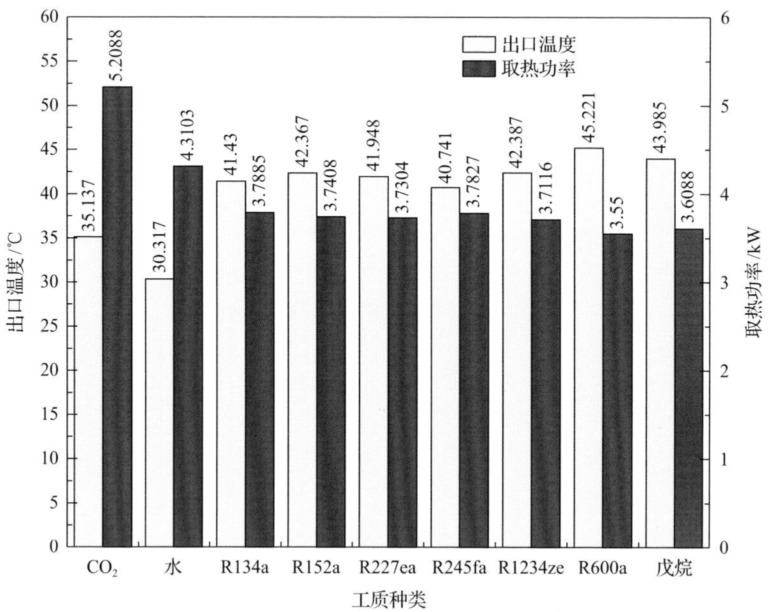

图 2.34　不同取热工质的出口温度和取热功率(双 U 形管)

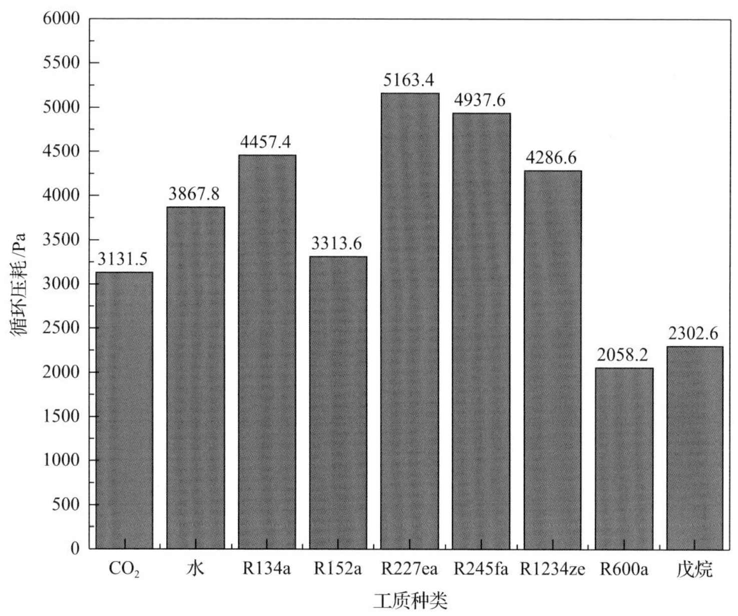

图 2.35　不同取热工质的循环压耗(双 U 形管)

2.5.4　螺旋管取热效果对比

本小节将双 U 形管换成螺旋管，其他参数与 2.5.3 节一致。9 种工质的出口温度和取热功率如图 2.36 所示，循环压耗如图 2.37 所示。

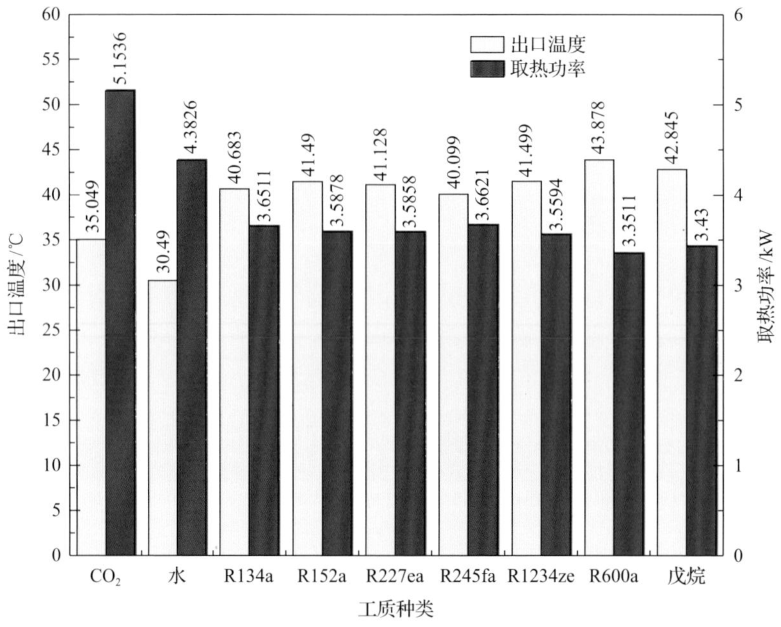

图 2.36　不同取热工质的出口温度和取热功率(螺旋管)

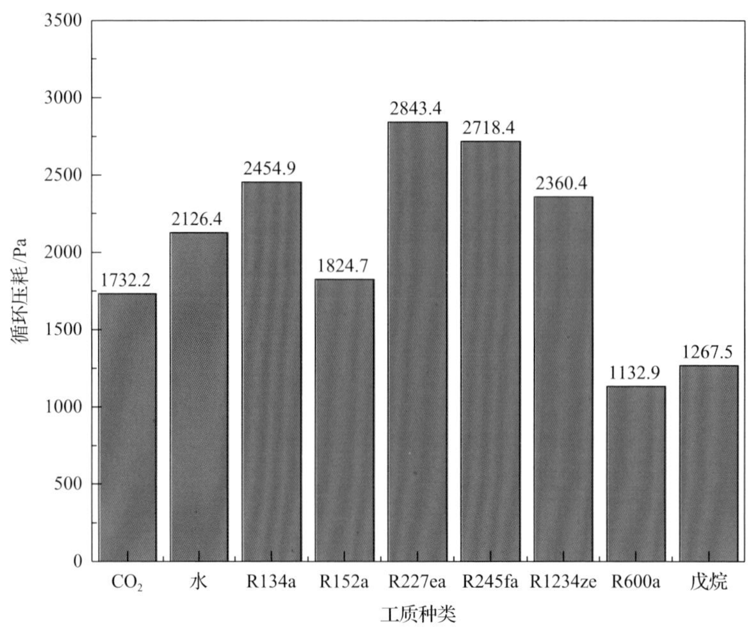

图 2.37　不同取热工质的循环压耗(螺旋管)

由图 2.36 可以看出，所选 7 种有机工质和 CO_2 对应的出口温度都高于水，但是有机工质的取热功率均低于水，且远低于 CO_2，CO_2 取热功率比水高出约 18%，比取热功率最高的有机工质 R134a 高出约 41%；CO_2 相对于有机工质的优势变大，但是相对于水的优势变小。由图 2.37 可以看出，R600a 和戊烷的循环压耗较低，而且它们的取热功率也较低，而 CO_2 的循环压耗仅比这两者高，综合考虑取热功率、出口温度和循环压耗可以得出，CO_2 是最优的取热工质，并且水相对于有机工质的优势变大，也可以认为是较优的取热工质。

第 3 章　单井同轴套管闭式循环取热机理与参数

单井同轴套管闭式循环取热是一种典型的“取热不取水”的地热开采方法，是一种闭式地热系统，避免了地热尾水回灌的难题，利用储层和工质之间的温差进行高效取热，同时依靠井底地层水的自然对流和强制对流增强换热性能。本章主要通过数值模拟和现场试验手段，研究了单井同轴套管闭式循环取热系统的取热机理及参数优化。

3.1　井筒与储层流动传热模型

本小节建立了单井同轴套管闭式循环取热系统储层和井筒耦合的流动传热模型，并基于该模型分析其流动传热特征和参数影响规律。

3.1.1　井筒流动传热方程

在该模型中，采用非等温管道流模型来描述环空和中心管中取热工质的流动和传热过程，其中质量方程、动量方程和能量守恒方程分别表示为

$$\frac{\partial\left(A_{\mathrm{p}}\rho_{\mathrm{f}}\right)}{\partial t}+\nabla\cdot\left(A_{\mathrm{p}}\rho_{\mathrm{f}}u_{\mathrm{f}}\right)=0$$

$$\rho_{\mathrm{f}}\frac{\partial u_{\mathrm{f}}}{\partial t}=-\nabla p-\frac{1}{2}f_{\mathrm{D}}\frac{\rho_{\mathrm{f}}}{d_{\mathrm{p}}}\left|u_{\mathrm{f}}\right|u_{\mathrm{f}}$$

$$\rho_{\mathrm{f}}A_{\mathrm{p}}c_{p,\mathrm{f}}\frac{\partial T_{\mathrm{f}}}{\partial t}+\rho_{\mathrm{f}}A_{\mathrm{p}}c_{p,\mathrm{f}}u_{\mathrm{f}}\cdot\nabla T_{\mathrm{f}}=\nabla\cdot\left(A_{\mathrm{p}}\lambda_{\mathrm{f}}\nabla T_{\mathrm{f}}\right)+\frac{1}{2}f_{\mathrm{D}}\frac{\rho_{\mathrm{f}}A_{\mathrm{p}}}{d_{\mathrm{p}}}\left|u_{\mathrm{f}}\right|u_{\mathrm{f}}^{2}+Q_{\mathrm{wall}}$$

当计算环空中的流量时，引入水力直径代替 d_{p}，定义如下：

$$D_{\mathrm{eq}}=d_{2}-d_{1} \tag{3.1}$$

式中，D_{eq} 为水力直径，m；d_1 为环空内径，m；d_2 为环空外径，m。

以上各式中，动量方程中的 $\frac{1}{2}f_{\mathrm{D}}\frac{\rho_{\mathrm{f}}}{d_{\mathrm{p}}}\left|u_{\mathrm{f}}\right|u_{\mathrm{f}}$ 表示由管壁的黏滞力引起的压力损失。f_{D} 由管道直径和其表面粗糙度决定，是雷诺数的函数。能量守恒方程中的 $\frac{1}{2}f_{\mathrm{D}}\frac{\rho_{\mathrm{f}}A_{\mathrm{p}}}{d_{\mathrm{p}}}\left|u_{\mathrm{f}}\right|u_{\mathrm{f}}^{2}$ 代表由于摩擦产生的热量。

3.1.2　储层流动传热方程

在地热储层中，考虑储层岩石与地热流体之间的局部热平衡假设，列出以下等式：

$$\left(\rho c_p\right)_{\text{eff}}\frac{\partial T_{\text{r}}}{\partial t}+\rho_{\text{g}}c_{p,\text{g}}u_{\text{g}}\cdot\nabla T_{\text{r}}-\nabla\cdot\left(\lambda_{\text{eff}}\nabla T_{\text{r}}\right)=q \tag{3.2}$$

式中，c_p 为流体的定压比热容；u_{g} 为多孔介质中流体的达西流速，m/s；参数 q 为一个热源项，W，其在模型中的值设置为 $-Q_{\text{wall}}$，其中 Q_{wall} 与能量守恒方程中的 Q_{wall} 相等。将地层中地热流体和储层岩石的性质考虑在内，模型中使用体积平均值，计算方法如下：

$$\lambda_{\text{eff}}=(1-\varphi)\lambda_{\text{s}}+\varphi\lambda_{\text{g}} \tag{3.3}$$

$$\left(\rho c_p\right)_{\text{eff}}=(1-\varphi)\rho_{\text{s}}c_{\text{s}}+\varphi\rho_{\text{g}}c_{\text{g}} \tag{3.4}$$

式中，ρ_{s} 为储层岩石的密度，kg/m^3；c_{s} 为储层岩石的比热容，$\text{kg/(m}^3\cdot\text{K)}$。

一般来说，地热储层中的流体流动可由达西定律来描述，动量方程和质量守恒方程如下：

$$u_{\text{g}}=-\frac{k}{\mu}\left(\nabla p+\rho_{\text{g}}g\nabla z\right)$$

$$\varphi\frac{\partial\rho_{\text{g}}}{\partial t}+\nabla\cdot\left(\rho_{\text{g}}u_{\text{g}}\right)=0$$

3.2　流场与温度场分布规律

本节以国内某地热井作为研究对象，采用单井同轴套管闭式循环系统开发地热资源。地热井设计为三开结构，井深为 1850m，具体的井身结构参数和各导热介质物性参数分别如表 3.1 和表 3.2 所示。根据测井资料确定储层物性参数如表 3.3 所示。

由于模拟井深较大，温度场的数值模拟计算中需要消耗大量时间与内存，为了保证模型计算精度同时节约时间与内存，模型轴向计算半径设置为 100m。此处考虑到国内地热供暖时间一般为当年 11 月至次年 2 月，因此将模拟时长设置为 4 个月，计算得到 120d 时井内流体、井筒及近井壁地层的温度分布规律，井筒及近井壁地层温度分布云图如图 3.1 所示，井内流体温度分布曲线如图 3.2 所示。

表 3.1　井身结构参数

	表层套管	中间套管	生产套管	中心内油管	中心外油管
内径/mm	320.4	226.6	161.7	62	100.53
外径/mm	339.7	244.5	177.8	73.02	114.3
深度/m	350	350～1395	1395～1850	0～1800	0～900

表 3.2　导热介质物性参数

	套管	中心油管	水泥	空气	地层
密度/(kg/m^3)	8060	8060	2140	25	2200
比热容/[J/(kg·℃)]	400	400	1900	1380	850
导热系数/[W/(m·℃)]	43.75	43.75	0.8	0.022	3

表 3.3　储层物性参数

地表温度/℃	温度梯度/(℃/m)	地层水流速/(m/s)	孔隙度
9	0.027	1.27×10^{-7}	0.2

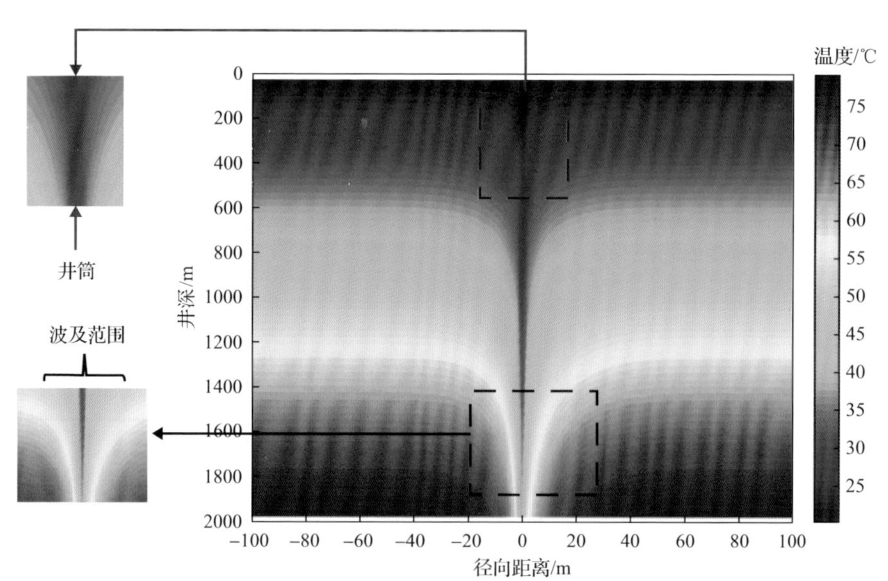

图 3.1　120d 时井筒及近井壁地层温度分布云图

由图 3.1 可知，120d 时井筒附近地层温度降低幅度较大，但对地热储层的波及范围较小，因此计算边界的设置是合理的，表明系统可长时间稳定生产。针对系统中不同的保温情况分别研究了井内流体的温度分布，如图 3.2 所示。由图 3.2

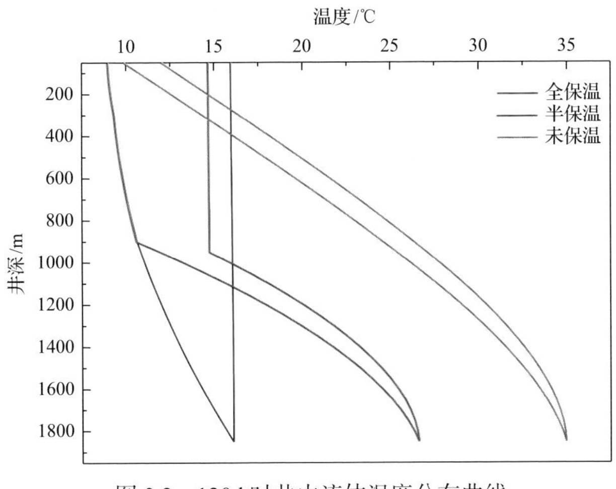

图 3.2　120d 时井内流体温度分布曲线

可知，当系统进行全保温时，环空中流体的温度随井深近似呈线性增加，在回水过程中由于保温油管的保温层阻隔了其热量散失，环空和内管中的流体几乎没有热量传递，因此出口温度相比井底温度仅有微幅降低。当系统未进行保温时，流体温度会急剧变化，表明中心管流体和环空流体间的强制对流换热比较强烈，从而显著降低采出高温流体的温度，对比注采温度可知，温差仅有 2.5℃。另外，由于深井全保温的成本过高，为了提高系统的经济效益，通常只进行部分保温，由图 3.2 也可以发现其未保温段温度分布与全井未保温类似，保温段流体温度仍呈近似线性分布，出口温度明显高于未采取保温措施的井。由此说明，本书提出的双层保温管结构保温效果较好。

图 3.3 展示了不同井深处井筒附近地层温度与原始地层温度的温差随径向距

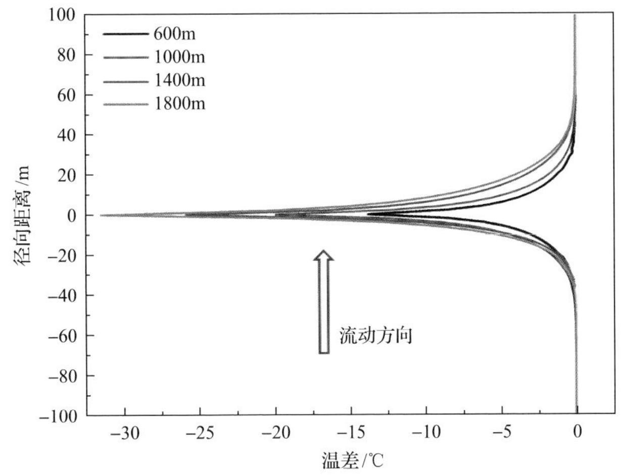

图 3.3　不同井深处井筒附近地层温度与原始地层温度的温差随径向距离分布规律

离的变化曲线，可知近井壁储层温差较大，随着径向距离增加，温差迅速降低；通过对比不同井深处温差的变化可知，随着井深的增加，取热半径逐渐增大。取热半径是指系统在取热过程中对地热储层的径向影响距离。研究取热半径可得到特定时间下地热开发对储层的影响范围，对井间距的优化设计和布井方案的合理确定具有指导意义。可观察到，4 个月后，储层上部未含水层影响半径约 20m，深部含水层有对流供给的影响半径达到 40m；储层含水段上游方向有地层水源源不断地为井筒供给热量，因此温度波及范围较小，下游方向地层热量得不到及时补充，温度波及范围较大，导致地层温度径向分布不对称。

3.3　运行参数对取热效果影响研究

在不同的工艺参数和地层条件下，系统的取热效果会有显著差异，为了获得最大的经济效益，有必要研究各因素对系统的取热效果的影响规律。本节分别从地层水流速、工质排量、入口温度、固井水泥导热系数、地层导热系数和取热工质种类等因素对系统出口温度和取热功率的影响方面进行分析。

3.3.1　地层水流速

保持其他参数不变，改变地层水流速（0～10^{-4}m/s），得到不同地层水流速下的出口温度与取热功率，如图 3.4 所示。由图可知，随着地层水流速的增加，井筒与储层之间的热交换强度增强，进而显著提高了系统取热效果。

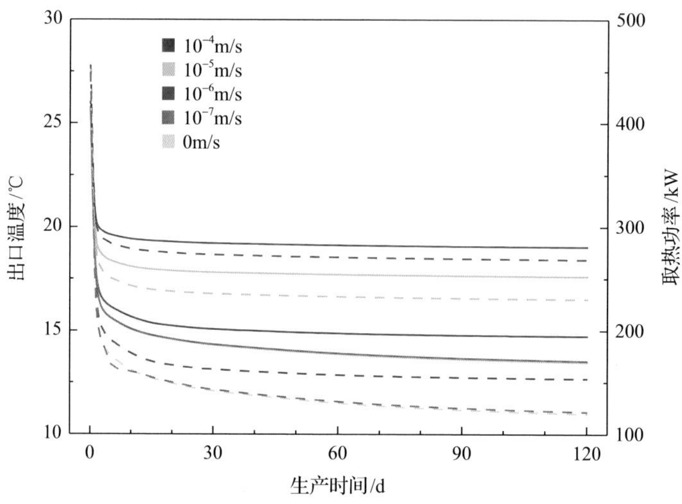

图 3.4　不同地层水流速下出口温度（实线）与取热功率（虚线）随生产时间的变化曲线

3.3.2　工质排量

保持其他参数不变，改变工质排量(10～50m^3/h)，得到不同工质排量下的生产曲线，如图 3.5 所示。由图可知，可以将生产曲线大致分为下降区、过渡区和平稳区三个阶段。各工质排量下的下降区主要位于生产初期的 5d 内，该阶段由于井筒附近的温度梯度较大并且能量得不到及时补充，产能衰减十分迅速；在 45d 后取热功率基本趋于稳定，因此可以根据该段的计算结果评价实际生产的经济效益。现场可以根据所需的出口温度确定合理工质排量。

图 3.6 展示了不同生产时间下出口温度与取热功率随工质排量的变化曲线，

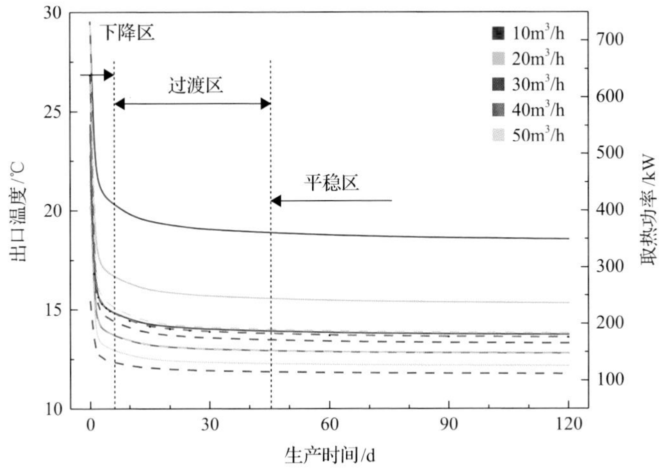

图 3.5　不同排量下出口温度(实线)与取热功率(虚线)随时间的变化曲线

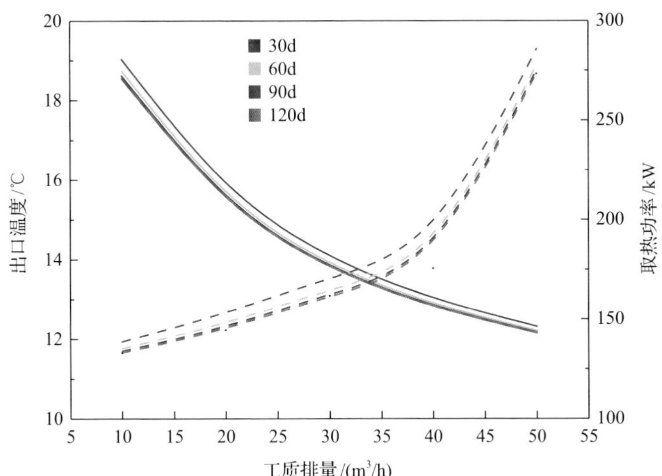

图 3.6　不同生产时间下出口温度(实线)与取热功率(虚线)随工质排量的变化曲线

可知不同生产时间下出口温度随着工质排量的增大逐渐减小，取热功率则随着工质排量的增大逐渐增大。这是因为工质排量增大导致流速变快，减少了循环工质与地层的换热时间，进而降低了出口温度。

3.3.3　入口温度

保持其他参数不变，改变流体入口温度（10～30℃），得到不同入口温度下的出口温度与取热功率，如图 3.7 所示。由图可知，随着入口温度的提高，出口温度线性增加，取热功率线性降低。根据计算结果，当生产 30d、60d、90d 和 120d 时，取热功率曲线的斜率分别近似为–7.37kW/℃、–7.05kW/℃、–6.90kW/℃和–6.81kW/℃，表明入口温度会显著影响系统取热效果。当入口温度增加时，取热功率随时间变化的幅度会逐渐降低，这是因为缩小了环空流体与地层间的温差，二者之间的传热量进一步降低，因此为了提高系统效益，可根据实际情况适当降低入口温度。

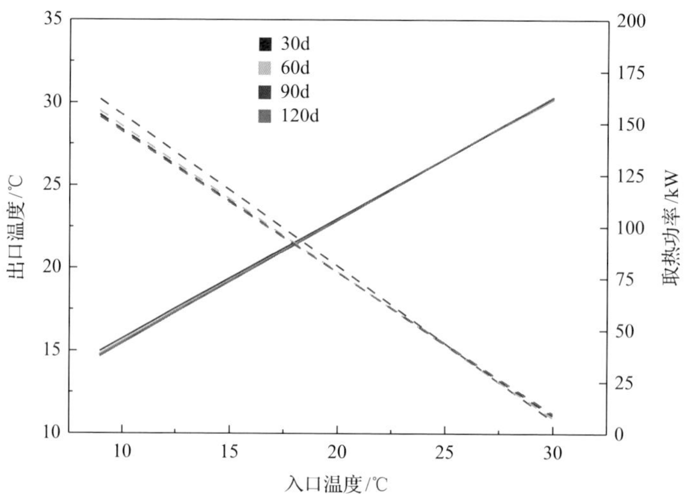

图 3.7　不同时间下出口温度（实线）与取热功率（虚线）随入口温度的变化曲线

3.3.4　固井水泥导热系数

保持其他参数不变，改变固井水泥导热系数[0.1～1.2W/(m·K)]，得到不同固井水泥导热系数下系统的出口温度与取热功率，如图 3.8 所示。需要注意的是，和地层相比，固井水泥导热系数较低，阻碍了井筒和地层之间的热量传递。为了系统研究固井水泥对取热效果的影响，将其导热系数的极限设为 0.1W/(m·K) 与 1.2W/(m·K)。由图 3.8 可知，固井水泥导热系数从 0.1W/(m·K) 增加到 0.4W/(m·K) 时，系统出口温度和取热功率迅速升高；固井水泥导热系数从 0.4W/(m·K) 增加到 1.2W/(m·K)时，系统出口温度和取热功率的增长幅度逐渐变缓。120d 时，固井水泥导热系数在 1.2W/(m·K)时的系统取热功率相比 0.1W/(m·K)提高了 114.63%。值得注意的是，如果采取裸眼完井，地层水就会充填在井筒和地层之间，低导热系数的地层水[0.569～0.687W/(m·K)]会降低系统的取热效果。

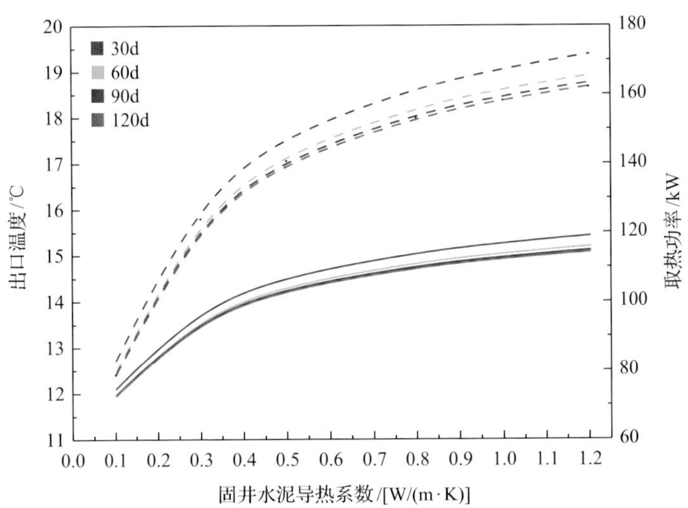

图 3.8　不同生产时间下出口温度(实线)与取热功率(虚线)随固井水泥导热系数的变化曲线

3.3.5　地层导热系数

保持其他参数不变，改变地层导热系数[1.0～4.0W/(m·K)]，得到不同地层导热系数下的出口温度与取热功率，如图 3.9 所示。由图可知，随着地层导热能力的

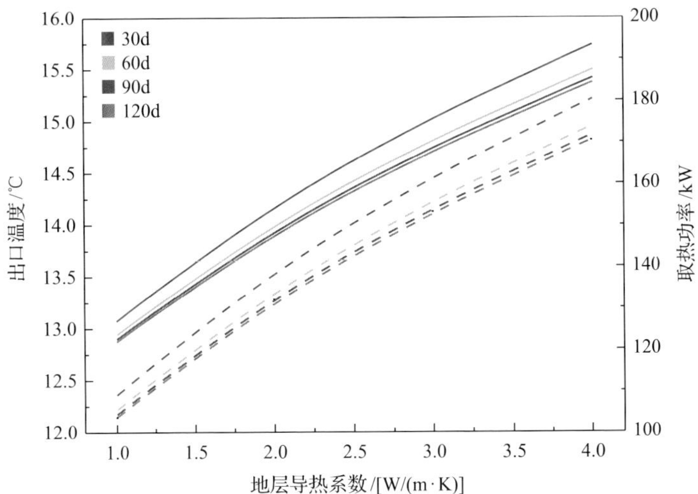

图 3.9　不同生产时间下出口温度(实线)与取热功率(虚线)随地层导热系数的变化曲线

提高，出口温度和取热功率增幅明显，表明地层中传热效果在增强。在 30d、60d、90d 和 120d 时，地层导热系数为 4.0W/(m·K)的取热功率较地层导热系数为 1.0W/(m·K)的取热功率分别增加了 65.32%、64.60%、64.49%和 64.50%。从经济效益方面考虑，单井同轴套管闭式循环取热系统更加适用于地层导热系数高的地热资源的开发。

3.3.6　取热工质种类

第 2 章中 2.5 节已经详细介绍了地热系统取热工质的选择标准，并初步选择了 9 种安全环保的工质，包括水、二氧化碳和 7 种有机工质。在本小节中，对比了这 9 种工质在单井同轴套管闭式循环取热系统中的取热效果。本小节入口温度和工质排量分别设置为 10℃和 20m^3/h，地温梯度设置为 0.03℃/m，采用全保温结构，其他参数保持不变。

图 3.10 展示了生产 120d 后 9 种取热工质的出口温度与取热功率。由图可知，在相同的工作条件下，R600a 的出口温度最高，CO_2 的取热功率最高。由于取热功率是评估换热性能最重要的标准，水也可以被认为是一种良好的取热工质，但 CO_2 的出口温度与取热功率均显著高于水，认为 CO_2 的取热效果最佳。

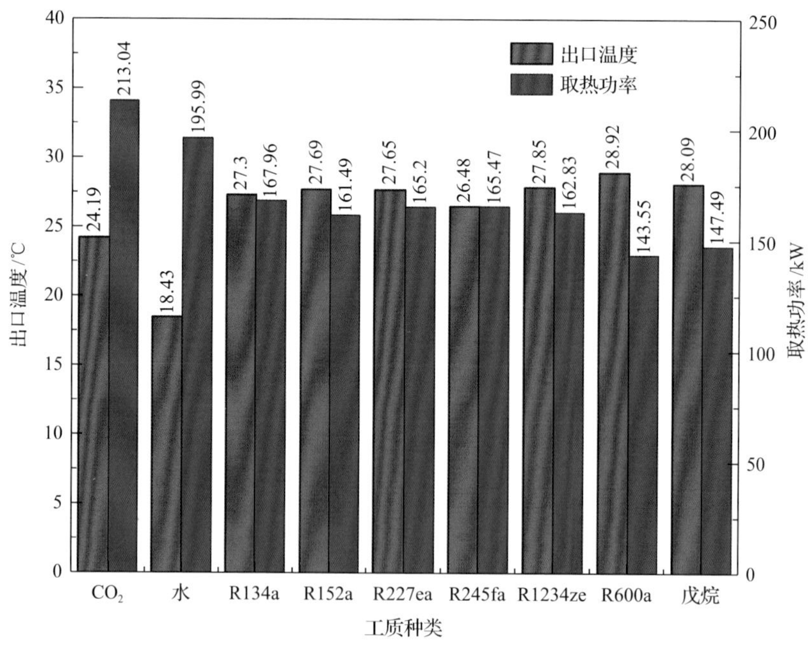

图 3.10　120d 后不同取热工质的出口温度与取热功率对比

图 3.11 对比了不同入口温度下生产 120d 后 9 种工质的取热效果。由图 3.11 可知，随着入口温度的增加，水的取热功率的下降趋势最明显，水和二氧化碳之

间的取热功率差异扩大。在较高的入口温度下，与其他有机工质相比，水的取热优势减弱。当入口温度达到 30℃时，水和 R134a 的取热功率基本相同。这是因为 CO_2 和有机工质的热物理性质如比热容、导热系数、密度、黏度随温度增加而增加，从而有利于提高取热功率。

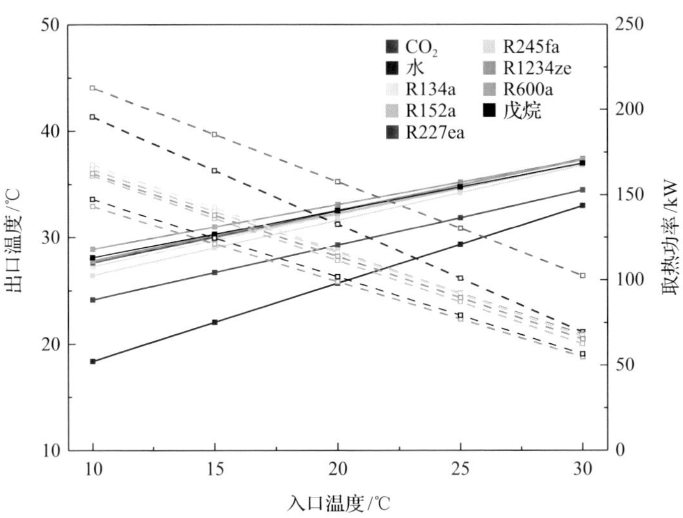

图 3.11　不同工质出口温度(实线)和取热功率(虚线)随入口温度变化

3.4　高导热水泥技术

单井取热过程中，井筒和地层之间的热传导效果依赖于传热介质的导热系数。和井筒、地层相比，固井水泥导热系数过小，3.3.4 节的研究已经表明提高固井水泥的导热性能可以提高井筒和地层之间的传热效果。因此，我们提出了一种用油井水泥和导热材料配制导热型固井水泥的方法，利用导热材料的高导热性能提高水泥的导热系数。本小节通过室内实验，制备了添加不同导热材料的水泥，并测试了其导热系数和孔隙度，对水泥进行了电镜扫描，分析了影响导热型固井水泥导热系数的主要因素，提出了提高固井水泥导热系数的方法。

3.4.1　实验材料与实验方法

实验采用抗高温 G 级油井水泥与石墨、铁粉和铜粉三种导热材料配制而成的导热型固井水泥，其中抗高温 G 级油井水泥化学成分如表 3.4 所示，物理性质如表 3.5 所示，导热材料性质如表 3.6 所示。

表 3.4　G 级油井水泥化学成分及含量　（单位：%）

烧失量最大值	不溶物最大值	MgO 最大值	SO_3 最大值	C3S	C2S	C3A	C4AF+2C3A 最大值	总碱度最大值
1.00	0.50	2.48	2.20	58.0	17.55	1.50	18.55	0.44

注：C3S、C2S 和 C3A 为化合物代号。

表 3.5　G 级油井水泥物理性质

密度 /(g/cm³)	比表面积 /(m²/kg)	水灰比（质量比）	52℃，35.6MPa		抗压强度/MPa	
			15～30min 稠度 Bc	稠化时间 /min	38℃，常压，8h	60℃，常压，8h
3.16	607	0.55	29	78	1.50	18.55

表 3.6　导热材料性质

成分	密度/(g/cm³)	形态	目数/目	导热系数/[W/(m · ℃)]	制造商
石墨	2.25	粉末	100	129	上海阿拉丁生化科技股份有限公司
铁粉	7.86	粉末	100	46	
铜粉	8.94	粉末	100	400	

参考《油井水泥试验方法》(GB/T 19139—2012)[16]，制定导热水泥配制步骤如下。

(1)设计石墨比例(石墨与 G 级油井水泥的质量比值)分别为 0.00、0.05、0.10、0.15、0.20。

(2)配制不含导热材料的水泥浆，用天平称取水泥灰，用量筒量取蒸馏水，然后将蒸馏水倒入浆杯中，搅拌器以低速[(4000±200) r/min]转动，并在 15s 内加完水泥灰，接着在高速[(12000±500) r/min]下继续搅拌 35s，配成水泥浆，编号 C0。

(3)对石墨比例为 0.05、0.10、0.15、0.20 的水泥浆重复步骤(2)完成配制，编号 G1～G4；对铁粉比例(铁粉与油井水泥的质量比值)为 0.05、0.10、0.15、0.20 的水泥浆重复步骤(2)完成配制，编号 F1～F4；对铜粉比例(铜粉与油井水泥的质量比值)为 0.05、0.10、0.15、0.20 的水泥浆重复步骤(2)完成配制，编号 C1～C4。导热型固井水泥成分如表 3.7 所示。

表 3.7　地热井导热型固井水泥成分

导热材料	编号	导热材料比例	导热材料质量/g	水泥质量/g	水质量/g
无	C0	0.00		1300	600
石墨	G1	0.05	62	1238	570
	G2	0.10	118	1182	544
	G3	0.15	170	1130	520
	G4	0.20	217	1083	500

续表

导热材料	编号	导热材料比例	导热材料质量/g	水泥质量/g	水质量/g
铁粉	F1	0.05	1241	570	570
	F2	0.10	1180	543	543
	F3	0.15	1131	520	520
	F4	0.20	903	415	415
铜粉	C1	0.05	1238	570	570
	C2	0.10	1181	543	543
	C3	0.15	1130	520	520
	C4	0.20	179	416	416

(4) 将配制完成的水泥浆分别倒入试模中养护，标准养护 8h 后取出水泥，养护温度为 60℃，养护压力为 20MPa。

将配制好的导热型固井水泥岩样分别开展以下测试。

(1) 图 3.12(a) 所示的水泥(直径 25mm、高 50mm 的圆柱体)用于导热系数测定，测定温度设置为 60℃、90℃和 120℃。采用 TC3200 导热系数仪进行测量，该装置的测量范围是 0.001～20W/(m·K)，分辨率为 0.0005W/(m·K)，测量误差为±3%～±5%。

(2) TAW-1000 深水孔隙压力仪(测量范围 0～1000kN，分辨率 1/200000kN，测量误差±1%)用于测定水泥抗压强度。当围压为 0 时，加载速率是 0.04mm/min；当围压大于 0 时，加载速率是 0.09mm/min。测试温度设置为 20℃。

(3) KXD-III型氦气孔隙度测定仪用于测定水泥孔隙度。测试温度为 20℃，压力为 1.2MPa。

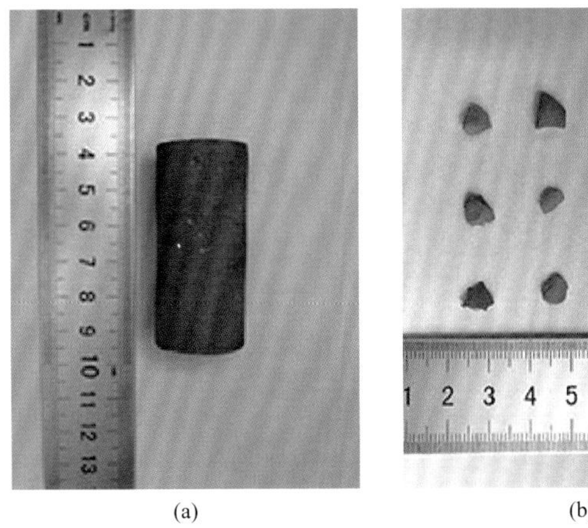

(a)　　(b)

图 3.12　地热井导热型固井水泥

(4) 采用 Quanta200F 场发射扫描电子显微镜(放大倍率为 25～200000 倍，分辨率为 1.2nm）对水泥进行检测，检测温度为 20℃。

3.4.2 抗压强度评价

不同石墨比例的导热型固井水泥在 0MPa、5MPa、10MPa、15MPa 围压下的抗压强度测试结果如图 3.13 所示。由图可知，当石墨比例相同时，随着围压增大，水泥抗压强度提高；围压相同时，随着石墨比例的增加，水泥抗压强度逐渐减小，这是由于石墨的抗压强度较低，充填在水泥中降低了水泥的抗压强度。

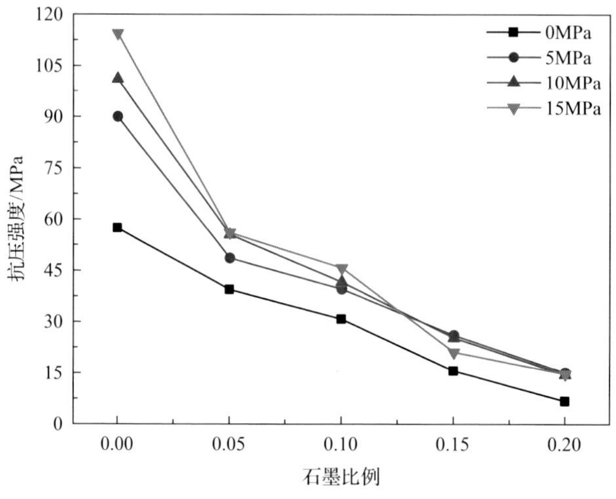

图 3.13　导热型固井水泥抗压强度随石墨比例的变化曲线

不同铁粉比例的地热井导热型固井水泥在 0MPa、5MPa、10MPa、15MPa 围压下的抗压强度测试结果如图 3.14 所示。由图可知，当铁粉比例相同时，随着围

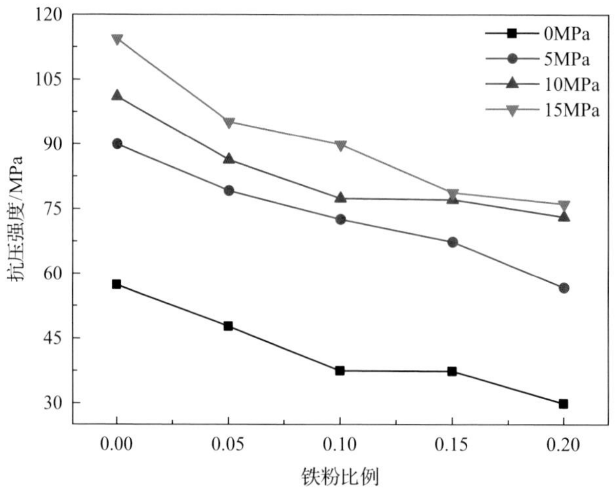

图 3.14　导热型固井水泥抗压强度随铁粉比例的变化曲线

压增大，水泥抗压强度提高；围压相同时，随着铁粉比例增加，水泥抗压强度逐渐减小。

不同铜粉比例的地热井导热型固井水泥在 0MPa、5MPa、10MPa、15MPa 围压下的抗压强度测试结果如图 3.15 所示。由图可知，当铜粉比例相同时，随着围压增大，水泥抗压强度提高；围压相同时，随着铜粉比例的增加，水泥抗压强度逐渐减小。

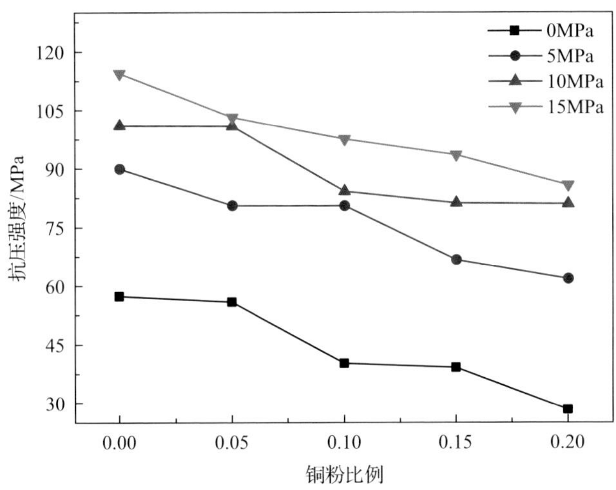

图 3.15　导热型固井水泥抗压强度随铜粉比例变化曲线

3.4.3　导热系数评价

1. *石墨的影响*

不同石墨比例的导热型固井水泥在不同测试温度下的导热系数测试结果如图 3.16 所示。由图 3.16 可知，随着测试温度的升高，同一种导热型固井水泥的导热系数会降低，这是由于温度升高加剧了固体分子的无规则热运动，热运动会消耗热量，进而导致高温情况下水泥的热传导性能比低温情况下的热传导性能低。还可以看出，随着石墨比例从 0.00 增加到 0.20，水泥导热系数先升高后降低；石墨比例为 0.05 时导热系数达到最大，相比不添加石墨的水泥提高了 20%；石墨比例为 0.10 的水泥的导热系数次之，比不添加石墨的水泥提高了 15%；石墨比例为 0.15 的水泥，其导热系数与不添加石墨的水泥相比提高了 4%；而随着石墨比例增大到 0.20，水泥的导热系数相比不添加石墨的水泥有所降低。综上所述，石墨比例在 0.05～0.15 时，石墨的高导热性能可以有效提高水泥的导热系数。石墨比例在 0.00～0.05 时，水泥的导热系数增大，当石墨比例从 0.05 增加到 0.20 时，水泥的导热系数开始下降，需要结合孔隙度测试电镜扫描结果进一步分析原因。

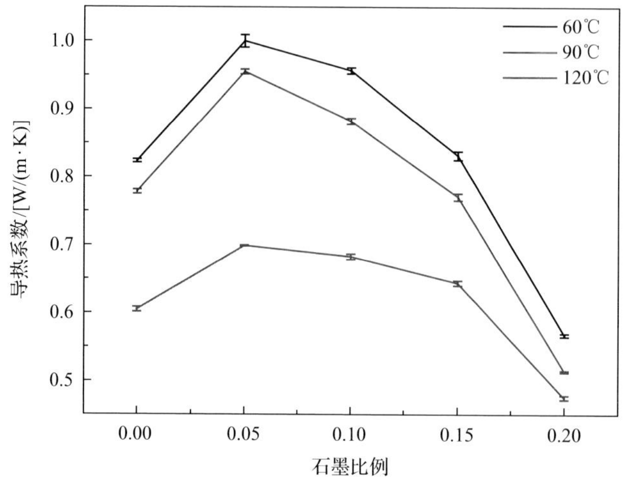

图 3.16　导热型固井水泥导热系数随石墨比例的变化曲线

水泥的孔隙度和石墨比例的关系曲线如图 3.17 所示。当石墨比例从 0.00 增加到 0.05 时，水泥孔隙度几乎不变；当石墨比例从 0.05 增加到 0.20 时，水泥孔隙度急剧增大。

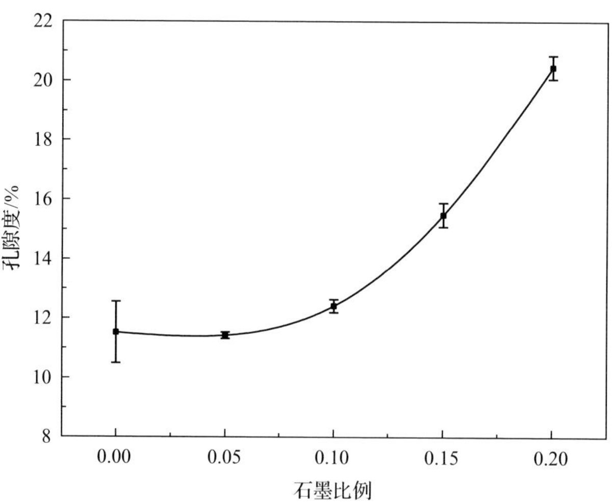

图 3.17　导热型固井水泥孔隙度随石墨比例变化曲线图

C0 水泥微观形貌如图 3.18 所示。图 3.18(a)、(b)分别是放大 5000 倍、10000 倍时 C0 水泥的微观形态，可以看到水泥的微观形貌特征是整体上不规则、不密实，存在较多的孔隙，其结构中存在板状、块状颗粒且形状不规则。C0 水泥中，水化产物颗粒形状不规则，孔隙较多。

(a) 5000倍　　(b) 10000倍

图 3.18　C0 水泥微观形貌

G1 水泥微观形貌如图 3.19 所示。图 3.19(a)、(b)分别是放大 5000 倍、10000 倍时 G1 水泥的微观形态，可以看到水泥的微观形貌特征是整体上不规则，相比 C0 水泥更加密实、均匀，孔隙数量明显减少，颗粒连续性有提高，导热系数升高了。

(a) 5000倍　　(b) 10000倍

图 3.19　G1 水泥微观形貌

G2 水泥微观形貌如图 3.20 所示。图 3.20(a)、(b)分别是放大 5000 倍、10000 倍时 G2 水泥的微观形态，相比于 G1 水泥，可以看到 G2 水泥的微观形貌特征整体上变得不规则、不密实，水化产物颗粒呈球状、块状。相比于 G1 水泥，G2 水泥的导热系数略有下降，但高于不添加石墨的 C0 水泥。

(a) 5000倍 (b) 10000倍

图 3.20 G2 水泥微观形貌

G3 水泥微观形貌如图 3.21 所示。图 3.21(a)、(b)分别是放大 5000 倍、10000 倍时 G3 水泥的微观形态，可以看到水泥的微观形貌特征整体上不规则、不密实、不均匀，存在明显的孔隙。其结构中片状、块状、棒状水化产物颗粒互相聚集、嵌入，相比于 G2 水泥，其颗粒间接触不紧密，多呈现纤维状、针状连接，颗粒连续性变差，G3 水泥导热系数低于 G2 水泥，略高于不添加石墨的 C0 水泥。

G4 水泥微观形貌如图 3.22 所示。图 3.22(a)、(b)分别是放大 5000 倍、10000 倍时 G4 水泥的微观形态，可以看到水泥的微观形貌特征整体上不规则、不密实、不均匀，孔隙分布不均匀。其结构中块状水化产物颗粒构成主体结构，相比于 G3 水泥，颗粒间基本呈现纤维状、针状连接，连续性进一步变差，导热系数低于 G3 水泥，且低于不添加石墨的 C0 水泥。

(a) 5000倍 (b) 10000倍

图 3.21 G3 水泥微观形貌

(a) 5000倍　　(b) 10000倍

图 3.22　G4 水泥微观形貌

2. 铁粉的影响

不同铁粉比例的地热井导热型固井水泥在不同温度下的导热系数测试结果如图 3.23 所示。由图可知，随着铁粉比例的增加，水泥导热系数逐渐增大。铁粉比例为 0.05 的水泥导热系数比不添加铁粉的水泥提高了 6%；铁粉比例为 0.10 的水泥导热系数比不添加铁粉的水泥提高了 10%；铁粉比例为 0.15 的水泥导热系数比不添加铁粉的水泥提高了 14%；铁粉比例为 0.20 的水泥的导热系数比不添加铁粉的水泥提高了 19%。综上所述，铁粉比例在 0.05～0.20 时，水泥的导热系数持续增大，需要结合孔隙度测试与电镜扫描结果进一步分析原因。

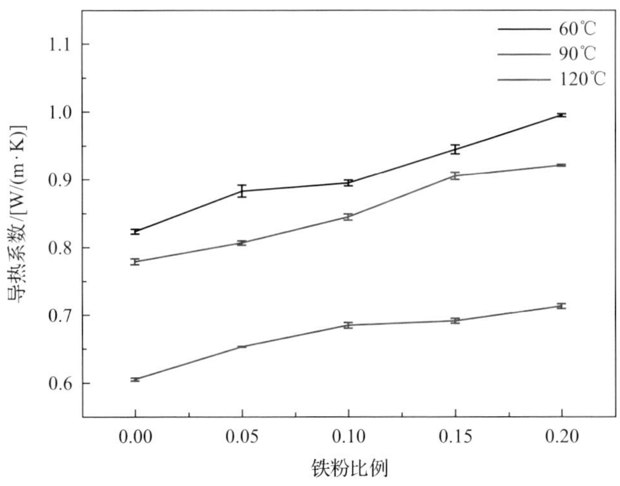

图 3.23　导热型固井水泥导热系数随铁粉比例变化曲线

水泥孔隙度和铁粉比例的关系曲线如图 3.24 所示。当铁粉比例从 0.00 增加到 0.05 时，水泥孔隙度缓慢减小；当铁粉比例从 0.05 增加到 0.15 时，水泥孔隙度迅速下降；当铁粉比例从 0.15 增加到 0.20 时，水泥孔隙度略有减小。一方面铁粉的高导热性能可以提高水泥的导热系数；另一方面随着铁粉的加入，水泥孔隙度减小，进一步增强了水泥的导热性能。

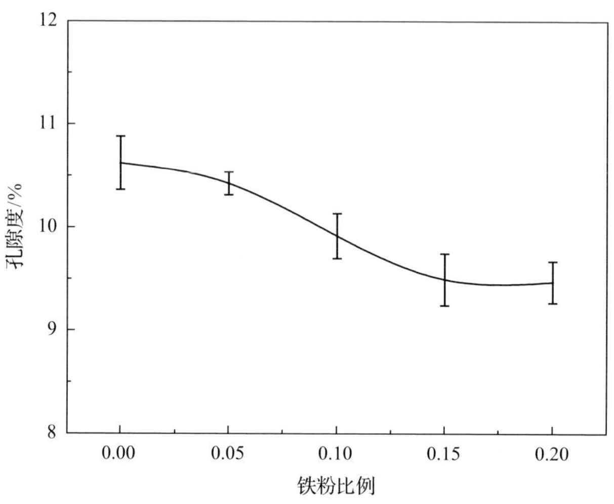

图 3.24　导热型固井水泥孔隙度随铁粉比例的变化曲线

F1 水泥微观形貌如图 3.25 所示。图 3.25(a)、(b)分别是放大 5000 倍、10000 倍时 F1 水泥的微观形态，可以看到水泥的微观形貌特征整体上较为规则，相比不添加导热材料的 C0 水泥更均匀、密实，水化产物多呈块状。F1 水泥导热系数高于 C0 水泥。

(a) 5000倍　　(b) 10000倍

图 3.25　F1 水泥微观形貌

F2 水泥微观形貌如图 3.26 所示。图 3.26(a)、(b)分别是放大 5000 倍、10000 倍时 F2 水泥的微观形态，可以看到水泥的微观形貌特征整体比 F1 水泥更均匀、密实，水化产物多呈球状、块状。F2 水泥的导热系数高于 F1 水泥。

(a) 5000倍　(b) 10000倍

图 3.26　F2 水泥微观形貌

F3 水泥微观形貌如图 3.27 所示。图 3.27(a)、(b)分别是放大 5000 倍、10000 倍时 F3 水泥的微观形态，可以看到其整体上比 F2 水泥更加密实、均匀，水化产物多呈块状连续分布。F3 水泥的导热系数高于 F2 水泥。

F4 水泥微观形貌如图 3.28 所示。图 3.28(a)、(b)分别是放大 5000 倍、10000 倍时 F4 水泥的微观形态，可以看到其微观形貌特征规则、均匀、密实，水化产物呈现大片连续的块状。F4 水泥的导热系数高于 F3 水泥。

(a) 5000倍　(b) 10000倍

图 3.27　F3 水泥微观形貌

(a) 5000倍　(b) 10000倍

图 3.28　F4 水泥微观形貌

3. 铜粉的影响

不同铜粉比例的导热型固井水泥在不同温度下的导热系数测试结果如图 3.29 所示，可知随着铜粉比例的增加，水泥导热系数逐渐增大。铜粉比例为 0.05 的水泥导热系数相比于不添加铜粉的水泥提高了 16%；铜粉比例为 0.10 的水泥导热系数比不添加铜粉的水泥提高了 24%；铜粉比例为 0.15 的水泥导热系数比不添加铜粉的水泥提高了 25%；铜粉比例为 0.20 的水泥导热系数比不添加铜粉的水泥提高了 36%。综上所述，铜粉添加比例在 0.05～0.20 时，水泥的导热系数持续增大，需要结合孔隙度测试与电镜扫描结果进一步分析原因。

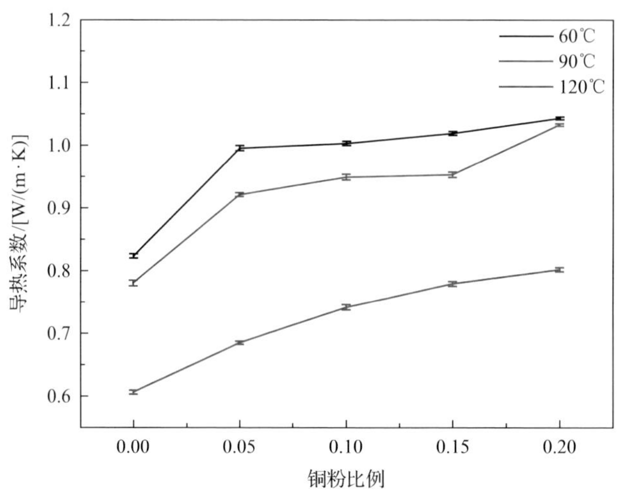

图 3.29　导热型固井水泥导热系数随铜粉比例变化曲线

水泥孔隙度和铜粉比例的关系曲线如图 3.30 所示。当铜粉比例从 0.00 增加到 0.10 时，水泥孔隙度迅速减小；当铜粉比例从 0.15 增加到 0.20 时，水泥孔隙度略有减小。一方面铜粉的高导热性能可以提高水泥的导热系数；另一方面随着铜粉的加入，水泥孔隙度减小，进一步增强水泥的导热性能。

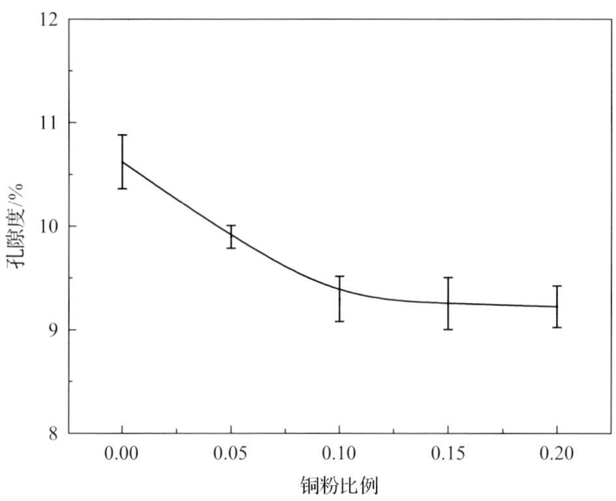

图 3.30　导热型固井水泥孔隙度随铜粉比例的变化曲线

C1 水泥微观形貌如图 3.31 所示。图 3.31(a)、(b)分别是放大 5000 倍、10000 倍时 C1 水泥的微观形态，可以看到水泥的微观形貌特征整体上较为密实、规则，水化产物呈大片连续的块状。C1 水泥导热系数高于 C0 水泥。

(a) 5000倍　　(b) 10000倍

图 3.31　C1 水泥微观形貌

C2 水泥微观形貌如图 3.32 所示。图 3.32(a)、(b)分别是放大 5000 倍、10000

倍时 C2 水泥的微观形态，可以看到水泥的微观形貌特征整体上比 C1 水泥更均匀、密实，水化产物多呈块状。C2 水泥的导热系数高于 C1 水泥。

(a) 5000倍　　(b) 10000倍

图 3.32　C2 水泥微观形貌

C3 水泥微观形貌如图 3.33 所示。图 3.33(a)、(b)分别是放大 5000 倍、10000 倍时 C3 水泥的微观形态，可以看到其整体上比 C2 水泥更加密实、规则，水化产物多呈块状、层状连续分布。C3 水泥的导热系数高于 C2 水泥。

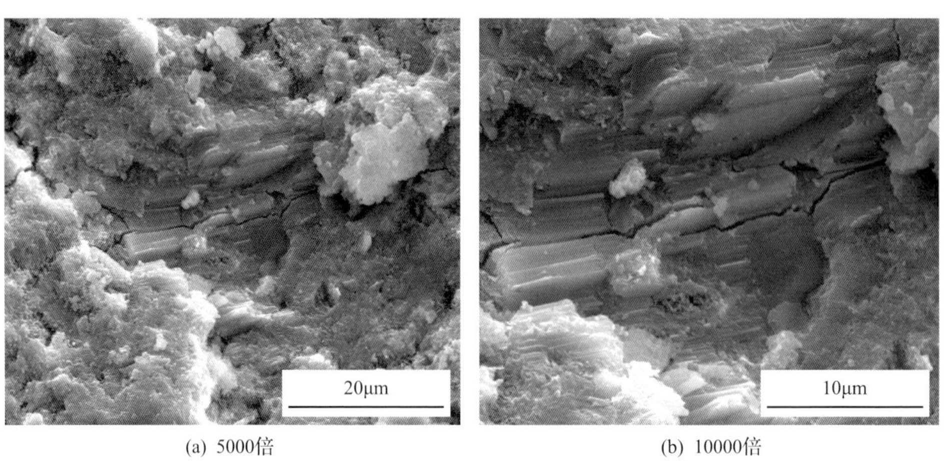

(a) 5000倍　　(b) 10000倍

图 3.33　C3 水泥微观形貌

C4 水泥微观形貌如图 3.34 所示。图 3.34(a)、(b)分别是放大 5000 倍、10000 倍时 C4 水泥的微观形态，可以看到其微观形貌特征平整、均匀、密实，水化产物呈现大片连续的块状。C4 水泥的导热系数高于 C3 水泥。

(a) 5000倍　(b) 10000倍

图3.34　C4水泥微观形貌

3.5　单井同轴套管闭式循环取热现场试验研究

为现场测试单井同轴套管闭式循环取热系统的取热性能，中国石油大学(北京)协同中国石化集团新星石油有限责任公司和中石化绿源地热能开发有限公司在河北省保定市雄县开展了单井同轴套管闭式循环取热系统的现场试验。

3.5.1　试验井概况

(1)地理位置：试验井位于河北省保定市雄县朱各庄镇西柳村幸福家园小区，北距白沟镇直线距离5km，东南距雄县县城直线距离7.5km，井口经纬度坐标：39°03′51.36″N、116°02′34.65″E。

(2)构造位置：试验井位于中朝准地台(Ⅰ级)、华北盆地(Ⅱ级)、冀中凹陷(Ⅲ级)、牛驼镇断凸(Ⅳ级构造单元)西部。地层自上而下为第四系、新近系明化镇组、古近系东营组及中上元古界蓟县系雾迷山组。

(3)地温梯度：目的层1860m，温度59℃，地温梯度2.7℃/100m。

(4)井身结构：该地热井完钻深度2530m，成井深度2530m，采用三级成井结构，具体参数如表3.8所示。一开采用444.5mm的钻头钻至井深450m，下339.7mm表层套管，以满足封隔表层松散地层和下入水泵的要求，水泥上返至地面。二开采用311.2mm的钻头钻至井深2005m，从350m下244.48mm中间套管至1495m，水泥上返至350m。三开采用215.9mm的钻头钻至井深2530m，1395～1885m下入177.8mm实管，1860m和1870m下入两个裸眼封隔器，1395～1860m水泥封固，1885～2035m下入177.8mm滤水管，2036～2144m下入177.8mm实管，2144～2258m下入177.8mm滤水管，2258～2386m下入177.8mm实管，2386～2406m

下入 177.8mm 滤水管，2406～2530m 下入 177.8mm 实管。

表 3.8　试验井井身结构

结构类型	套管尺寸/mm	套管下深/m	备注
一开	339.7	450	
二开	244.48	350～1495	重合段 100m 全段封固
三开	177.8	1395～2530	

本次试验要求对目的层(三开固井井段 1860m)进行封堵，并下入双层保温油管及井下测温装置。通过环空泵入冷水，冷水与地层换热升温，并从保温油管上返至地面，通过地面管线进入换热泵；测温电缆安装在环空 900m、井下 1800m、油管内 900m、出口，工质循环期间，测温电缆实时收集温度数据，上传至地面接收装置。

3.5.2　试验设备

本次现场试验采用的设备如表 3.9 所示。

表 3.9　试验设备

序号	设备名称	规格	数量	单位
1	作业机		1	台
2	增压泵		1	台
3	变压器	S11-160kV · A	1	台
4	地面保温管道			
5	水			
6	油管 1	114.3mm	900	m
7	油管 2	444.5mm	1800	m
8	油管短节			个
9	井口装置		1	个
10	长期温度监测装置		1	台
11	铠装热电偶电缆 1(3.5mm)	3.5	950	m
12	铠装热电偶电缆 2(4.0mm)	4.0	1850	m
13	K 形热电偶延长补偿电缆	6.0	300	m
14	电缆保护卡(114.3mm 油管)	114	100	支
15	电缆保护卡(444.5mm 油管)	73	100	支

续表

序号	设备名称	规格	数量	单位
16	通信电缆		1	根
17	地面仪(接口箱)		1	台
18	高温防水胶带		30	m
19	不锈钢扎带 YFC-8×200		300	根
20	不锈钢扎带 YFC-8×300		300	根
21	不锈钢扎带 YFC-8×400		300	根
22	测井滑轮 QHHL-1.5m		2	只
23	4.0mm 电缆双滚筒盘绳支架		1	盘
24	聚氯乙烯(PVC)管	32mm	6	根
25	锂电双速冲击钻 5230		1	套
26	1/4 公制内六角批头 1		5	个
27	1/4 公制内六角批头 2		5	个
28	不锈钢扎带专用工具 HS300		1	个

3.5.3　现场试验程序

施工现场井下结构如图 3.35 所示，具体施工与试验流程如下所述。

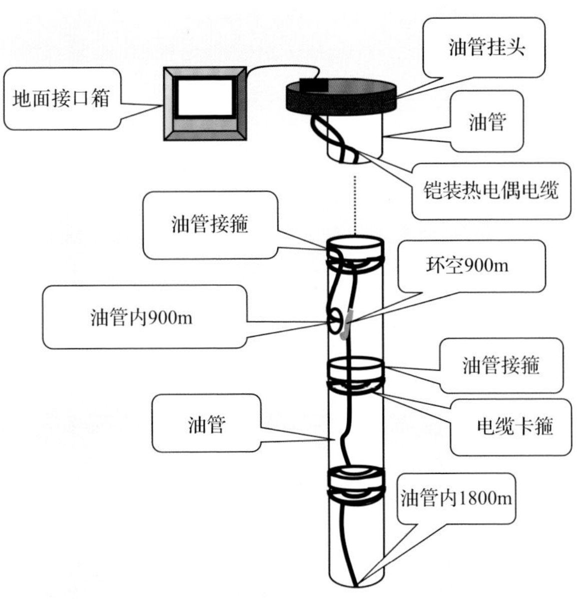

图 3.35　井下结构示意图

1) 通井

利用通径规通井，确保井筒可以顺利通畅地下入各种井下工具。

2) 封堵井底

通过下入桥塞封堵 1860m 以下井段。

3) 安装井口装置和增压泵

安装地面井口装置，如图 3.36 所示，通过井口装置将电缆连接至泵房，进行实时温度监测；增压泵连接地热井环空通道，向井下泵入冷水(注水管需加长至井口下方数米，保证其淹没入液面以下)，热水从油管通过井口装置进入地面管线，输送至换热泵；根据安全操作规程，安装地面设备，做好井控及健康、安全与环境(HSE)工作。

图 3.36　地面井口装置

4) 安装保温油管及测温电缆

安装 2 个天滑轮分别在作业架井口正左、正右上方，如图 3.37 所示；将 2 盘铠装热电偶电缆分别架在电缆收放排缆器上，并锚定电缆收放排缆器，依次锁定好电缆盘，如图 3.38 所示。将左边电缆通过左侧天滑轮，其铠装热电偶电缆(4.0mm)衔接位置为 1800m，按照地质测试要求，由作业工按照油管铺排程序，执行第 1 根电缆接入下井油管队列的任务，执行打卡、安装固定。这时，第一次检测该盘电缆温度信号，下入速度控制在 10m/min 以内，然后每下放一根油管，在油管接箍处，电缆用电缆卡箍固定，电缆卡箍如图 3.39 所示。在每一个即将下井的油管中部(单根 5m 处)，按照防松要求，固定自锁式的电缆环形箍，每 5m 一次防松打卡。每下放电缆 100m，井口停止作业，在地面的电缆盘处，测试一次温度。若检测发现电缆或测温仪出现故障，应立即起出油管，检查电缆损伤情况。若因为电缆碰撞损伤导致短路、断路等，可在损伤处将电缆截断，然后用电缆连接器进行部位对应连接。

图 3.37　天滑轮

图 3.38　电缆收放排缆器

图 3.39　电缆卡箍

保温油管采用 1.7 节介绍的双层保温结构，内层为 444.5mm 的油管，外层为 114.3mm 的油管，中间充满空气。通过计算可知，保温油管长度为 900m 时出口温度曲线的增长率最大，为 0.003℃/m，因此保温油管在 900m 时的出口温度增长率最快，而后出口温度曲线的增长率逐渐减小。

首先将 444.5mm 的油管连同测温电缆一起下入井内，总长为 900m，该部分油管位于 900～1800m。地面作业到达 900m 的节点，增加第 2 根测试铠装热电偶电缆(3.5mm)铺设任务。其次下入 900m 的 114.3mm 油管，油管末端通过密封短节与 444.5mm 油管密封连接。最后在 114.3mm 油管内下入第二段 900m 的 444.5mm 油管，并进行内管配长，配长完成后进行内管起下作业。确保温度测试仪器下到预定 900m 及 1800m。完成双测温电缆布置及井口悬挂短节的安装；电缆从井口采油树环套空间出口穿出，然后对井口电缆进行密封。检测电缆和压力计的连接，安装地面接口面板及通信线路，检查整套系统工作情况，工作正常后打扫井场。

5) 安装控制器

地面电缆长度要预留足够井口到地面控制器的距离(30～50m)，控制器电源插头连接到 220V 交流电上。打开控制器电源开关，面板上会显示井下温度和时间等数据，以及主备板和存储卡等工作状态，同时将测试数据保存到两个 U 盘中。

3.5.4　试验结果与分析

试验井入口温度控制为 9℃，工质排量控制在 23m^3/h，循环工质进行取热试验。试验过程中收集环空 900m、井下 1800m、油管内 900m、出口共 4 个测点的温度数据，绘制曲线图并与模拟数据进行对比分析，检验 3.1 节模型的准确性和保温油管的保温效果，分析地热井产能。

环空 900m 处的试验温度与模拟温度如图 3.40 所示。试验与模拟得出的温度曲线下降区均在 2d 左右，吻合度较高；平稳区均集中在 2～22d，其间试验温度有小幅度波动，但与模拟数据的差值均在 1℃以内，表明模拟数据准确可靠。

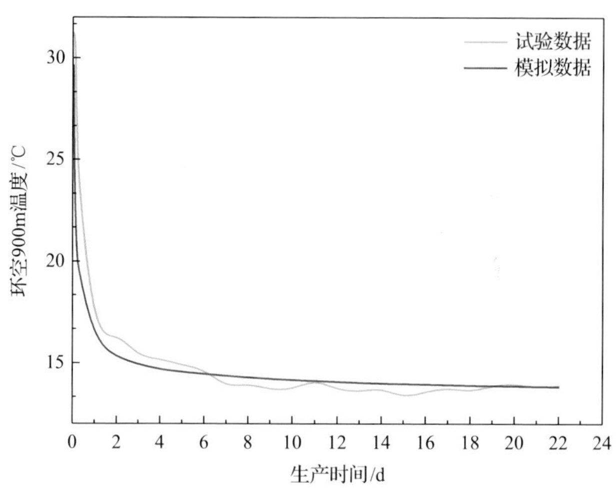

图 3.40　环空 900m 处的试验温度与模拟温度

井下 1800m 处的试验温度与模拟温度如图 3.41 所示。试验与模拟得出的温度曲线下降区均在 2d 左右，吻合度较高；平稳区均集中在 2～22d，其间试验温度有小幅度波动，与模拟数据的最大差值为 1.78℃，表明模拟数据准确可靠。

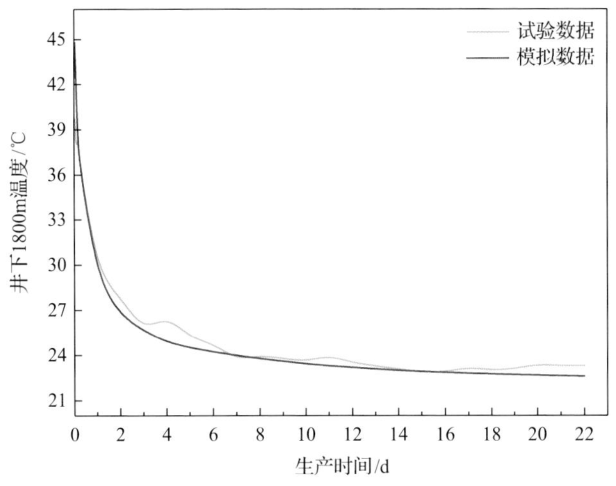

图 3.41　井下 1800m 处的试验温度与模拟温度

油管内 900m 处的试验温度与模拟温度如图 3.42 所示。试验与模拟得出的温度曲线下降区均在 2d 左右，吻合度较高；平稳区均集中在 2～22d，其间试验温度有小幅度波动，与模拟数据的差值均在 0.9℃以内，表明模拟数据准确可靠。

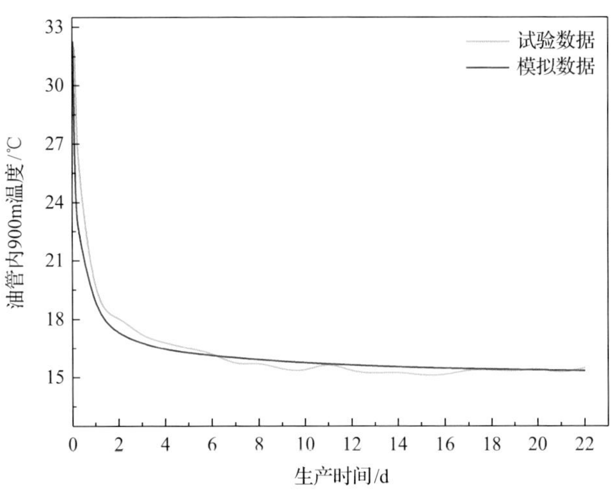

图 3.42　油管内 900m 处的试验温度与模拟温度

出口的试验温度与模拟温度及取热功率如图 3.43 所示。试验与模拟得出的温度曲线下降区均在 2d 左右，吻合度较高；平稳区均集中在 2～22d，其间试验温度与模拟温度降幅一致，两者最大差值为 1.2℃，表明模拟数据准确可靠。根据模拟结果，出口温度从 30～120d 稳定在 15℃左右，取热功率稳定在 160kW，表明单井同轴套管闭式循环取热系统可长时间稳定生产。

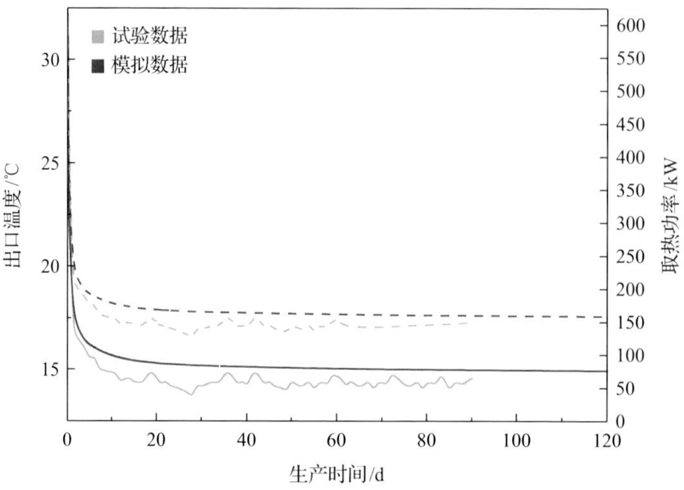

图 3.43　出口的试验温度与模拟温度(实线)及取热功率(虚线)

井筒内 4 个测点的温度试验数据如图 3.44 所示。可以观察到井下 1800m 到油管内 900m 之间的 900m 没有保温段，温度下降了 7.6℃；与之相对应的油管内 900m 到出口有保温段，温度仅下降 0.7℃，表明保温油管具有良好的保温性能，进一步验证了模拟结果的合理性。

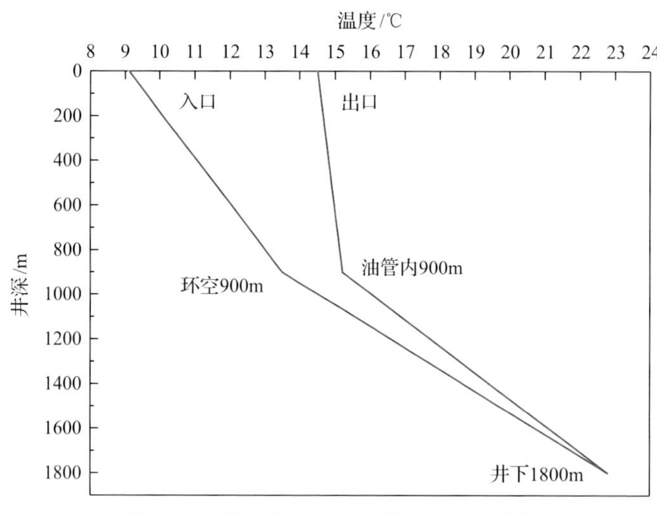

图 3.44　井筒内 4 个测点的温度试验数据

第 4 章　单井同轴套管开式循环取热机理与参数

单井同轴套管开式循环取热是一种新型的采热方法。单井同轴套管开式循环取热系统是一种开式循环地热系统，利用上注下采实现地热尾水回灌，通过流体与岩石直接接触进行高效取热。本章主要运用数值模拟研究单井同轴套管开式循环地热系统的取热机理，并分析不同参数下的取热规律。

4.1　流动传热模型建立

本节建立单井同轴套管开式循环地热系统的数值模型。通过分析传热过程，建立了储层流动传热模型，并基于国内某地热区块的相关地质资料设定了初始和边界条件。采用有限元求解器 COMSOL 求解模型偏微分方程(PDE)，并进行了网格无关性分析。

4.1.1　模型假设

根据单井同轴套管开式循环地热系统的工作原理，建立了三维储层流动与传热非稳态模型。将岩石视为均质各向同性，且其物理性质与温度无关并保持不变，并采用局部热平衡假设来描述储层内的传热。因为储层模型温度范围为 59～65℃，所以认为储层中的地热流体不会蒸发并保持液态。

4.1.2　流动传热模型

基于传热过程建立能量方程。对于地热储层，采用局部热平衡的假设，具体如下：

$$(\rho c)_{\text{eff}}\frac{\partial T}{\partial t}+\rho c_p u\cdot\nabla T-\nabla\left(\lambda_{\text{eff}}\cdot\nabla T\right)=0$$

$$(\rho c)_{\text{eff}}=\varphi\rho_{\text{f}}c_{\text{f}}+(1-\varphi)\rho_{\text{s}}c_{\text{s}} \tag{4.1}$$

$$\lambda_{\text{eff}}=\varphi\lambda_{\text{f}}+(1-\varphi)\lambda_{\text{s}} \tag{4.2}$$

式中，c_{f} 为流体的比热容；λ_{s} 为岩石的导热系数，达西定律用于描述地热储层中的流体流动。质量守恒方程和动量方程如下：

$$\rho_f S\frac{\partial p}{\partial t}+\nabla\cdot\left(\rho_f u\right)=0 \tag{4.3}$$

$$u=-\frac{k}{\mu_f}\left(\nabla p-\rho_f g\nabla z\right) \tag{4.4}$$

式中，μ_f 为流体的黏度；S 为储水系数，Pa^{-1}。储水系数可定义为多孔材料和孔隙中的流体的加权可压缩性(可压缩系数的加权平均)：

$$S=\varphi\chi_f+\left(1-\varphi\right)\chi_s \tag{4.5}$$

式中，χ_f 为流体的可压缩性，Pa^{-1}；χ_s 为岩石的可压缩性，Pa^{-1}。

4.1.3　初始和边界条件

本节以国内某地热区块为研究对象，旨在利用单井同轴套管开式循环地热系统开发地热资源。基于地质资料，地层初始温度沿垂直方向线性增加，梯度为0.03℃/m，地面温度为20℃。储集层位于1300～1500m，压力梯度设定为9640Pa/m，储层顶部压力为12.74MPa。储层模型的顶部和底部边界视为绝热表面。模型的侧面边界为恒温边界，温度与地层初始温度相同，根据现场条件，入口温度设定为25℃，进口流量为20kg/s。此外井筒直径为0.3111m。考虑我国冬季采暖期，模拟时间设定为4个月，其他具体参数如表4.1所示。其中，O&U表示上下盖层区域(表4.3)。

表4.1　地层物性参数

参数	岩石(储层)	岩石(O&U)	水
密度/(kg/m^3)	2600	2100	
比热容/[J/(kg·℃)]	850	900	
导热系数/[W/(m·℃)]	3	2	
孔隙度/%	5	10	
渗透率/m^2	1.5×10^{-16}	10^{-17}	
压缩系数/Pa^{-1}	5.9326×10^{-10}	9.5990×10^{-10}	4.4771×10^{-10}

4.1.4　模型设置与网格划分

本节采用有限元求解器COMSOL求解上述偏微分方程。图4.1展示了储层计算域的框图，包括上下盖层和地热储层。计算区域为一个250m×250m×200m的长方体，其深度设定为1300～1500m。注采间距定义为生产区间顶部与注入区间底部的距离，设置为 50m。另外，考虑防砂功能，将采出区域设置在距底部盖层 20m。因为在开采过程中，存在于储层中的固体杂质可能会随着水流进入井筒时沉积在井筒周围，可能会导致生产层段的流动通道堵塞严重。如此设计可在采出区域和底部盖层之间提供固体杂质沉积的空间，起防砂作用。

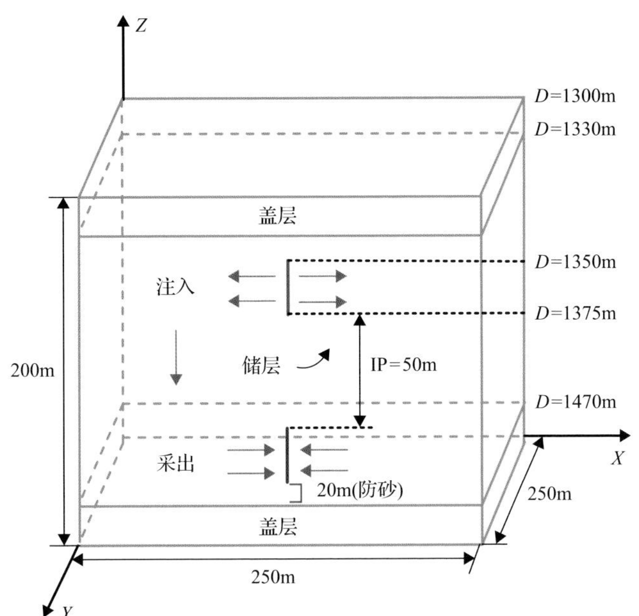

图 4.1　储层计算域的框图

D-井深；IP-注采间距

图 4.2 展示了储层模型网格剖分示意图，采用自由三角形对储层顶面进行网

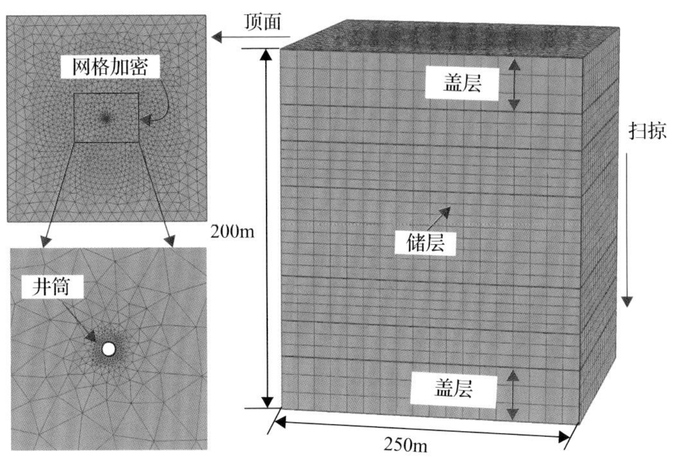

图 4.2　储层模型网格剖分示意图

格剖分。为了提高计算精度，对井壁附近的网格进行了加密。然后利用扫掠方法实现对整个储层的网格剖分。此外，为了降低离散误差，进行了网格无关性分析。结果表明，如果储层模型的网格数超过 76000，出口温度将基本保持不变，但是随着网格数的增加，模型计算时间大幅度提高。因此，考虑准确性和计算时间，后续研究的网格数量将采用 76000。

4.2　储层温度场特征分析

储层模型不同时间的温度云图如图 4.3 所示。可以看出，随着时间的推移，低温区域在注入区间内均匀分布。但是对于生产区间，其低温区域的形状像一个漏斗。主要原因是注入流体倾向于沿注入区间与生产区间之间最短距离的方向流动，这与最小流阻相对应。90d 后出现热突破，导致出口温度急剧下降而且上部盖层的低温区域相当有限，因为它的渗透率远低于储层岩石的渗透率，表明对流换热可以忽略不计。这也意味着储层模型中上部盖层的厚度是合适的。

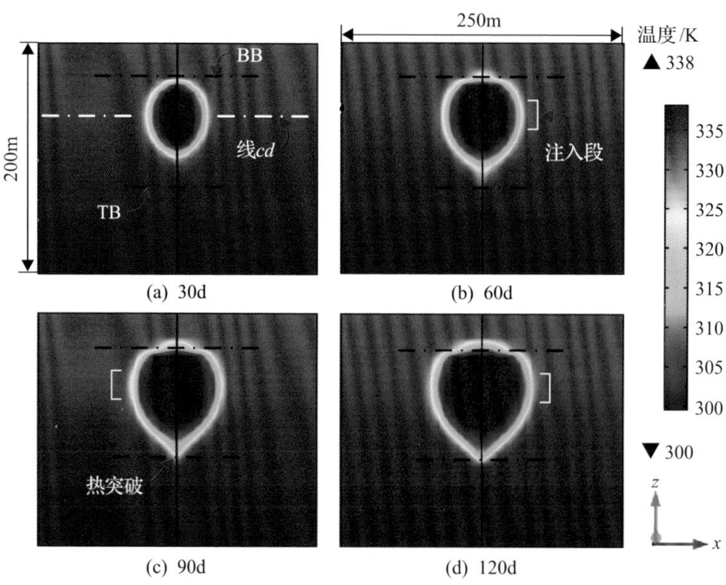

图 4.3　储层模型不同时间的温度云图

BB-盖层底边界；TB-生产段顶边界

图 4.4 展示了不同时间沿线 *cd* 的温度分布。值得注意的是，线 *cd* 处于注入段的中间位置，可以进一步确定温度波及半径的最大范围。可以看出，随着取热的进行，高温储层不断被冷却。温度波及半径逐渐增加，在 120d 时可以达到 60m。为了实现地热资源的大规模开发，可以在目标区域钻取丛式井，利用单井

同轴套管开式循环取热思路进行地热高效开采。温度波及半径可以为邻井间距的设计提供重要参考。因此，为了避免邻井之间的温度干扰，建议邻井间距至少大于 60m。

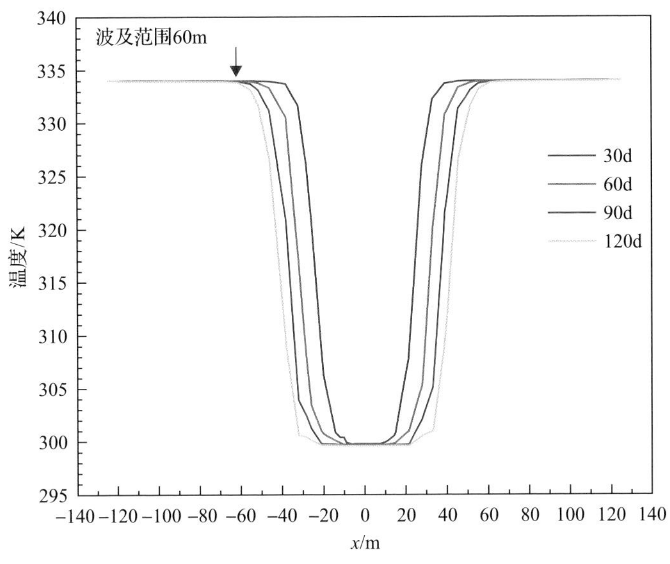

图 4.4　不同时间沿线 cd 的温度分布

4.3　工艺参数对取热效果影响研究

本节分析了注采间距、排量、入口温度等关键参数对于单井同轴套管开式循环地热系统排热性能的影响。

4.3.1　排量影响规律

图 4.5 展示了不同排量下生产流速和出口温度的变化曲线。在一定的生产时间内，出口温度随排量呈上升趋势，而后由于热突破的出现而迅速下降。随着排量增加，生产流速增加，这说明在储层原始压力分布的基础上，在生产初期生产区间与下部盖层之间的高温流体更容易进入井筒，这也是大排量下出口温度在早期增加的原因。此外，储层压力在 60d 后达到平衡状态，生产曲线基本保持稳定。

图 4.6 展示了不同排量下注入压力和取热功率的变化曲线。取热功率曲线与图 4.5 中的生产流速曲线存在相似的变化趋势，这表明生产流速在热量输出中起着关键作用。在生产过程中，注入排量为 40kg/s 时取热功率超过了 7000kW。此外，

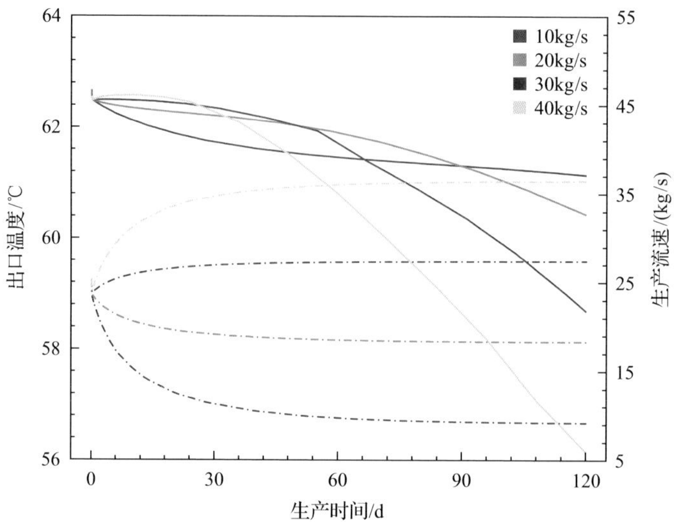

图 4.5　不同排量下生产流速（虚线）和出口温度（实线）的变化曲线

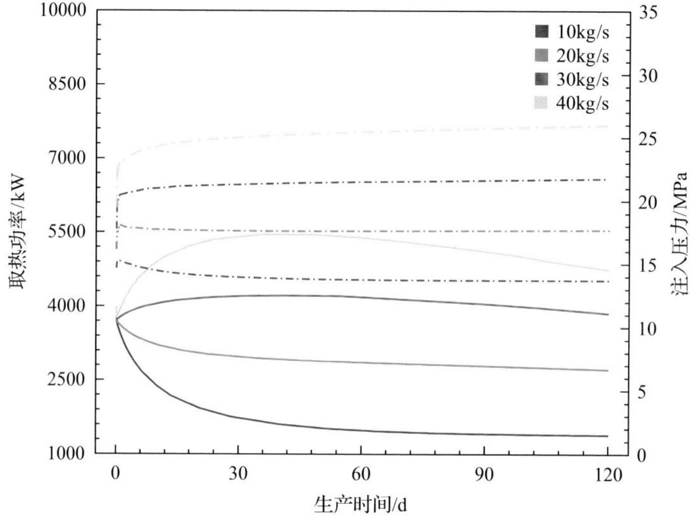

图 4.6　不同排量下注入压力（虚线）和取热功率（实线）的变化曲线

为了研究储层中流体的流动行为，在图 4.6 给出了流入边界注入压力的详细研究。当采用较低的注入排量时，注入压力明显较低，这说明应根据现场条件提前确定适当的注入量。值得注意的是注入压力曲线随时间的变化规律存在一定差异，以 10kg/s 的注入排量为例，图 4.6 中早期生产速度高于注入速度，这可能导致储层压力和注入压力下降。50d 后注入量超过采出量，这表明储层压力开始逐渐恢复。随着储层中低温区域的扩展，流体流动的黏性增大导致流动摩阻增加，这也促使注入压力略有上升。

4.3.2　入口温度影响规律

图 4.7 展示了不同入口温度下的生产流速和注入压力。由图 4.7 可知，当入口温度为 10℃和 35℃时，二者的生产流速变化曲线几乎重合，可见入口温度的变化对生产流速几乎无影响。对于注入压力，上述两个温度下虽有细微差别，但总体变化趋势相似且相差不大。

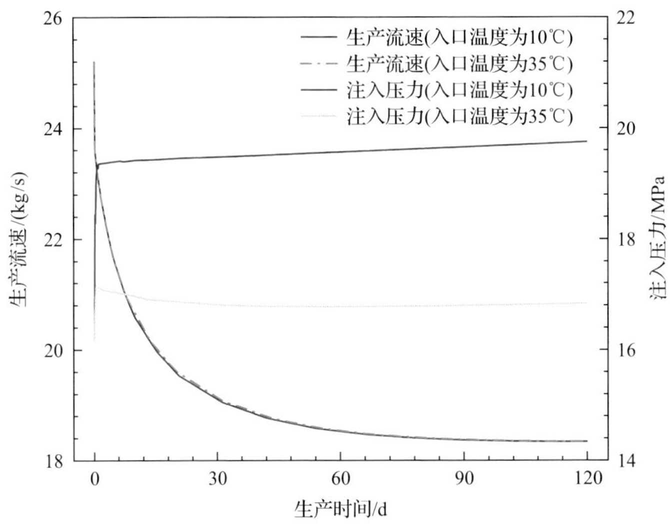

图 4.7　不同入口温度下生产流速和注入压力变化曲线

图 4.8 展示了不同入口温度下的出口温度和取热功率，可知出口温度随入口

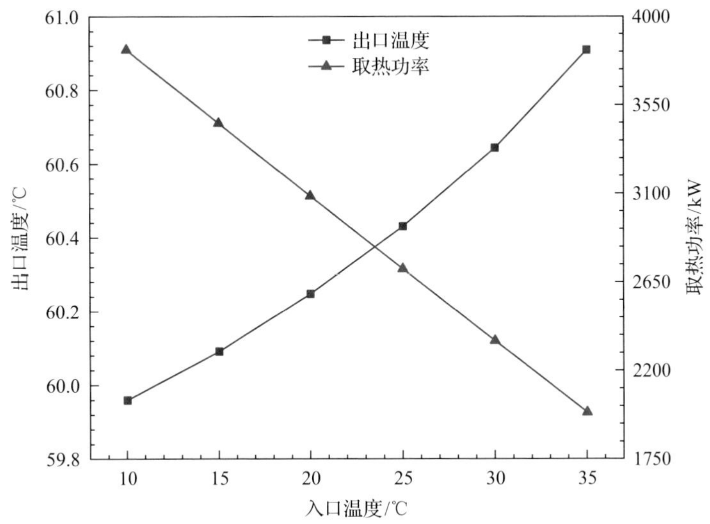

图 4.8　不同入口温度下出口温度和取热功率变化曲线

温度的增加而增加，然而增加幅度较小。当入口温度从 10℃变化到 35℃时，出口温度仅从不足 60.0℃变化到 60.9℃，说明入口温度对于出口温度的影响并不大。取热功率随着入口温度增加而降低且变化幅度较大。当入口温度从 10℃变化到 35℃时，取热功率从 3828.84kW 变化到 1986.35kW，降低了 1842.49kW。因此认为较低的入口温度有利于系统取热。

4.3.3　注采间距影响规律

注采间距定义为生产区间顶部与注入区间底部的距离，注采间距对出口温度和取热功率的影响规律见图 4.9。120d 时出口温度和取热功率均随注采间距增加而增加，当注采间距由 20m 增长到 70m 时，出口温度从 49.4℃上升到 61.8℃，增长幅度为 12.4℃。当注采间距为 30m 时，相比 20m 出口温度提高了 5.1℃，而注采间距为 70m 时，相比 60m 出口温度仅增长 0.3℃，整条曲线变化趋势逐渐变缓。说明随着注采间距增大，特别是当注采间距超过 60m 后，出口温度增长幅度较小。因此，需要适当增加注采间距以提高出口温度及取热功率，但不宜使用过大的注采间距。考虑到实际情况，出口温度超过 60℃时已基本满足取热需求，因此注采间距应不小于 50m，此时出口温度大约为 60.43℃。此处选取注采间距 50m 比较合理。

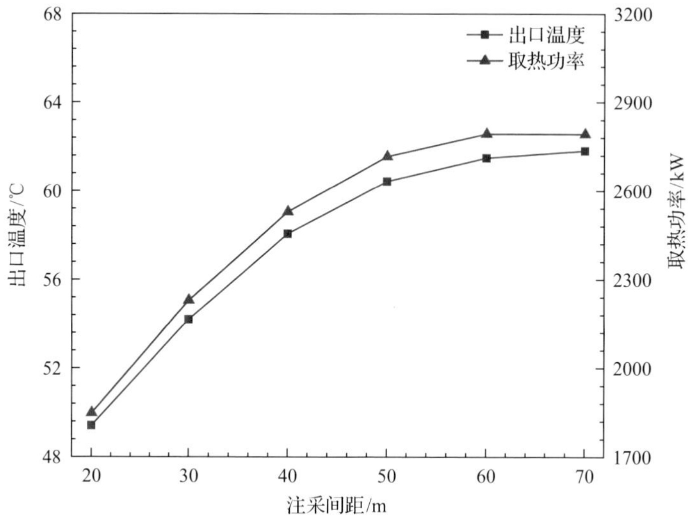

图 4.9　不同注采间距下出口温度和取热功率变化曲线

为了更好地分析单井同轴套管开式循环地热系统的生产特性，本节进行了 20m 注采间距和 70m 注采间距的对比，如图 4.10 所示。可以看出，不同注采间距下的生产流速变化曲线差异很小，说明注采间距对生产流速影响较小。本节设置生产区域与下部盖层间的距离保持不变，因此，根据储层中的初始压力分布，注采间距越小则生产压差越大。在生产过程中，与70m注采间距相比，20m注采间距的生产压差下降更为明显。因为注采间距较短者可以促进流体循环流动，但随着生产区域内冷却区的扩张，流体黏度会发生显著变化，进而导致黏性力急剧增大，因此在生产一段时间后，其生产压差会超过注采间距较大时的生产压差。

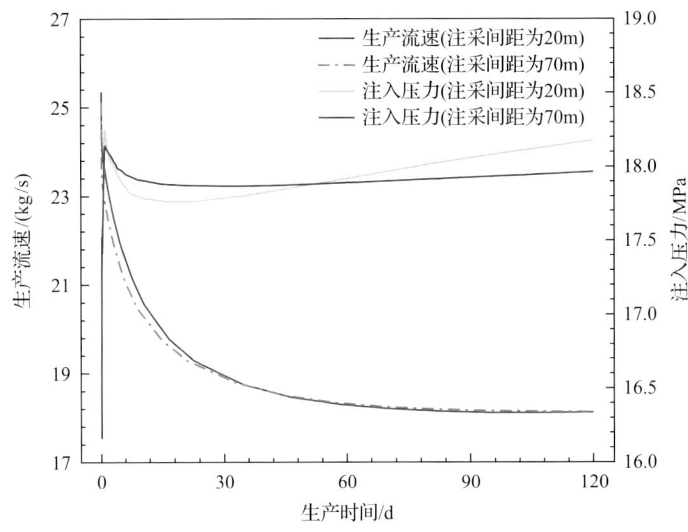

图4.10　不同注采间距下生产流速和注入压力变化曲线

4.4　储层物性对取热效果影响研究

4.4.1　孔隙度影响规律

孔隙度对取热效果的影响规律如图4.11所示。当孔隙度从0.05增加到0.30时，出口温度从60.07℃增长到60.84℃，仅提高0.84℃。取热功率变化与出口温度变化趋势类似，从2687.67kW增长为2748.31kW，仅提高60.64kW。由此可以得出，孔隙度对出口温度和取热功率影响较小。图4.12展示了不同孔隙度下生产流速和注入压力变化曲线，可知不同孔隙度下生产流速与注入压力变化曲线差别不大，说明孔隙度对生产流速与注入压力的影响也较小。

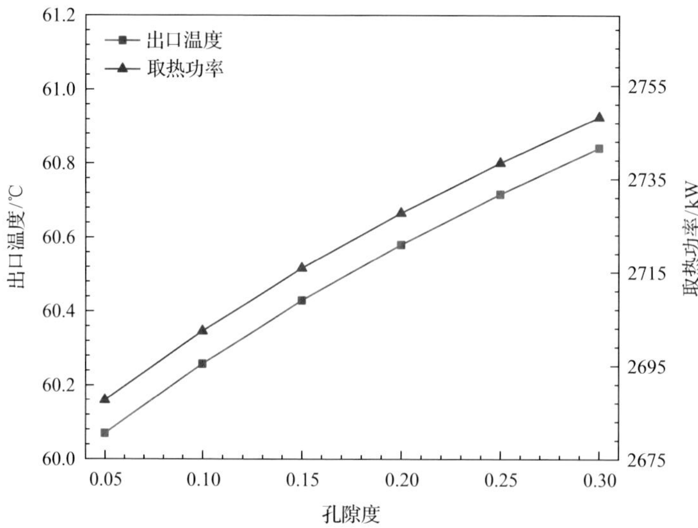

图 4.11　不同孔隙度下出口温度和取热功率变化曲线

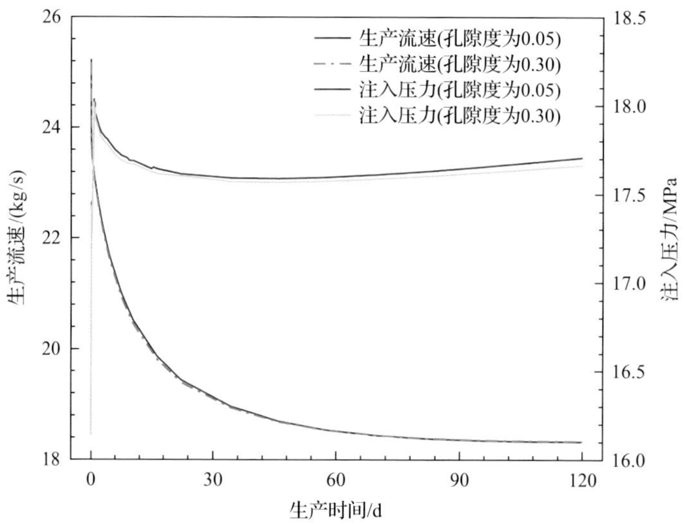

图 4.12　不同孔隙度下生产流速和注入压力变化曲线

4.4.2　渗透率影响规律

图 4.13 展示了不同渗透率下出口温度和生产流速变化曲线。生产初期，渗透率越大，对应不同生产时间内的生产流速越大；随着生产时间增加，不同渗透率下的生产流速趋于一致。在生产初期，当渗透率为 50mD 时，出口温度为 335.0℃，当渗透率为 200mD 时，对应的出口温度为 335.9℃，仅提高了 0.9℃。随着生产时间增加，渗透率越大其对应的出口温度越大，但不同渗透率对应的出口温差在逐

渐缩小。在生产后期，渗透率较小时出口温度反而超过了渗透率较大时的出口温度，但出口温差较小，可视为生产后期渗透率对出口温度无太大影响。不同渗透率下出口温度在初始阶段有明显差异，这是由于储层渗透率越大，流体流速越快，生产区域与下部盖层之间的高温流体更容易进入井筒，使渗透率较大时出口温度略高。图 4.14 展示了不同渗透率下取热功率和注入压力变化，可知提高渗透率可显著改善取热能力，并且渗透率过低会导致注入压力急剧上升，因此认为单井同轴套管开式循环地热系统适应于渗透率较高的地层。

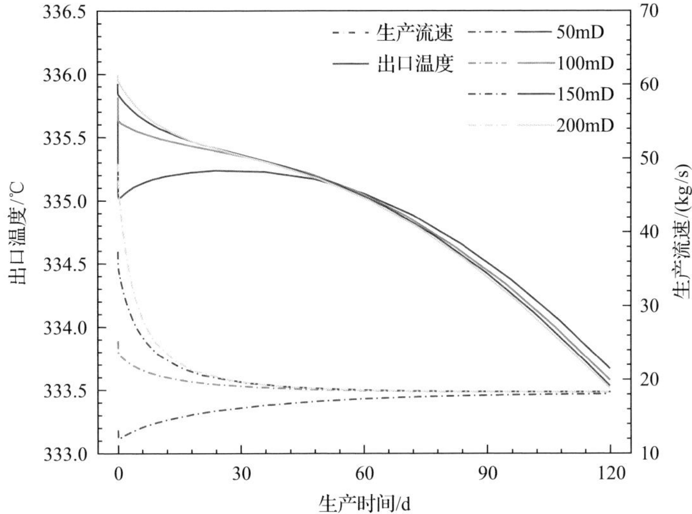

图 4.13　不同渗透率下出口温度和生产流速变化曲线

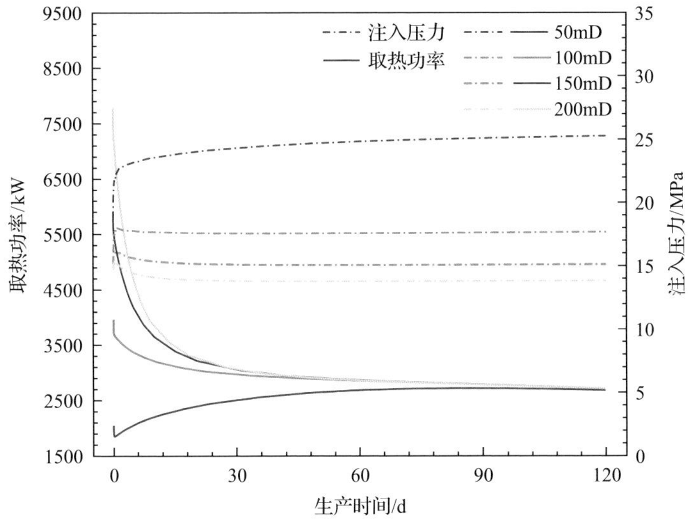

图 4.14　不同渗透率下取热功率和注入压力变化曲线

第 5 章　多分支井自循环地热系统取热原理与参数

多分支井自循环地热系统是一种单井开式循环取热系统，其利用分支井技术扩大井眼与储层的接触面积，增加井眼与裂缝连通的可能性，改善系统的注入能力与生产能力。本章利用数值模拟研究了多分支井自循环地热系统储层的热流固耦合特性、二氧化碳井筒流动传热规律；对比了以二氧化碳与水作为工质的取热效果、多分支井与常规垂直对井的取热效果；并揭示了储层物性参数、分支井结构参数、裂缝特征参数、注采参数对系统取热效果的影响规律。

5.1　地热储层和井筒耦合流动传热模型

多分支井自循环地热系统的反复注采是一个复杂得多的物理场耦合过程，包括取热工质的渗流、传热、岩石变形，三个过程相互耦合影响着系统的取热效果。同时，多分支井自循环地热系统还包含分支井眼与热储耦合的流动传热、主井筒与分支井眼耦合的流动传热等过程，多尺度多场耦合作用机制复杂。

5.1.1　模型假设

考虑地热储层尺度的热流固耦合模拟计算复杂，因此对模型进行合理简化与假设，主要假设如下。

(1) 地热储层均质、各向同性。

(2) 储层岩石物性参数为常数，不随温度、压力的变化而改变。

(3) 二氧化碳作为取热工质具有较多优势，如较低的表面张力、黏度与气体接近、不与岩石发生反应、温差下具有较大浮力等[17-29]，因此将二氧化碳作为地热系统取热工质。

(4) 高温增强型地热系统的运行条件通常满足压力大于 7.38MPa、温度高于 304.25K。因此根据二氧化碳相图(图 5.1) 可知，在循环取热过程中，二氧化碳始终为超临界状态。

(5) 假设地热储层在初始阶段充满超临界二氧化碳，储层内的流动为单组分单相流动，符合达西定律。

(6) 裂缝内二氧化碳与岩石间的换热通过局部热平衡理论计算[30,31]。

(7) 假设岩石在外力作用下发生线弹性变形[32-37]。

(8) 岩石基质渗透率与裂缝渗透率相比量级很小，不考虑基质渗透率随岩石有效应力的变化而发生的改变，只考虑裂缝渗透率与岩石有效应力间的关系[35,36]。

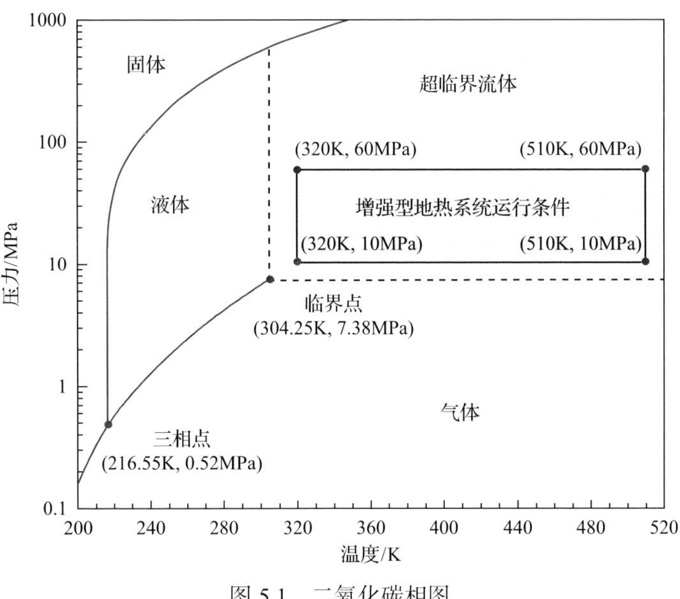

图 5.1　二氧化碳相图

5.1.2　二氧化碳物性模型

二氧化碳的密度、定压比热容、黏度等物性参数对温度与压力的变化非常敏感，因此采用精确的二氧化碳物性计算模型对二氧化碳地热系统的流动传热进行数值模拟显得尤为重要。模型中使用到的二氧化碳物性包括密度、导热系数、黏度和定压比热容等。工程中常采用 Soave-Redlich-Kwong 方程[38]和 Peng-Robinson 方程[39]等立方型状态方程来计算二氧化碳的密度。这些方程在计算低压或高温条件下的二氧化碳(气态或接近气态)物性时精度较高(计算误差<5%)，并且其表达式相对简单，因此被广泛采用；但在高压条件下，特别是超临界状态下，其计算精度较低(计算误差>10%)。1996 年，Span 和 Wagner[40]提出专门计算二氧化碳物性的状态方程(简称 S-W 方程)，该方程适用条件广($-56.56<T<827$℃，$0.52<p<800$MPa，T 表示温度，p 表示压力)，计算精度高[41,42]。在温度小于等于 250℃，压力小于等于 30MPa 时，利用 S-W 方程计算的二氧化碳密度的误差小于 0.05%，定压比热容的误差小于 1.5%，计算精度远高于立方型状态方程，因此其更适合高温地热系统中二氧化碳物性的计算。S-W 方程公式复杂，涉及参数较多。该方程基于亥姆霍兹(Helmholtz)自由能建立，具体计算方法参考文献[43]。

二氧化碳的黏度和导热系数无法通过 S-W 方程计算，本书采用 Heidaryan 等[44]与 Jarrahian 和 Heidaryan[45]建立的解析公式分别计算二氧化碳的黏度和导热系数。所用关系式计算简便，计算精度高，适用条件广。其中，动力黏度 η_f 的计算表达式为[44]

$$\eta_{\mathrm{f}} = \frac{A_1 + A_2 p + A_3 p^2 + A_4 \ln T + A_5 (\ln T)^2 + A_6 (\ln T)^3}{1 + A_7 p + A_8 \ln T + A_9 (\ln T)^2} \tag{5.1}$$

式中，A_1～A_9为无因次系数，其值如表 5.1 所示。式(5.1)中黏度的单位是 mPa·s，温度的单位是 K，压力的单位是 bar①。式(5.1)的适用条件为 37℃<T<627℃，7.5MPa<p<101.4MPa，计算平均绝对误差为 1.82%。

导热系数 λ_{f} 的计算表达式为[45]

$$\lambda_{\mathrm{f}} = \frac{B_1 + B_2 p + B_3 p^2 + B_4 \ln T + B_5 (\ln T)^2}{1 + B_6 p + B_7 \ln T + B_8 (\ln T)^2 + B_9 (\ln T)^3} \tag{5.2}$$

式中，B_1～B_9 为无因次系数，其值如表 5.2 所示。式(5.2)中导热系数的单位是 mW/(m·K)，温度的单位是 K，压力的单位是 MPa。式(5.2)的适用条件为 37℃<T<627℃，7.4MPa<p<210MPa，计算平均绝对误差为 2.4%。

表 5.1　无因次系数 A_1～A_9 的数值

系数	数值	系数	数值
A_1	-1.146067×10^{-1}	A_6	7.142596×10^{-4}
A_2	6.978380×10^{-7}	A_7	6.519333×10^{-6}
A_3	3.976765×10^{-10}	A_8	-3.567559×10^{-1}
A_4	6.336120×10^{-2}	A_9	3.180473×10^{-2}
A_5	-1.166119×10^{-2}		

表 5.2　无因次系数 B_1～B_9 的数值

系数	数值	系数	数值
B_1	$1.49288267457998\times10^{1}$	B_6	$2.11405159581654\times10^{-5}$
B_2	$2.62541191235261\times10^{-3}$	B_7	$-4.73035713531117\times10^{-1}$
B_3	$8.77804659311418\times10^{-6}$	B_8	$7.36635804311043\times10^{-2}$
B_4	$-5.11424687832727\times10^{0}$	B_9	$-3.76339975139314\times10^{-3}$
B_5	$4.37710973783525\times10^{-1}$		

5.1.3 地热储层的热流固耦合模型

地热储层的热流固耦合模型包含循环流体的质量守恒方程和渗流方程、流体

① 1bar=10^5Pa。

与岩石间的传热方程及岩石变形的平衡方程。其中渗流传热方程针对岩石基质和裂缝分别建立，基质和裂缝内的流体存在质量与能量交换。

渗流方程通过达西定律描述，将渗流方程代入质量守恒方程分别得到岩石基质和裂缝内的流动方程为式(5.3)与式(5.4)[46]：

$$\rho_{\mathrm{f}} S \frac{\partial p}{\partial t} - \nabla \cdot \left\{ \rho_{\mathrm{f}} \left[\frac{k}{\eta_{\mathrm{f}}} \left(\nabla p + \rho_{\mathrm{f}} g \nabla z \right) \right] \right\} = -\rho_{\mathrm{f}} \alpha_{\mathrm{B}} \frac{\partial e}{\partial t} - Q_{\mathrm{f}} \tag{5.3}$$

$$d_{\mathrm{f}} \rho_{\mathrm{f}} S \frac{\partial p}{\partial t} - \nabla_{\mathrm{T}} \cdot \left\{ d_{\mathrm{f}} \rho_{\mathrm{f}} \left[\frac{k_{\mathrm{f}}}{\eta_{\mathrm{f}}} \left(\nabla_{\mathrm{T}} p + \rho_{\mathrm{f}} g \nabla_{\mathrm{T}} z \right) \right] \right\} = -d_{\mathrm{f}} \rho_{\mathrm{f}} \alpha_{\mathrm{B}} \frac{\partial e}{\partial t} + d_{\mathrm{f}} Q_{\mathrm{f}} \tag{5.4}$$

式中，p 为孔隙压力，Pa；t 为时间，s；η_{f}为流体动力黏度，Pa·s；k 和 k_{f}分别为岩石基质和裂缝的渗透率，m^2；d_{f}为裂缝开度，m；e 为由于岩石变形产生的体积应变，无因次，由岩石变形的平衡方程计算得到，其表达式将在后面给出；∇_{T}为沿着裂缝切面方向的梯度算子；Q_{f}为流动源汇项，$\mathrm{kg/(m^3 \cdot s)}$，代表岩石基质与裂缝间的流体质量交换；$\alpha_{\mathrm{B}}$为比奥–威利斯(Biot-Willis)系数[47]，无因次；S 为储水系数，Pa^{-1}。

α_{B}与干孔隙材料的体积模量和无孔隙材料的体积模量有关。对于储层岩石，α_{B}的表达式为[48]

$$\alpha_{\mathrm{B}} = 1 - \frac{K_{\mathrm{d}}}{K_{\mathrm{s}}} \tag{5.5}$$

式中，K_{d}为岩石骨架材料在无孔隙条件下的体积模量，Pa；K_{s}为岩石骨架材料在干孔隙条件下的体积模量，Pa。

式(5.3)与式(5.4)中的 S 是综合考虑岩石和孔隙流体的压缩系数后的储水系数，Pa^{-1}，其表达式为

$$S = \varphi C_{\mathrm{f}} + \left(\alpha_{\mathrm{B}} - \varphi \right) \frac{1 - \alpha_{\mathrm{B}}}{K_{\mathrm{d}}} \tag{5.6}$$

式中，C_{f}为流体压缩系数，Pa^{-1}。

模型假设取热工质与高温岩体间的热交换可以达到瞬时热平衡[30]，则岩石基质内的能量守恒方程为

$$\left(\rho c_{\mathrm{p}} \right)_{\mathrm{eff}} \frac{\partial T}{\partial t} + \rho_{\mathrm{f}} c_{p,\mathrm{f}} \nabla \cdot \left(u \cdot T \right) - \nabla \cdot \left(\lambda_{\mathrm{eff}} \nabla T \right) = -Q_{\mathrm{f,E}} \tag{5.7}$$

式中，$c_{p,\mathrm{f}}$为循环取热流体的定压比热容，J/(kg·℃)。

裂缝内的能量守恒方程为

$$d_{\mathrm{f}}\left(\rho c_{\mathrm{p}}\right)_{\mathrm{eff}}\frac{\partial T}{\partial t}+d_{\mathrm{f}}\rho_{\mathrm{f}}c_{\mathrm{p,f}}\nabla_{\mathrm{T}}\cdot\left(u\cdot T\right)-\nabla_{\mathrm{T}}\cdot\left(d_{\mathrm{f}}\lambda_{\mathrm{eff}}\nabla T\right)=d_{\mathrm{f}}Q_{\mathrm{f,E}} \tag{5.8}$$

式(5.7)与式(5.8)中的 $Q_{\mathrm{f,E}}$ 是能量源汇项，单位是 $\mathrm{W/m^3}$，表示岩石基质与裂缝间的流体热量交换。

在取热过程中，储层岩石的温度和孔隙压力会不断变化，从而引起岩石内部有效应力发生改变。假设岩石均质、各向同性，在有效应力改变时发生线弹性变形，受力平衡方程表示为[49]

$$\sigma_{ij}+F_i=0,\quad i,j=x,y,z \tag{5.9}$$

式中，采用爱因斯坦标记(Einstein notation)法，F_i 为体积力分量，$\mathrm{N/m^3}$；σ_{ij} 为应力分量，Pa，模型中认为拉应力为正，压应力为负。根据本构方程，σ_{ij} 可表示为[49]

$$\sigma_{ij}=\frac{E\nu}{\left(1+\nu\right)\left(1-2\nu\right)}e\delta_{ij}+\frac{E}{1+\nu}\varepsilon_{ij}-\alpha_{\mathrm{B}}p\delta_{ij} \tag{5.10}$$

式中，E 为杨氏模量，Pa；ν 为泊松比，无因次；δ_{ij} 为克罗内克符号，无因次；ε_{ij} 为应变分量，无因次。体积应变 e 和应变分量 ε_{ij} 的表达式分别为

$$e=\varepsilon_x+\varepsilon_y+\varepsilon_z \tag{5.11}$$

$$\varepsilon_{ij}=\frac{1}{2}\left(\upsilon_{i,j}+\upsilon_{j,i}\right) \tag{5.12}$$

式中，ε_x、ε_y 和 ε_z 分别为 x、y 和 z 方向上的应变分量，无因次；$\upsilon_{i,j}$ 和 $\upsilon_{j,i}$ 为位移分量，m。

考虑到温度变化会在岩石内诱发热应力，式(5.10)变为

$$\sigma_{ij}=\frac{E\nu}{\left(1+\nu\right)\left(1-2\nu\right)}e\delta_{ij}+\frac{E}{1+\nu}\varepsilon_{ij}-\alpha_{\mathrm{B}}p\delta_{ij}-3K_{\mathrm{d}}\alpha_{\mathrm{T}}\left(T-T_0\right)\delta_{ij} \tag{5.13}$$

式中，α_{T} 为储层岩石的热膨胀系数，$℃^{-1}$；T_0 为储层的初始温度，℃。

将式(5.13)代入式(5.9)中，并将式中的应变分量替换为位移分量，可得到储层岩石的平衡方程表达式为

$$\mu \upsilon_{i,jj} + (\lambda + \mu)\upsilon_{j,ji} - \alpha_{\mathrm{B}} p \delta_{ij} - 3K_{\mathrm{d}}\alpha_{\mathrm{T}}(T - T_0) + F_i = 0 \tag{5.14}$$

式中，λ 和 μ 为拉梅弹性常数，Pa，两者可以由杨氏模量和泊松比表示：

$$\lambda = \frac{E\nu}{(1+\nu)(1-2\nu)} \tag{5.15}$$

$$\mu = \frac{E}{2(1+\nu)} \tag{5.16}$$

同时，岩石骨架材料在无孔隙条件下的体积模量 K_{d} 也可以由杨氏模量和泊松比表示：

$$K_{\mathrm{d}} = \frac{E}{3(1-2\nu)} \tag{5.17}$$

首先通过求解方程(5.14)就可以得到储层岩石在取热过程中的位移分量，其次通过几何方程(5.12)就可以计算得到岩石的应变分量，最后利用本构方程计算得到储层岩石的应力张量。岩石中的有效应力由式(5.18)计算：

$$\sigma_{\mathrm{e}} = \frac{\sigma_1 + \sigma_2 + \sigma_3}{3} + \alpha_{\mathrm{B}} p \tag{5.18}$$

式中，σ_{e} 为岩石有效应力，Pa；σ_1、σ_2 和 σ_3 分别为第一、第二和第三主应力，Pa。岩石有效应力与岩石体积变形间的关系可表示为

$$\sigma_{\mathrm{e}} = K_{\mathrm{d}} e \tag{5.19}$$

储层岩石的变形会显著影响裂缝渗透率，具体表现为裂缝开度的改变导致裂缝渗透率变化。根据前人开展的实验[50-54]，可利用裂缝的有效法向应力表示裂缝瞬时渗透率的演变[35,36,55,56]：

$$k_{\mathrm{f}} = k_0 \exp\left(-\frac{\sigma_{\mathrm{n}}}{\sigma^*}\right) \tag{5.20}$$

式中，k_0 为裂缝的初始渗透率，m^2；σ^* 为标准化常数，根据文献[35], [36], [56]可取值为–10MPa；σ_{n} 为施加在裂缝切面上的有效法向应力，Pa，可表示为

$$\sigma_{\mathrm{n}} = K_{\mathrm{n}}\left[v_{\mathrm{n}} - d_{\mathrm{f}}\alpha_{\mathrm{T}}(T - T_0)\right] \tag{5.21}$$

式中，K_{n} 为裂缝的刚度，在该模型中取值为 400GPa/m[35,36]；v_{n} 为裂缝的法向位移，m，通过求解式(5.14)得到。值得一提的是，岩石基质渗透率也会由岩石变形而发

生变化，但是基质渗透率与裂缝渗透率相比量级太小，因此在模型中忽略了基质渗透率的变化。

式(5.3)、式(5.4)、式(5.7)和式(5.14)构成了描述地热储层内渗流-传热-变形的热流固耦合模型，各物理场之间的相互影响和耦合关系如图 5.2 所示。

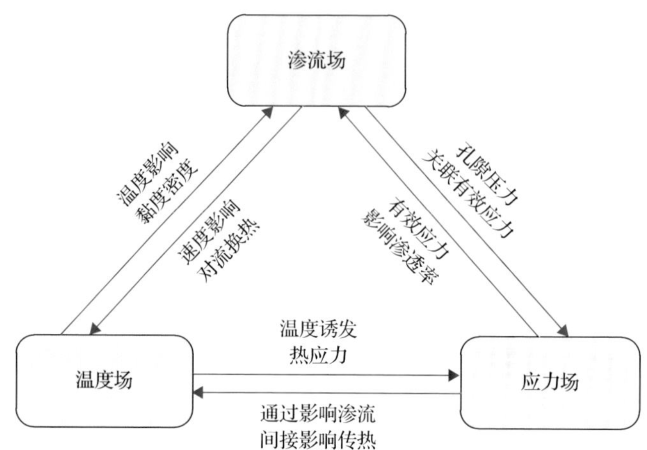

图 5.2　储层热流固耦合关系

5.1.4　储层和井筒耦合流动传热模型

井筒中的流动传热模型方程包括质量守恒方程、动量方程和能量守恒方程。其中，质量守恒方程和动量方程分别如式(5.22)和式(5.23)所示：

$$\frac{\partial\left(A_{\mathrm{p}}\rho_{\mathrm{f}}\right)}{\partial t}+\nabla\cdot\left(A_{\mathrm{p}}\rho_{\mathrm{f}}u\right)=0$$

$$\rho_{\mathrm{f}}\frac{\partial u}{\partial t}=-\nabla p-\frac{1}{2}f_{\mathrm{D}}\frac{\rho_{\mathrm{f}}}{d_{\mathrm{p}}}|u|u-\rho_{\mathrm{f}}g \tag{5.22}$$

式中，A_{p} 为井筒管柱的横截面积，m^2；d_{p} 为井筒管柱的水力直径，m。式(5.22)中，等式右侧第二项表示由流体黏性剪切引起的压力降，参数 f_{D} 表示达西摩擦因子，无因次，由 Haaland 模型[57]表示为

$$\frac{1}{\sqrt{f_{\mathrm{D}}}}=-1.8\lg\left[\left(\frac{\xi}{3.7d_{\mathrm{p}}}\right)^{1.11}+\frac{6.9}{Re}\right] \tag{5.23}$$

式中，ξ 为井筒管柱的表面粗糙度，该模型中被设置为 0.046m；Re 为雷诺数，无因次，表达式为

$$Re = \frac{\rho_{\mathrm{f}} u d_{\mathrm{p}}}{\eta_{\mathrm{f}}} \tag{5.24}$$

井筒内中心保温管的能量守恒方程为

$$\rho_{\mathrm{f}} A_{\mathrm{p}} c_{p,\mathrm{f}} \frac{\partial T}{\partial t} + \rho_{\mathrm{f}} A_{\mathrm{p}} c_{p,\mathrm{f}} u \cdot \nabla T = \nabla \cdot \left(A_{\mathrm{p}} \lambda_{\mathrm{f}} \nabla T \right) + \frac{1}{2} f_{\mathrm{D}} \frac{\rho_{\mathrm{f}} A_{\mathrm{p}}}{d_{\mathrm{p}}} |u| u^2 + \varOmega - Q_1 \tag{5.25}$$

式中，等式右边第二项为井筒中流体摩擦产生的热量；$\varOmega$ 为井筒中的二氧化碳膨胀做功[41,58,59]，表达式为

$$\varOmega = -A_{\mathrm{p}} \frac{T}{\rho} \frac{\partial \rho}{\partial T}\bigg|_p \left(\frac{\partial p}{\partial t} + u \cdot \nabla p \right) \tag{5.27}$$

井筒环空的能量守恒方程为

$$\rho_{\mathrm{f}} A_{\mathrm{p}} c_{p,\mathrm{f}} \frac{\partial T}{\partial t} + \rho_{\mathrm{f}} A_{\mathrm{p}} c_{p,\mathrm{f}} u \cdot \nabla T = \nabla \cdot \left(A_{\mathrm{p}} \lambda_{\mathrm{f}} \nabla T \right) + \frac{1}{2} f_{\mathrm{D}} \frac{\rho_{\mathrm{f}} A_{\mathrm{p}}}{d_{\mathrm{p}}} |u| u^2 + \varOmega + Q_1 + Q_2 \tag{5.28}$$

式中，Q_1 为井筒中心保温管内流体与环空内流体的热交换量，W/m；Q_2 为环空内流体通过井壁与井筒周围岩石的热交换量，W/m。其中，Q_1 的表达式为

$$Q_1 = \frac{T_1 - T_2}{R_1} \tag{5.29}$$

式中，T_1 为中心保温管内流体的温度，℃；T_2 为环空内流体的温度，℃；R_1 为中心保温管产生的热阻，(m·℃)/W，被定义为[60-63]

$$R_1 = \frac{1}{\pi d_1 h} + \frac{\ln\left(d_2/d_1\right)}{2\pi\lambda_1} + \frac{\ln\left(d_3/d_2\right)}{2\pi\lambda_2} + \frac{\ln\left(d_4/d_3\right)}{2\pi\lambda_3} + \frac{1}{\pi d_4 h} \tag{5.30}$$

式中，d_1、d_2、d_3、d_4 分别为中心保温管内管的内径、外径，保温外管的内径、外径，m；λ_1、λ_2、λ_3 分别为中心保温管的内管、中间保温层和外管的导热系数，W/(m·℃)；h 为强制对流换热系数，W/(m^2·℃)。

努塞特数 Nu 可由 Gnielinski 方程[14]计算得到：

$$Nu = \frac{\left(f_{\mathrm{D}}/8\right)\left(Re - 1000\right)Pr}{1 + 12.7\sqrt{f_{\mathrm{D}}/8}\left(Pr^{2/3} - 1\right)} \tag{5.31}$$

式中，Pr 为普朗特数，无因次，表达式为

$$Pr = \frac{\eta_{\mathrm{f}} c_{p,\mathrm{f}}}{\lambda_{\mathrm{f}}} \tag{5.32}$$

环空内流体通过井壁与井筒周围岩石的热交换量 Q_2 的表达式为

$$Q_2 = \frac{T_0 - T_2}{R_2} \tag{5.33}$$

式中，T_0 为井筒周围储层的初始温度，℃；R_2 为井筒壁产生的热阻，m·℃/W，被定义为

$$R_2 = \frac{1}{\pi d_5 h} + \frac{\ln\left(d_6/d_5\right)}{2\pi\lambda_{\mathrm{ca}}} + \frac{\ln\left(d_7/d_6\right)}{2\pi\lambda_{\mathrm{ce}}} + \frac{f(t)}{2\pi\lambda_{\mathrm{e}}} \tag{5.34}$$

式中，d_5 和 d_6 分别为套管的内径和外径，m；d_7 为井筒直径，m；λ_{ca}、λ_{ce}、λ_{e} 分别为套管、水泥环和井筒周围地层的导热系数，W/(m·℃)；$f(t)$ 为地层非稳态传热的无因次时间函数，其表达式为[64-66]

$$f(t) = \begin{cases} 1.1281\sqrt{t_{\mathrm{D}}}\left(1 - 0.3\sqrt{t_{\mathrm{D}}}\right), & t_{\mathrm{D}} \leqslant 1.5 \\ \left[0.4063 + 0.5\ln\left(t_{\mathrm{D}}\right)\right]\left(1 + \dfrac{0.6}{t_{\mathrm{D}}}\right), & t_{\mathrm{D}} > 1.5 \end{cases} \tag{5.35}$$

式中，t_{D} 为无因次时间，表达式为

$$t_{\mathrm{D}} = \frac{2\lambda_{\mathrm{e}} t}{c_{p,\mathrm{e}} \rho_{\mathrm{e}} d_6} \tag{5.36}$$

式中，$c_{p,\mathrm{e}}$ 为井筒周围地层的定压比热容，J/(kg·℃)；ρ_{e} 为井筒周围地层的密度，kg/m^3。

式(5.22)、式(5.23)、式(5.26)和式(5.38)组成了井筒流动传热模型。在储层模型中，多分支注入井和生产井的井壁被作为模型边界，耦合了储层、井筒环空和中心保温管的流动传热过程。注入分支井和生产分支井的平均温度与压力，以及环空井底和中心保温管井底的温度与压力被作为耦合数据。注入分支井眼的温度与压力和环空井底的温度与压力分别相等，而生产分支井眼的温度与压力和中心保温管井底的温度与压力分别相等。环空井底的温度由井筒模型计算得到，并作为储层模型的注入分支井注入温度边界条件；注入分支井的平均压力由储层模型计算得到，并作为井筒模型的环空井底压力边界条件。同理，生产分支井眼的

平均压力和产出温度由储层模型计算得到，并分别作为井筒模型的中心保温管井底压力和温度边界条件。通过井筒模型和储层模型的温度、压力数据的交换，井筒环空、中心保温管和储层的流动传热过程被耦合在一起。

5.1.5　几何模型与网格划分

本节采用有限元求解器 COMSOL 求解上述控制方程，模型求解过程包括几何模型建立、有限元网格划分、物理模型选择、边界条件设置、求解器设置与数据后处理等。

几何模型即数值模拟的计算区域，包括一维井筒模型和三维储层模型，如图 5.3 所示。多分支井二氧化碳地热系统尚未在地热现场实施，因此该几何模型是根据文献资料中数值模拟的典型储层尺度与储层物性条件[21,32,35,67-70]建立的多分支井地热系统概念模型。模型的几何尺寸已在图 5.3 中标注。

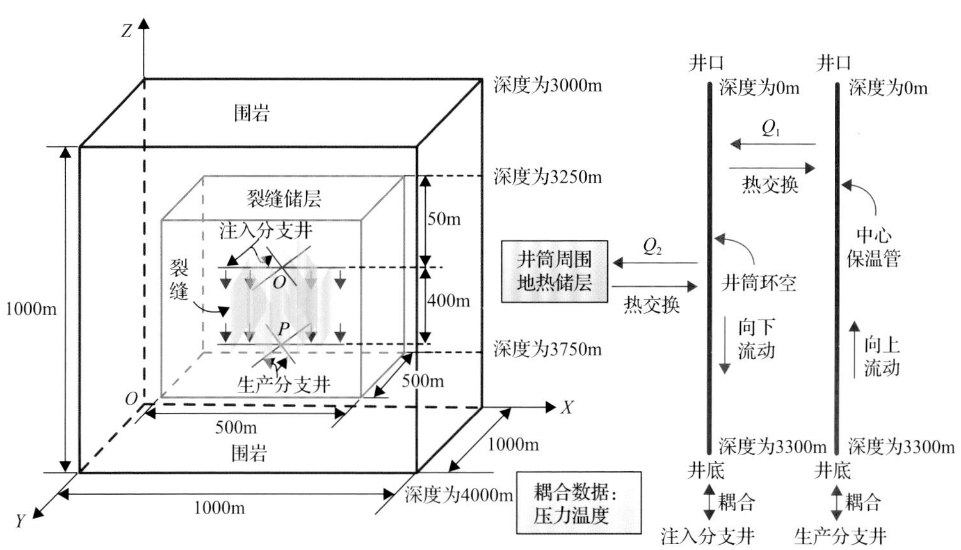

图 5.3　几何模型示意图

三维储层模型由裂缝储层、围岩、离散裂缝、6 口注入分支井眼和 6 口生产分支井眼组成。裂缝储层被认为是经过压裂等手段改造过的储层区域，围岩区域假设不含有裂缝。因此，裂缝储层区域的渗透率远高于围岩区域，地层中的流动传热过程也主要发生在裂缝储层区域内。图 5.4 展示了 COMSOL 软件中建立的离散裂缝储层的示例，模型中假设裂缝面与注采分支井眼垂直。离散裂缝的特征参数根据研究内容确定，会在后续章节中指定，其生成方法在 5.1.6 节中详细介绍。本节数值模拟计算的储层区域埋深为 3000～4000m，围岩是 1000m×1000m×

1000m 的立方体，裂缝储层是 500m×500m×500m 的立方体并位于围岩的中心区域。计算区域的尺寸选择综合考虑了边界效应与计算量。此外，分支井眼的长度为 150m，直径为 0.10m，注采分支井眼的间距为 400m。分支井眼位于裂缝储层的中心区域。数值模拟中采用的储层物理性质参数见表 5.3。

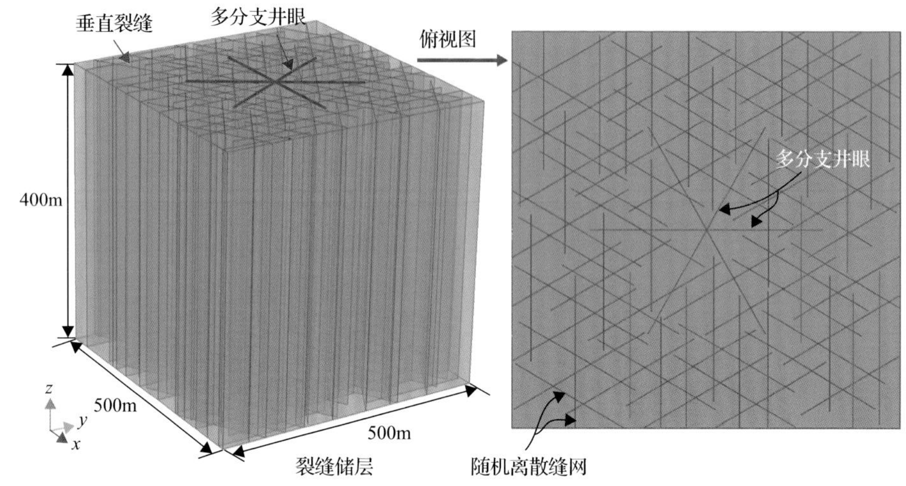

图 5.4　COMSOL 软件中建立的离散裂缝储层的示例

表 5.3　储层物理性质参数

项目	围岩	裂缝储层基质	离散裂缝
密度/(kg/m^3)	2800	2700	2000
导热系数/[W/(m · ℃)]	3	2.8	2.8
定压比热容/[J/(kg · ℃)]	1000	1000	850
孔隙度/%	1	5	100
渗透率/m^2	10^{-18}	5×10^{-16}	$10^{-10}(k_0)$
热膨胀系数/℃$^{-1}$	5×10^{-6}	5×10^{-6}	5×10^{-6}
杨氏模量/Pa	2.5×10^{10}	2.5×10^{10}	2.5×10^{10}
泊松比	0.25	0.25	0.25
Biot-Willis 系数	0.7	0.7	0.7

一维井筒模型中，井筒环空与中心保温管均用一维直线表示，流体流动传热采用一维模型。井筒中心保温管内流体与环空内流体的热交换量 Q_1 利用式(5.29)计算，环空内流体通过井壁与井筒周围岩石的热交换量 Q_2 利用式(5.33)计算。井筒环空和中心保温管的井底温度、压力分别与注入分支井和生产分支井的温度、

压力数据耦合。一维井筒模型采用的输入参数见表 5.4。

表 5.4　井筒模型输入参数

输入参数	数值	输入参数	数值
中心保温管内管内径 d_1/m	0.150	中心保温管内管的导热系数 λ_1/[W/(m · ℃)]	43.5
中心保温管内管外径 d_2/m	0.160	中心保温管中间保温层的导热系数 λ_2/[W/(m · ℃)]	0.026
中心保温管外管的内径 d_3/m	0.175	中心保温管外管的导热系数 λ_3/[W/(m · ℃)]	43.5
中心保温管外管外径 d_4/m	0.185	套管的导热系数 λ_{ca}/[W/(m · ℃)]	43.5
套管内径 d_5/m	0.340	水泥环的导热系数 λ_{ce}/[W/(m · ℃)]	0.7
套管外径 d_6/m	0.350	井筒周围地层的导热系数 λ_e/[W/(m · ℃)]	2.4
井筒直径 d_7/m	0.380	地层定压比热容/[J/(kg · ℃)]	900

根据建立的几何模型，利用 COMSOL 软件进行网格划分，整个模型在划分过程中采用了扫掠和自由四面体的混合网格技术，如图 5.5 所示。对于裂缝储层，首先在顶面生成三角形网格，裂缝相交区域网格自动加密，然后将生成的三角形网格沿着 z 轴方向扫掠到底面，从而生成三棱柱体网格。裂缝储层区域的网格划分完成后，采用自由四面体网格划分方法将围岩生成四面体网格。由于裂缝储层是流体渗流传热的核心区域，针对裂缝储层区域进行了网格加密，提高计算精度。对于一维井筒模型，将环空与中心保温管直线划分为 33 段。

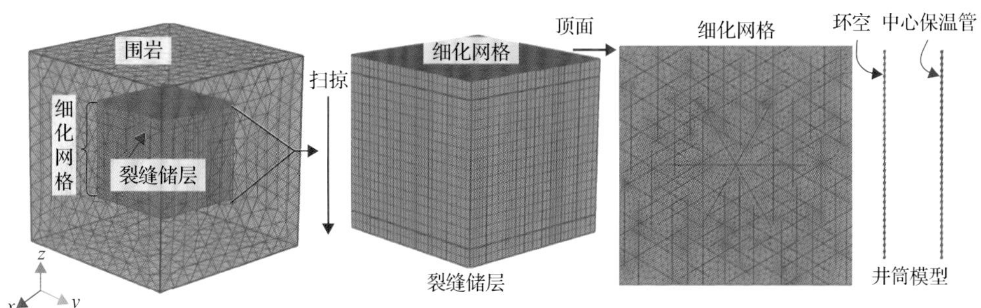

图 5.5　网格划分示意图

网格划分完成后，需要对模型的求解器进行设置。COMSOL 求解的主要变量包括井筒压力、孔隙压力、温度和位移等，其余变量(流速、流体物理性质、岩石应变和应力)基于主要变量计算得到。此外，本节以地热开采 30 年作为研究期限，计算时间步长设置为 1d。相对容差设置为 10^{-6}(作为数值计算的收敛条件)。模型中采用全耦合算法求解控制方程。

5.1.6 随机离散裂缝网络

在数值模拟中，用于描述裂缝储层的模型主要包括连续介质模型[71,72]和离散裂缝模型[73-76]。其中连续介质模型假设裂缝均匀分布在岩石基质内，高度简化地层条件，在地热系统中难以表征由裂隙的不均匀分布引起的热突破现象。而离散裂缝模型可以详细刻画每条裂缝的信息，包括裂缝的开度、长度、位置和产状等，以此模拟每条裂缝的渗流传热过程，更接近真实的裂隙岩体渗流传热条件。通常情况下，裂缝开度方向的尺度远小于裂缝切向，因此可以假设裂缝内仅存在平行裂缝切向的流动，而忽略裂缝开度方向的流动，采用降维处理的方法表征离散裂缝，以降低计算难度。在 COMSOL 软件中，三维模型的离散裂缝由二维平面代替，二维模型的离散裂缝由一维线段代替，利用平面或线段可表征裂缝的位置、方向和长度等参数。

由于天然离散裂缝系统的随机性和复杂性，其具体分布难以准确统计，可采用蒙特卡罗方法生成随机离散裂缝网络[76-78]。我们采用的随机离散裂缝模型中，裂缝长度服从指数分布，裂缝的中点位置服从均匀分布，裂缝的开度设置为 0.5mm，裂缝的方向表示裂缝与 x 轴的夹角。首先通过 MATLAB 代码指定裂缝的数量、长度、中点位置和方向等参数，其次将 MATLAB 与 COMSOL 集成，控制 COMSOL 按照指定参数在几何模型中生成随机离散裂缝系统。具体方法如下所述。

(1) 计算裂缝的长度。裂缝长度服从指数分布[76]，可利用式(5.37)计算：

$$l=\left[\frac{1}{l_{\min}^{D}}-F\left(\frac{1}{l_{\min}^{D}}-\frac{1}{l_{\max}^{D}}\right)\right]^{-\frac{1}{D}} \tag{5.37}$$

式中，l 为裂缝长度，m；$l_{\min}$ 和 $l_{\max}$ 分别为裂缝的最小和最大长度，m；D 为分布指数，在该模型中取值 1.5；F 为均匀分布随机数，取值在 0～1。假设裂缝数量为 N，首先生成 N 组 0～1 的随机数，作为 F 的值，其次根据式(5.37)计算每条裂缝的长度。在该基础算例中，裂缝数量为 120 条，裂缝的最小和最大长度分别为 170m 和 200m。

(2) 确定裂缝中点位置。在裂缝储层区域内，生成 N 组均匀分布的随机数 (x, y)，作为每条裂缝的中点坐标。

(3) 确定裂缝的方向。假设存在 n 组裂缝，每组裂缝具有不同方向。将裂缝平均分成 n 组，按照各组裂缝与 x 轴的夹角旋转相应的角度。在基础算例中，共有 3 组裂缝，方位角分别为 30°、90°和 150°。

(4) 在裂缝储层区域的顶面上，按照步骤(1)～(3)生成二维随机离散裂缝网络，然后将生成的裂缝网络沿着 z 轴方向垂直拉伸至裂缝储层区域底面，再将超出裂缝储层区域的裂缝删除，与边界相交的裂缝保留边界内的部分。如此便生成了随机离散裂缝网络。

5.1.7　边界条件设置

对于一维井筒模型，井筒环空和中心保温管内流体初始温度被设置为原始地层温度。井筒周围地层的地温梯度为 0.05℃/m。环空井口的注入温度为 35℃，注入质量流量为 50kg/s。环空井底压力等于注入分支井眼的平均压力，其值由储层模型计算得到并赋值给井筒模型。中心保温管井口出口质量流量设置为 50kg/s。中心保温管井底压力和温度等于生产分支井眼的平均压力与平均生产温度，其值由储层模型计算得到并赋值给井筒模型。

在初始条件下，储层模型顶部边界的温度为 200℃，顶部边界的压力为 30MPa。储层内孔隙压力和温度随着埋深线性增加，其中地温梯度为 0.05℃/m，孔隙压力梯度为 5000Pa/m。模型假设储层顶部上覆盖层，因此储层顶部边界被设置为绝热边界条件。模型认为储层的底部与四周有热源补给能量，因此储层底部与四周边界被设置为恒温边界条件，温度等于初始地层温度。对于渗流场，储层模型的边界均设置为无流动边界条件。对于位移场，储层模型所有边界的法向位移被约束。因为本节主要研究地热开采过程中由温度与孔隙压力变化而引起的储层岩石变形规律，所以地层的原始地应力未在模型中考虑[35,36]。储层模型中将注采分支井眼的井壁作为边界。注入分支井眼的注入质量流量设置为 50kg/s，注入温度等于井筒环空井底温度，其值由井筒模型计算得到并赋值给储层模型。

值得一提的是，本小节所述边界条件的参数取值针对基础算例，当研究特定参数的影响规律时，参数的取值会在对应章节中指定。

5.2　取热机理分析

5.2.1　取热效果评价参数

本小节定义了生产温度、取热功率、储层采出程度和累积采出能量四个参数，用于评价和分析多分支井二氧化碳地热系统的取热效果。

生产温度分为系统生产温度和生产分支井眼平均生产温度。其中系统生产温度表示中心保温管井口出口温度，生产分支井眼平均生产温度的计算表达式为

$$T_{\text{ave}}(t_{\text{e}})=\frac{\int_L T(t_{\text{e}})\text{d}l_{\text{en}}}{L} \tag{5.38}$$

式中，$T(t_{\text{e}})$ 为随时间变化的温度；l_{en} 为分支井眼的长度；T_{ave} 为生产分支井眼平

均生产温度，即为中心保温管井底温度，℃；t_e 为取热时间，s；L 为分支井眼的总长度，m。

取热功率代表地热系统的取热速率，其计算表达式为

$$P = q\rho_f c_{p,f}\left(T_{out} - T_{in}\right) \tag{5.39}$$

式中，P 为取热功率，W；q 为取热工质的体积流量，m^3/s；ρ_f 为流体密度，kg/m^3；$c_{p,f}$ 为循环取热流体的定压比热容，J/(kg·℃)；T_{out} 为出口温度，℃；T_{in} 为入口温度，℃。取热功率又细分为生产分支井取热功率和系统取热功率。生产分支井取热功率以地热储层作为目标计算，出口温度和入口温度分别指生产分支井的平均生产温度和注入分支井的平均注入温度；系统取热功率则以整个系统作为目标计算，出口温度和入口温度分别指环空井口注入温度和中心保温管井口出口温度。

储层采出程度表示裂缝储层区域采出的能量与其原始存储能量的比值，计算表达式为

$$\eta = \frac{\iiint_{V_s} \rho_s c_{p,s}\left(T_0 - T(t)\right)\mathrm{d}v}{\iiint_{V_s} \rho_s c_{p,s}\left(T_0 - T_{in}\right)\mathrm{d}v} \times 100\% \tag{5.40}$$

式中，η 为储层采出程度，无因次；V_s 为裂缝储层区域的体积，m^3；v 为储层的积分单元体积；ρ_s 为岩石密度，kg/m^3；$c_{p,s}$ 为岩石的定压比热容，J/(kg·℃)；T_0 为储层的初始温度，℃。

累积采出能量表示取热工质在一定生产时间内累积采出的能量，是生产分支井取热功率对时间的积分，其计算表达式为

$$\gamma = \int_0^{t_p} q\rho_f c_{p,f}\left(T_{out} - T_{in}\right)\mathrm{d}t_p \tag{5.41}$$

式中，γ 为累积采出能量，J；t_p 为累积生产时间，s。

5.2.2 储层热流固耦合特性

图 5.6 展示了储层内不同时间下孔隙压力分布云图，图 5.6(a)中左上角云图中的直线 ab 和直线 cd 分别表示生产分支井和注入分支井所在 xy 平面上 y=500m 处沿着 x 轴的直线段，后面将展示两直线段上各物理场的分布曲线。可观察到，注入分支井附近孔隙压力最大，生产分支井附近孔隙压力最小。分支井眼附近压力分布不均匀，部分区域孔隙压力较低，这是离散裂缝所在位置。裂缝的导流能力远大于岩石基质，因此在裂缝与井眼的交点处压力较低。从整个储层的压力分布看，由于注采引起的孔隙压力变化的波及范围主要集中在裂缝储层区域，而围

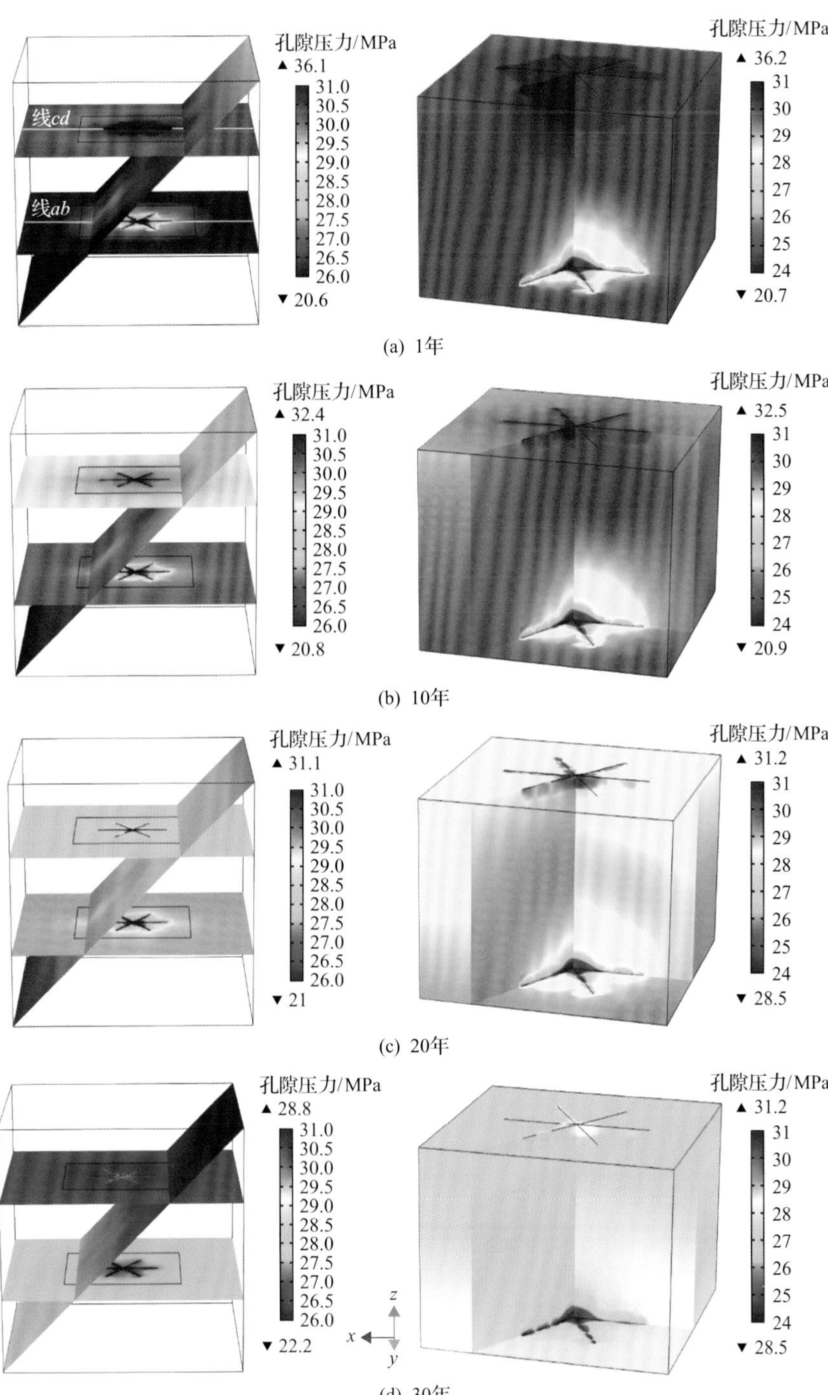

图 5.6　储层内不同时间下孔隙压力分布云图

左侧图表示储层不同截面；右侧图表示裂缝储层区

岩中的孔隙压力分布均匀且数值相同。随着时间推移，孔隙压力最大值逐渐降低，整个储层孔隙压力逐渐衰减。整个生产过程可被认为是衰竭式开采，储层压力会随着生产的进行逐渐降低，最终在注采条件下达到稳定状态。

图 5.7 展示了不同时间下沿直线 *ab* 和直线 *cd* 的孔隙压力分布曲线。由图 5.7 可知，裂缝储层区域内的孔隙压力波动大，存在较多局部极大值和极小值，这些极值点是由随机离散裂缝的分布引起的。在裂缝储层外部的围岩内，孔隙压力保持不变，只是随着生产的进行逐渐递减。由此说明系统的渗流过程不会波及边界，该模型计算区域尺寸选择较为合理，流场不受边界干扰。

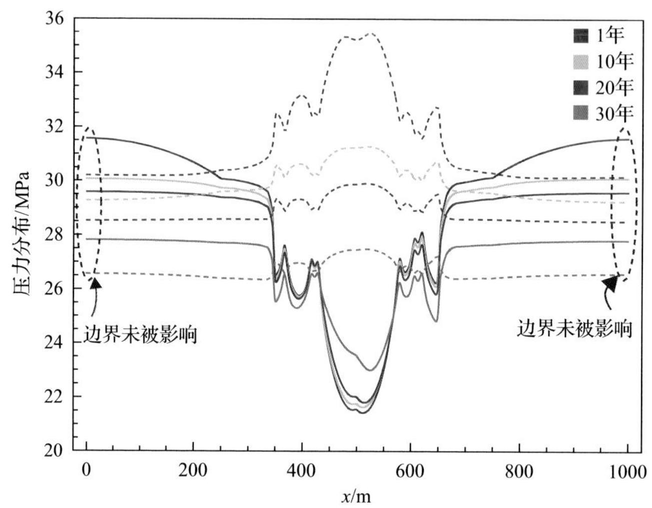

图 5.7　不同时间下沿直线 *ab*(实线) 和直线 *cd*(虚线) 的孔隙压力分布曲线

图 5.8 展示了储层内不同时间下温度分布云图。可观察到，随着生产的进行，低温区域由注入分支井眼逐渐向四周呈现非均匀扩散，裂缝对低温区域的扩散起主导作用，裂缝所在位置附近的温度最先降低，然后低温区域沿着裂缝向下快速突进。低温二氧化碳由注入分支井注入储层后，大部分通过裂缝向下突进，从裂缝附近储层中取热，使其温度降低，造成低温区域在裂缝附近产生并向着生产井逐渐突进。远离分支井眼的储层，低温二氧化碳难以波及，只能通过热传导方式向低温区域供给热能。因此当低温区域突破至生产井后，远离分支井眼的储层温度还未有明显降低。综上，在多分支井地热系统中，裂缝是二氧化碳渗流传热的主要通道，二氧化碳主要从与分支井眼沟通的裂缝附近储层中取热。

图 5.9 展示了不同时间下沿直线 *ab* 和直线 *cd* 的温度分布曲线，可知裂缝储层区域内的温度变化大，而周围围岩中的温度在整个生产过程中未受影响，再次证明模型的计算区域尺寸选择合理。注入分支井附近的温度(直线 *cd*) 在生产 1 年后

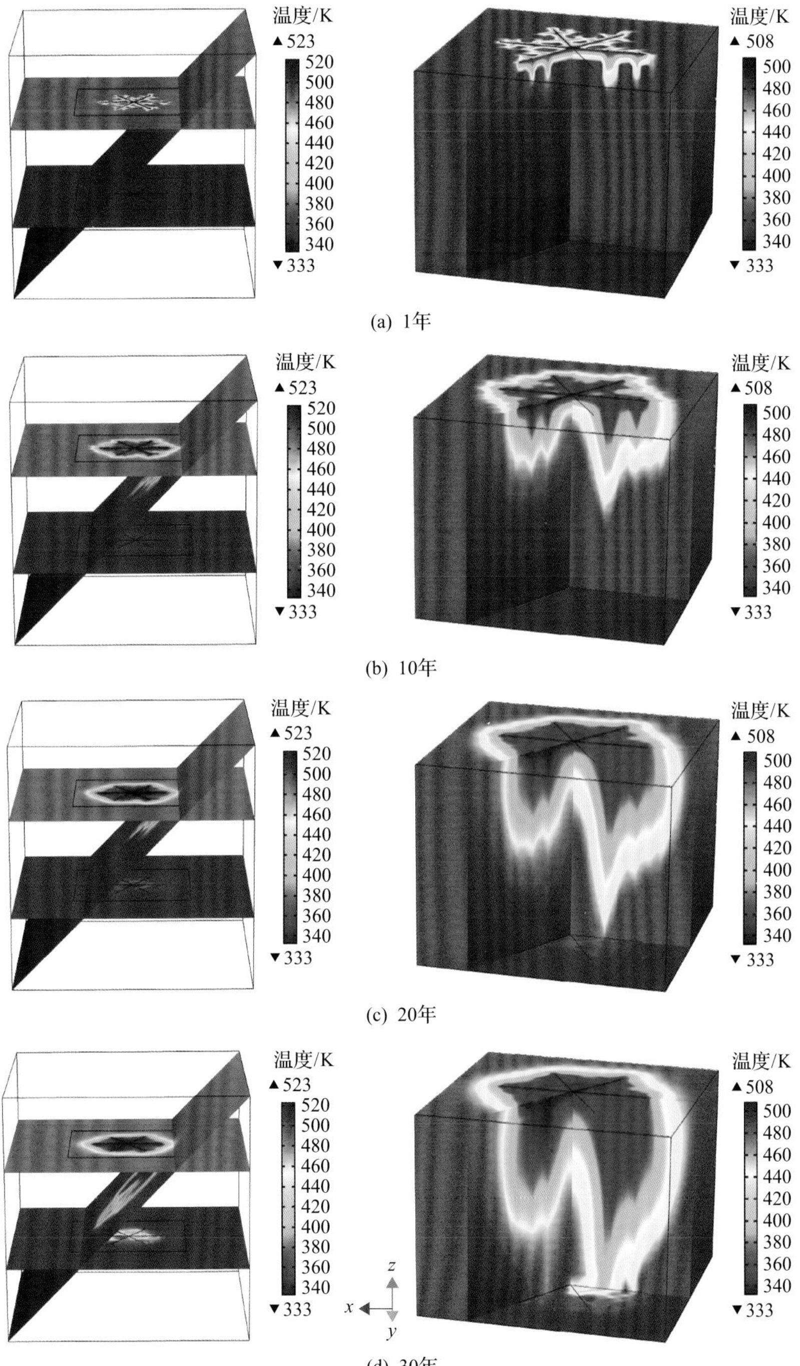

图 5.8　储层内不同时间下温度分布云图

左侧图表示储层不同截面；右侧图表示裂缝储层区

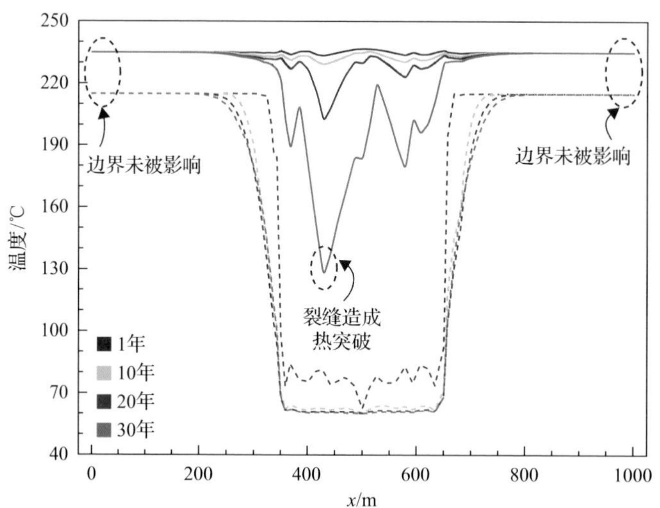

图 5.9　不同时间下沿直线 *ab*(实线)和直线 *cd*(虚线)的温度分布曲线

存在较小波动，生产 10 年后被二氧化碳完全冷却至注入温度。生产 20 年后，生产分支井附近的温度(直线 *ab*)存在最低点，说明此时低温区域已沿着该点处的裂缝突破至生产井；生产 30 年后，低温突破点处的温度与初始温度相比下降超过 100℃。低温区域沿着裂缝突进至生产井后，会急剧降低生产分支井眼的平均生产温度，此过程称为热突破现象。热突破现象发生后，生产温度下降超过一定的范围，会影响地热系统地面换热工序的稳定运行，迫使地热系统停止工作，因此热突破现象与系统的运行寿命密切相关。

图 5.10 展示了储层内不同时间下有效应力分布云图与变形情况。为显示出位移变化，图中的位移变形为放大 500 倍后的结果。可观察到，有效应力的变化主要集中在裂缝储层区域，这是因为渗流传热过程主要在裂缝储层区域进行，温度变化诱发的热应力与孔隙压力变化共同导致了有效应力的改变。注入分支井眼附近的有效应力最大，其中注入分支井眼附近为拉应力，生产分支井眼附近为压应力。注入分支井注入的低温二氧化碳降低了储层的温度，引起岩石收缩变形，在岩石内诱发了热应力，在围岩的约束作用下，热应力表现为拉应力。还可以观察到最大拉应力的分布区域与图 5.9 中的低温区域相同，30 年后当低温区域突破至生产分支井时，突破点处的有效应力由压应力转变为了拉应力，再次说明拉应力是储层中温度降低诱发的热应力。生产过程为衰竭式开采，孔隙压力不断降低，特别是生产分支井附近的孔隙压力降低幅度最大，因此岩石骨架承受的有效应力增大，并且表现为压应力。另外，可看到有效应力的改变造成了裂缝储层区域整体的收缩变形，并且随着生产的进行收缩变形越来越明显。

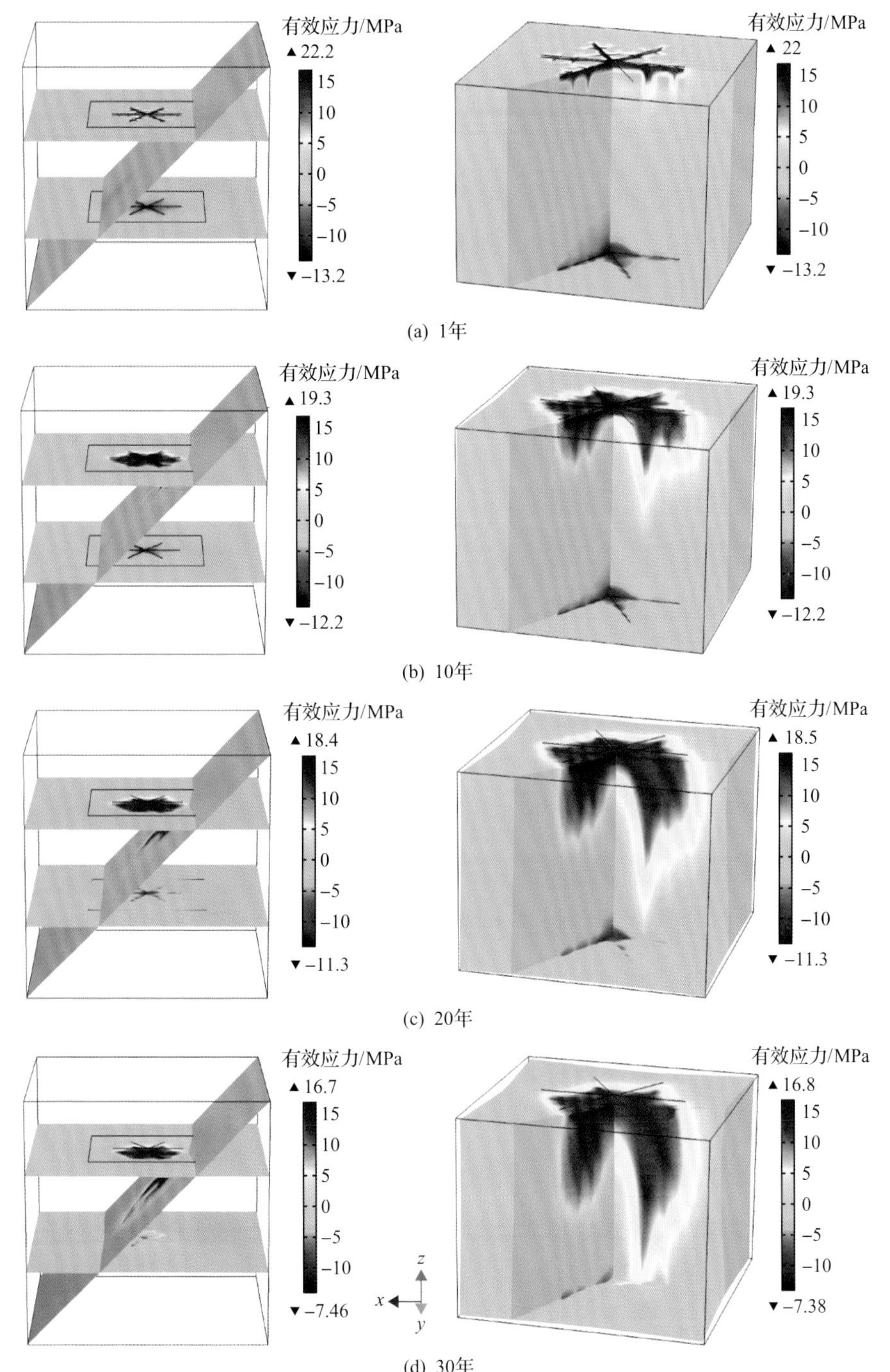

图 5.10　储层内不同时间下有效应力分布云图

左侧图表示储层不同截面；右侧图表示裂缝储层区

图 5.11 展示了不同时间下沿直线 *ab* 和直线 *cd* 的有效应力分布曲线，由图可知，直线 *ab* 上(生产分支井附近)的有效应力表现为压应力，且随着生产的进行，裂缝储层区域内的压应力逐渐减小，最后部分位置处的压应力转变为拉应力，转变为拉应力的点正好对应图 5.9 中的热突破点，这些变化是由温度逐渐降低诱发的热应力引起的；而在直线 *ab* 上对应围岩区域的压应力则随着生产的进行逐渐增大，这是储层中孔隙压力不断衰减造成的。直线 *cd* 上(注入分支井附近)对应的裂缝储层区域表现为拉应力，而对应的围岩区域表现为压应力，且随着生产的进行，裂缝储层区域的拉应力逐渐减小而围岩区域的压应力逐渐增大，这是直线 *cd* 上的温度随时间变化幅度小而孔隙压力不断减小造成的。

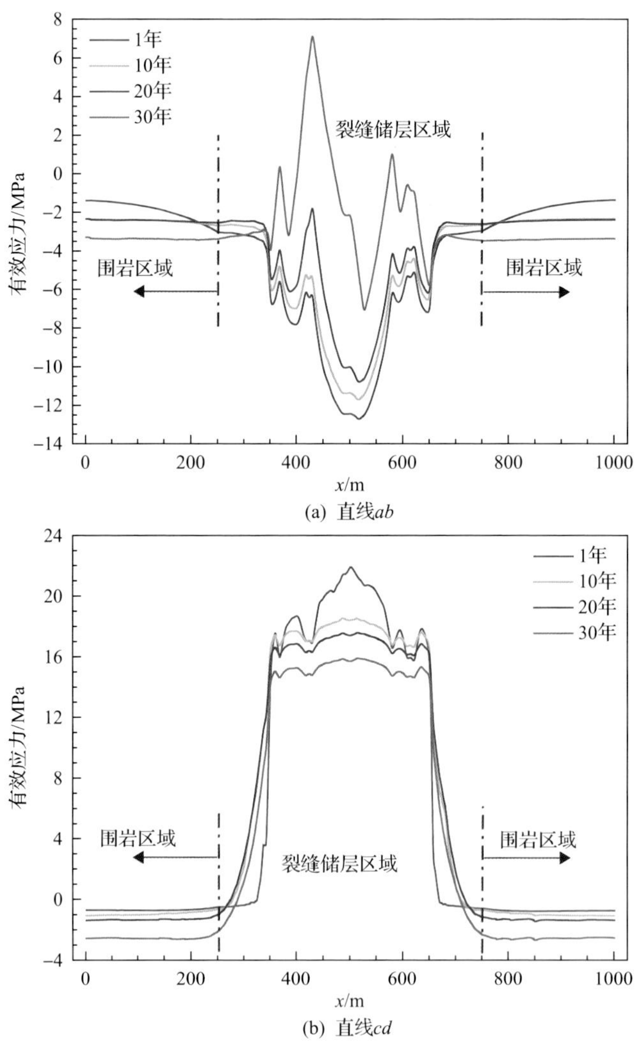

图 5.11　不同时间下沿直线 *ab* 和直线 *cd* 的有效应力分布曲线

5.2.3　岩石变形对取热的影响

图 5.12 展示了取热 30 年后指定裂缝内的法向应力分布云图，以及裂缝瞬时渗透率与初始渗透率比值分布云图。其中图 5.12(a)为基础算例的裂缝储层俯视图，图 5.12(b)为相应裂缝切面上的有效法向应力分布云图，图 5.12(c)为渗透率比值分布云图，图中的红色箭头表示裂缝走向。由图 5.12 可知，裂缝内的渗透率比值分布和应力分布保持一致。缝内切面上的有效法向应力以拉应力为主，缝内大部分区域的渗透率显著增大，部分区域的瞬时渗透率是初始渗透率的 10 倍以上。说明储层岩石温度降低诱发的热应力(拉应力)造成的岩石收缩变形使裂缝扩张，明显提高了裂缝渗透率。

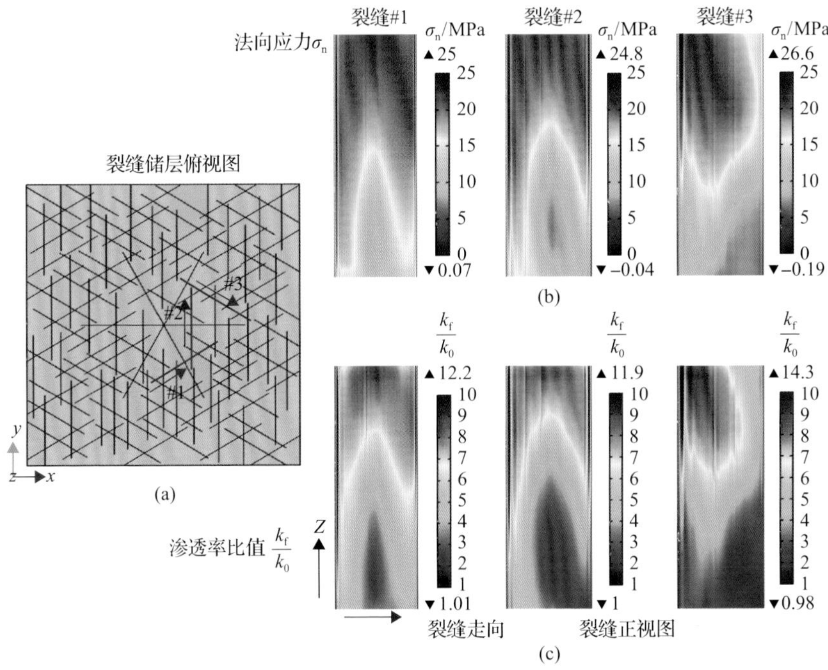

图 5.12　取热 30 年后指定裂缝内法向应力分布和渗透率比值 k_f/k_0 分布云图

图 5.13 为裂缝储层区域的截面示意图，图中所示截面为 z=600m 处的 xy 截面和 y=500m 处的 xz 截面，后续展示的温度分布云图主要针对这两个截面。图 5.14 为考虑和未考虑岩石变形条件下，30 年后裂缝储层区域不同截面的温度分布云图。由图 5.13 可知，当未考虑岩石变形时，低温二氧化碳在 z=600m 处的 xy 截面上的波及面积大于考虑岩石变形的情况。在 y=500m 处的 xz 截面上，当考虑岩石变形时，低温区域已明显突破至生产分支井，而未考虑岩石变形时热突破现象不明显。说明当考虑岩石变形时，裂缝渗透率的提高促进了二氧化碳在缝内的高速渗流，使二氧化碳不易在水平面上扩散，而更倾向于沿着裂缝向生产分支井突进。

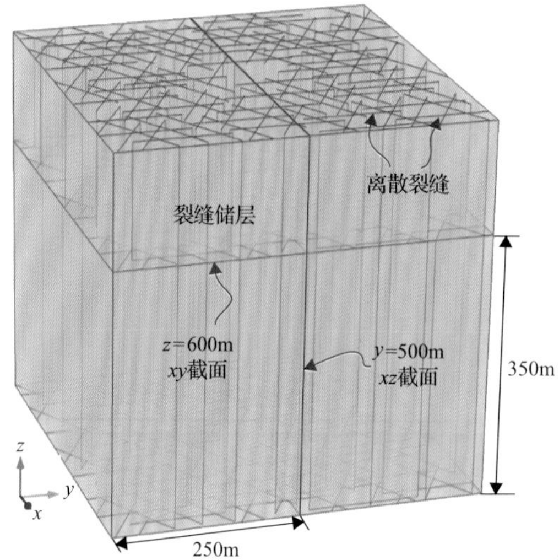

图 5.13　裂缝储层区域的截面示意图

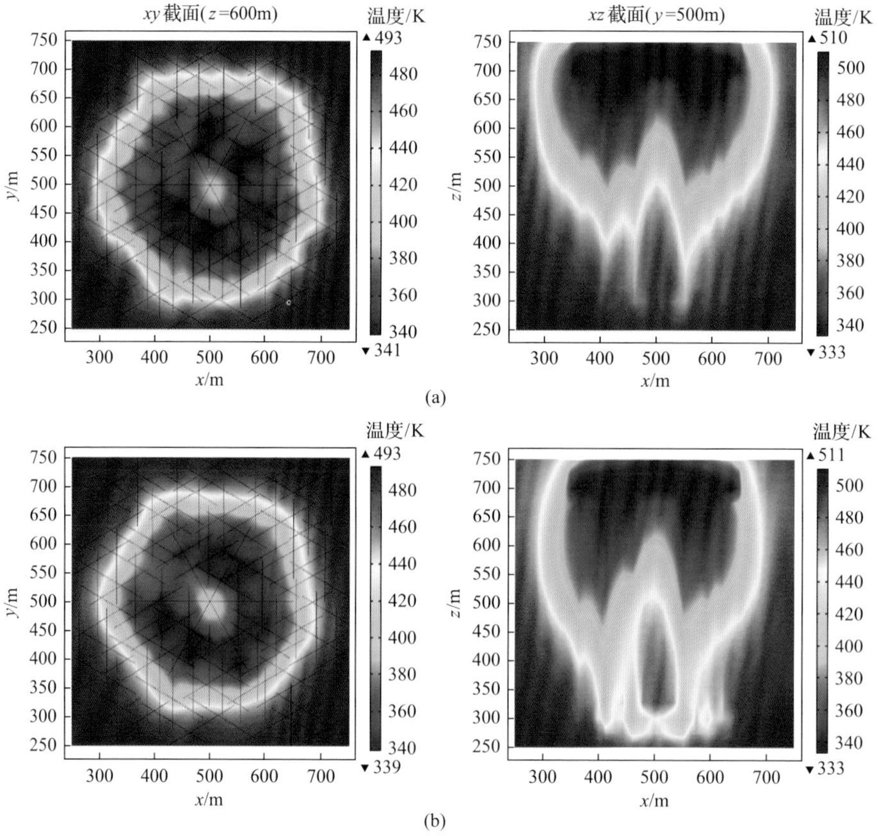

(a)

(b)

图 5.14　30 年后裂缝储层区域不同截面的温度分布云图

(a)表示未考虑岩石变形；(b)表示考虑岩石变形

为了定量观察岩石变形对系统取热的影响，图 5.15 对比了考虑岩石变形和未考虑岩石变形条件下生产分支井的平均生产温度和注入分支井的平均注入压力。由图可知，考虑岩石变形时，平均生产温度的递减速度显著高于未考虑岩石变形的情况。考虑岩石变形条件下，仅生产 23 年时生产分支井的平均生产温度递减就已超过 10℃，而不考虑岩石变形的情况，要生产 26 年后生产分支井的平均生产温度的降低才会达到 10℃。生产 30 年后，考虑岩石变形条件的生产分支井的平均生产温度比未考虑岩石变形的情况低 10℃。另外，未考虑岩石变形时，注入分支井的平均注入压力基本保持不变；而考虑岩石变形时，注入分支井的平均注入压力在取热过程中持续下降，并且显著低于未考虑岩石变形的情况。由此可以得出以下结论：在取热过程中，由于温度降低和孔隙压力改变引起的岩石有效应力变化，可明显提高裂缝渗透率，从而加速二氧化碳在垂直方向上沿着裂缝发生热突破，缩短地热系统的运行寿命，同时裂缝渗透率的提高也会显著降低注入分支井的平均注入压力，增强注入能力。因此，岩石变形对地热系统取热具有重要影响，在多分支井地热系统的数值模拟研究和产能预测中必须考虑。

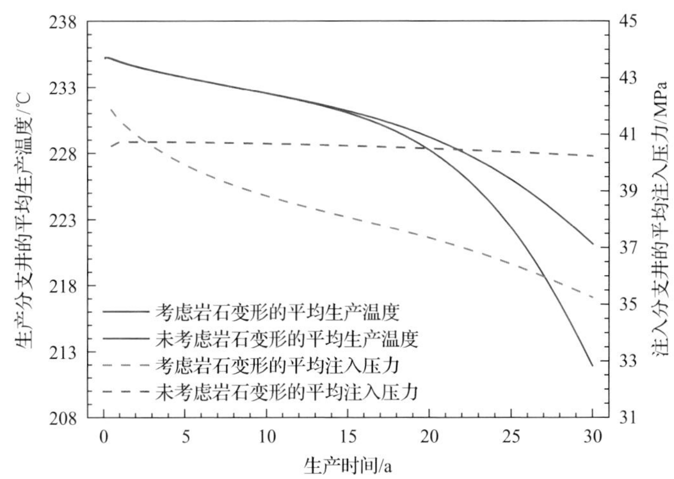

图 5.15 考虑岩石变形和未考虑岩石变形条件下生产分支井的平均生产温度和注入分支井的平均注入压力

5.3 二氧化碳井筒流动传热规律

二氧化碳井筒流动传热是多分支井二氧化碳地热系统取热过程的关键环节之一，直接关系着系统在地面的取热功率、循环能耗等，因此有必要开展二氧化碳井筒流动传热规律研究，为揭示多分支井二氧化碳地热系统取热机理提供理论依据，为系统的井筒设计提供指导建议。本小节基于基础算例及其参数设置，利用数值模拟研究了二氧化碳井筒温度和压力分布规律，以及井筒尺寸、保温段长度和井筒深度对二氧化碳井筒流动传热的影响规律。

5.3.1　二氧化碳井筒温度和压力分布规律

图 5.16 展示了环空井口和井底生产 30 年的温度与压力变化，由图可知，在生产初期环空井底温度急剧下降，短暂时间内迅速稳定在 79℃。后面将详细分析生产初期导致环空井底显著温降的原因。环空井底压力与井口压力随生产进行持续下降，前面已提到这是因为岩石收缩变形提高了裂缝渗透率，从而增强了系统注入能力。图 5.17 展示了中心保温管井口和井底生产 30 年的温度与压力变化。由图 5.17 可知，中心保温管井口和井底温度随着生产的进行持续下降；生产 22 年

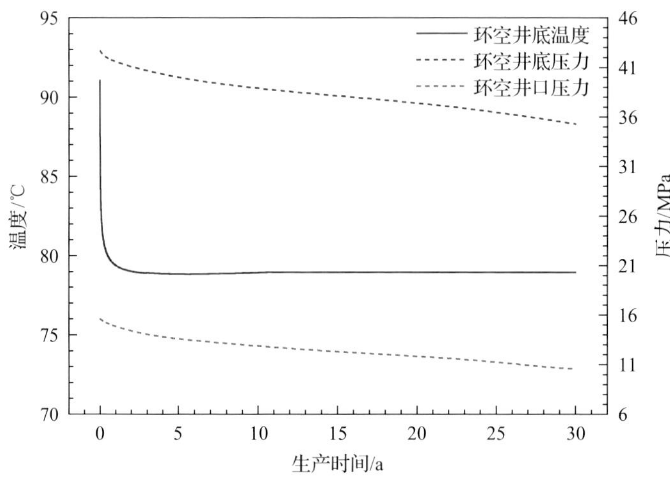

图 5.16　环空井口和井底生产 30 年的温度与压力变化

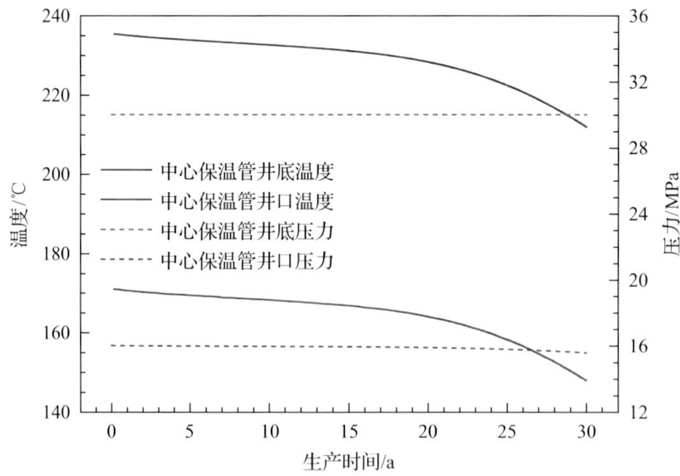

图 5.17　中心保温管井口和井底生产 30 年的温度与压力变化

后，由于热突破现象，井口和井底温度迅速降低。从图 5.17 中还可以观察到中心保温管的井底和井口温度差达到 65℃，后面将详细讨论造成该较大温差的原因。此外，中心保温管井底和井口压力在生产过程中均维持稳定状态，分别保持在 30MPa 和 15.80MPa。对比图 5.16 和图 5.17 中的环空井口压力与中心保温管井口压力，还可以发现中心保温管井口压力大于环空井口压力，并且两者压差随生产进行逐渐变大，说明在本节条件下，多分支井二氧化碳地热系统无需高压泵提供能量即可实现二氧化碳循环取热。

为分析循环压力的消耗位置，图 5.18 展示了储层、环空和中心保温管内循环压耗的变化规律，由图可知，储层内的循环压耗超过了 8MPa，中心保温管内的循环压耗超过了 4MPa，而环空内的循环压耗接近 0MPa。由此说明循环能量主要消耗在储层和中心保温管内。由式(5.25)右侧第二项可知，管内的摩擦压耗Δp可表示为

$$\Delta p=\frac{1}{2}f_{\mathrm{D}}\frac{\rho_{\mathrm{f}}}{d_{\mathrm{p}}}|u|u=\frac{1}{2}\frac{f_{\mathrm{D}}}{d_{\mathrm{p}}}\frac{m^2}{\rho_{\mathrm{f}}A_{\mathrm{p}}^2} \tag{5.42}$$

式中，m 为工质的质量流量，kg/s。由式(5.41)可知，管内循环压耗与达西摩擦因子 f_{D}、水力直径 d_{p}、流体密度 ρ_{f} 和质量速度 u 相关。然而中心保温管和环空的质量流量相同、水力直径相互接近，则两者间较大的循环压耗差值只能与管内的达西摩擦因子和二氧化碳的密度有关。为解释该问题，研究了中心保温管和环空内的摩擦系数与二氧化碳密度分布。图 5.19 展示了生产 15 年和 30 年后中心保温管和环空内的摩擦系数，由图可知，中心保温管和环空内的摩擦系数接近，因此摩擦系数不是引起两者产生较大循环压耗差值的主要原因。

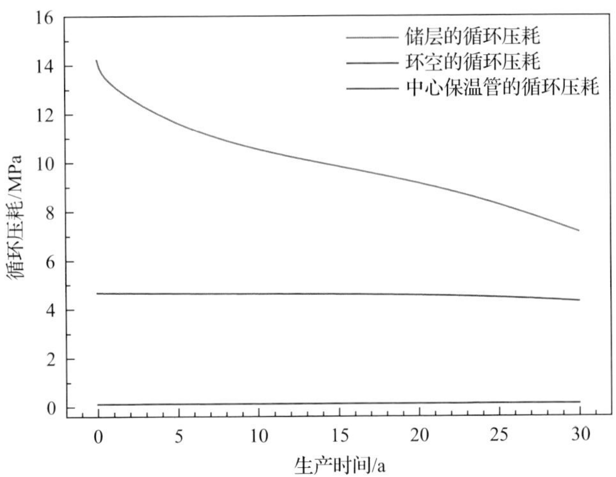

图 5.18　储层、环空和中心保温管内循环压耗的变化规律

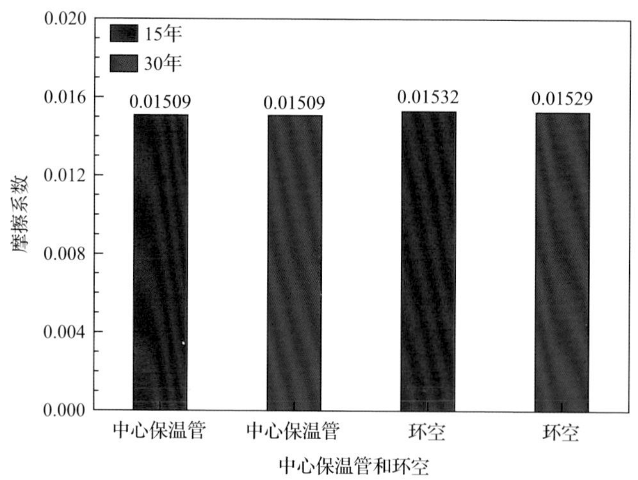

图 5.19　生产 15 年和 30 年后中心保温管和环空内的摩擦系数

图 5.20 展示了生产 30 年后中心保温管和环空的二氧化碳密度和定压比热容分布曲线，由图可知，环空内二氧化碳定压比热容变化幅度大，密度变化较小。从中心保温管井口到井底，二氧化碳密度逐渐变大。其中，中心保温管内的二氧化碳密度从井口的 247kg/m^3 变化到井底的 372kg/m^3；而环空内的二氧化碳密度从井口的 728kg/m^3 变化到井底的 791kg/m^3。因此环空内的二氧化碳密度是中心保温管内二氧化碳密度的 2～3 倍，据此得到中心保温管和环空内较大的循环压耗差值是由较大的二氧化碳密度差异造成的结论。另外，上面已表明中心保温管井口

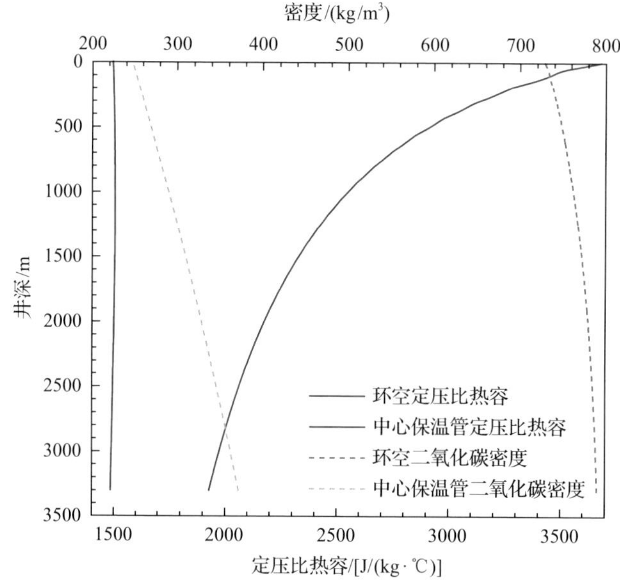

图 5.20　生产 30 年后中心保温管和环空的二氧化碳密度和定压比热容分布曲线

压力大于环空井口压力，多分支井二氧化碳地热系统无需高压泵提供能量即可实现二氧化碳循环取热。这正是因为环空和中心保温管内较大的二氧化碳密度差异产生了浮力效应，为二氧化碳循环取热提供了足够动力。

图 5.21 展示了生产 15 年和 30 年后中心保温管和环空的温度分布曲线，由图可知，环空二氧化碳温度从井口到井底线性递增，而中心保温管二氧化碳温度从井底到井口急剧下降，再次直观展示了保温管内二氧化碳温降可达 65℃。现在详细讨论造成此较大温降的原因。图 5.22 展示了系统取热功率、中心保温管与环空的换热量及环空与井筒周围地层的换热量，由图可知，中心保温管与环空的换

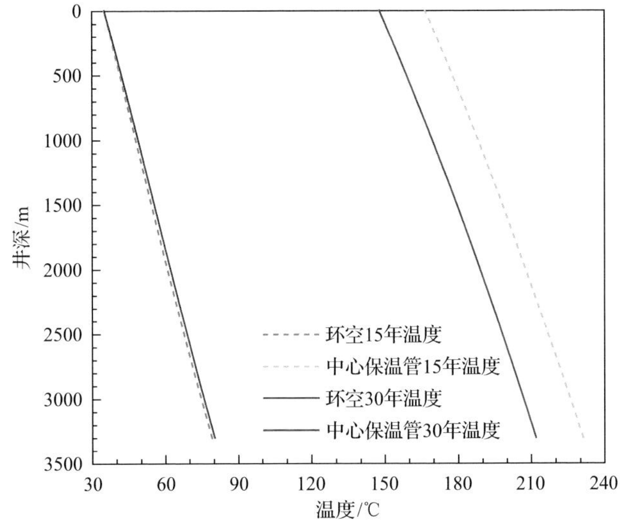

图 5.21　生产 15 年和 30 年后中心保温管和环空的温度分布曲线

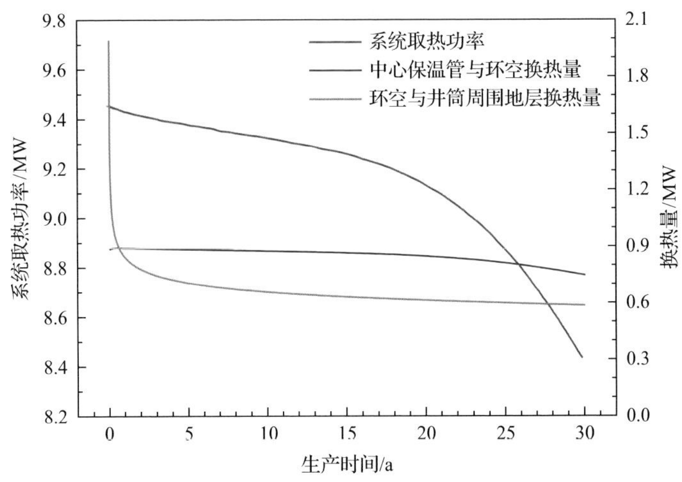

图 5.22　系统取热功率、中心保温管与环空换热量及环空与井筒周围地层换热量

热量始终处于稳定状态，基本维持在 0.88MW 的较低水平，说明中心保温管具有良好的保温效果，环空与中心保温管的热交换不是造成保温管内二氧化碳温度显著降低的原因。图 5.23 对比了未考虑中心保温管与环空换热量(假设保温管壁绝热)、未考虑二氧化碳压力功条件下的中心保温管温度及基础算例的中心保温管温度，由图可知，在未考虑中心保温管与环空换热量时，中心保温管出口温度仅比基础算例高 13℃，再次说明中心保温管与环空的换热不是造成 65℃温降的主要原因。然而当未考虑二氧化碳压力功时，中心保温管井口温度超过 230℃，与基础算例中心保温管井底温度十分接近。由此证明，二氧化碳从中心保温管井底运动到井口过程中，降压膨胀做功是其温度急剧下降的主要原因。

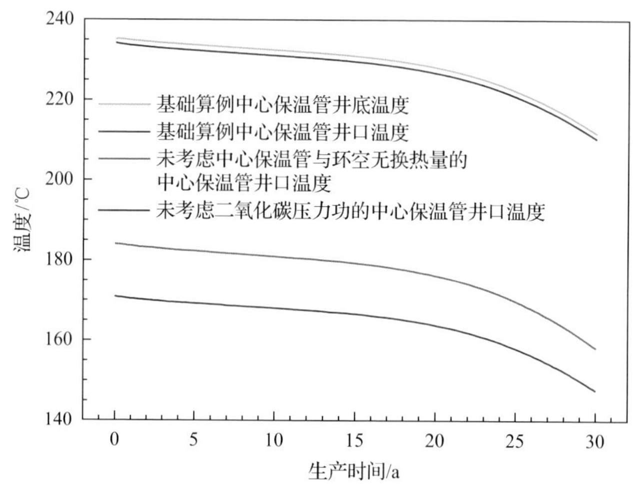

图 5.23　未考虑中心保温管与环空换热量、未考虑二氧化碳压力功条件下的中心保温管温度及基础算例的中心保温管温度

另外，图 5.22 还表明系统取热功率与井口生产温度变化规律一致，随着生产的进行逐渐下降，热突破发生后迅速递减，在热突破前取热功率可维持在 8MW 以上；此外，图中还可看出环空与井筒周围地层换热量在生产初期会急剧降低，然后稳定在 0.62MW。生产初期较大的换热量是由地层与环空二氧化碳间较大的温差引起的，随着生产的进行，地层与环空二氧化碳间的温差减小，则换热量迅速降低。而正是地层与环空二氧化碳换热量的急剧降低造成了图 5.16 中环空井底温度在初期迅速递减。

5.3.2　保温段长度影响规律

前面已证明中心保温管具有较好的保温效果，该小节研究保温段长度对系统取热效果的影响规律。图 5.24 展示了生产 15 年和 30 年后不同保温段长度下中心保温管井口和环空井底温度，由图可知，随着保温段长度增加，环空井底温度下降，中心保温管井口温度升高；特别是全井段保温后，中心保温管井口温度显著提高，相比保温段长度为 2500m 时，全井段保温后中心保温管井口温度提高了 80℃。

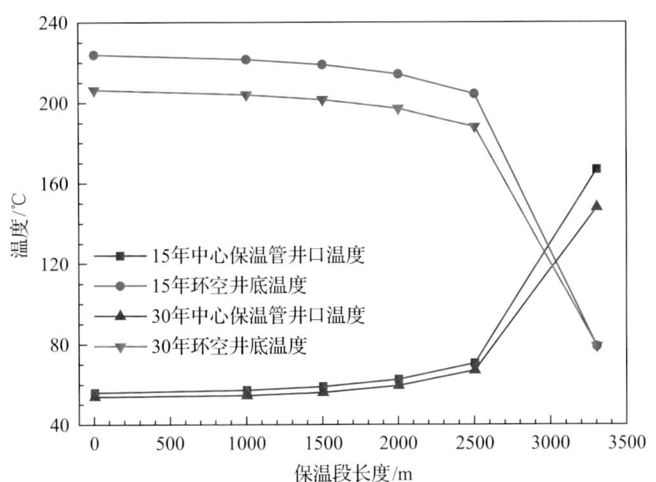

图 5.24　生产 15 年和 30 年后不同保温段长度下中心保温管井口和环空井底温度

图 5.25 展示了生产 30 年后不同保温段长度下中心保温管和环空温度分布曲线，由图可知，在不保温情况下，环空与中心保温管内的二氧化碳温度相互接近，井口温差最小，仅为 20℃。当保温段长度为 1000m 时，环空和中心保温管的温度分布存在转折点：在 0～1000m 的保温段，保温管内温度几乎未降低；而在 1000～3300m

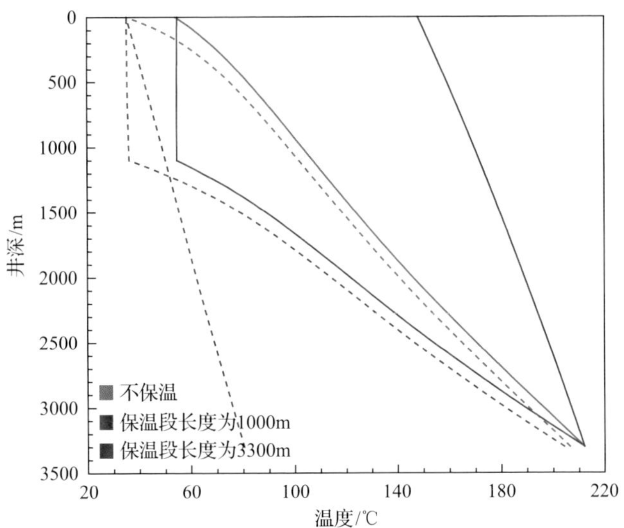

图 5.25　生产 30 年后不同保温段长度下中心保温管（实线）和环空（虚线）温度分布曲线

的未保温段，中心保温管内温度显著降低，其温度与环空温度接近。当保温段长度为 3300m(整个中心保温管都保温)时，环空温度远低于完全不保温和保温段为 1000m 情况下的井筒环空温度，并且中心保温管内的温降得到较大缓解。由此说明，本书提出的中心保温管结构具有良好的保温效果，全井段保温可最大化系统取热效果。

5.3.3 井筒尺寸影响规律

由式(5.41)可知，井筒的摩擦压耗与井筒尺寸密切相关。表 5.5 列出了 12 组算例的井筒环空与中心保温管尺寸，表格中的符号 d_1～d_7 依次表示保温内管的内径、外径，保温外管的内径、外径，套管的内径、外径，井筒直径。算例 1 为基础算例，算例 2、算例 3 和算例 4 具有较大的中心保温管和环空尺寸，算例 5 和算例 6 具有相同的中心保温管尺寸和不同的环空尺寸，算例 7、算例 8 和算例 9 具有相同的环空尺寸和不同的中心保温管尺寸，算例 10、算例 11 和算例 12 的井筒尺寸与算例 1 相同，但是具有不同的中心保温管尺寸和环空尺寸。

表 5.5　12 组算例的井筒环空与中心保温管尺寸　　(单位：m)

算例编号	d_1	d_2	d_3	d_4	d_5	d_6	d_7
1	0.15	0.16	0.175	0.185	0.34	0.35	0.38
2	0.16	0.17	0.18	0.19	0.35	0.36	0.39
3	0.17	0.18	0.19	0.20	0.37	0.38	0.40
4	0.18	0.19	0.20	0.21	0.39	0.40	0.43
5	0.15	0.16	0.17	0.18	0.35	0.36	0.39
6	0.15	0.16	0.17	0.18	0.38	0.39	0.42
7	0.16	0.17	0.18	0.19	0.34	0.35	0.38
8	0.17	0.18	0.19	0.20	0.35	0.36	0.39
9	0.18	0.19	0.20	0.21	0.36	0.37	0.40
10	0.17	0.18	0.19	0.20	0.34	0.35	0.38
11	0.18	0.19	0.20	0.21	0.34	0.35	0.38
12	0.19	0.20	0.21	0.22	0.34	0.35	0.38

图 5.26 展示了算例 1、算例 2、算例 3 和算例 4 中的环空井底温度、中心保温管井口温度及 30 年后环空与中心保温管井口压力。四个算例的环空与保温管尺寸依次递增；由图可知，随着环空与中心保温管尺寸的增加，环空井底温度逐渐上升；算例 1(环空与中心保温管尺寸最小)的中心保温管井口温度最高；对于算例 2、算例 3 和算例 4，中心保温管井口温度随环空与中心保温管尺寸增加逐渐升高。随着环空与中心保温管尺寸增加，环空井口压力变化较小，而中心保温管井口压力逐渐

变大。对于所有算例，中心保温管井口压力均大于环空井口压力，说明多分支井二氧化碳地热系统无需注入泵提供循环能量即可实现二氧化碳的循环取热。

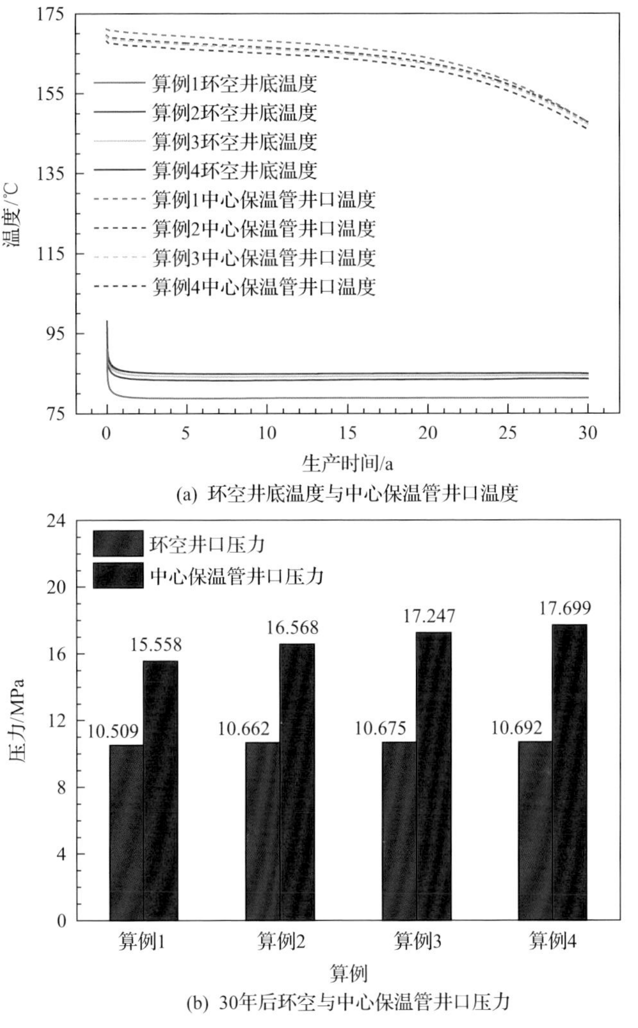

(a) 环空井底温度与中心保温管井口温度

(b) 30年后环空与中心保温管井口压力

图 5.26　算例 1、算例 2、算例 3 和算例 4 取热效果对比

图 5.27 展示了生产 30 年后算例 1、算例 2、算例 3 和算例 4 环空与中心保温管换热量与循环压耗，由图可知，随着环空与中心保温管尺寸变大，环空与中心保温管间的换热量明显增加，这是因为中心保温管尺寸变大后，环空与中心保温管的热交换面积增加；而环空与中心保温管间换热量的增加就促使了环空井底二氧化碳温度上升[图 5.26(a)]。此外，随着环空与中心保温管尺寸变大，环空和中心保温管内的循环压耗均逐渐下降，其中中心保温管内循环压耗降低显著，而环空内循环压耗原本就很小，因此降幅不大；也正是中心保温管内循环压耗的降低

提高了中心保温管井口压力[图 5.26(b)]。

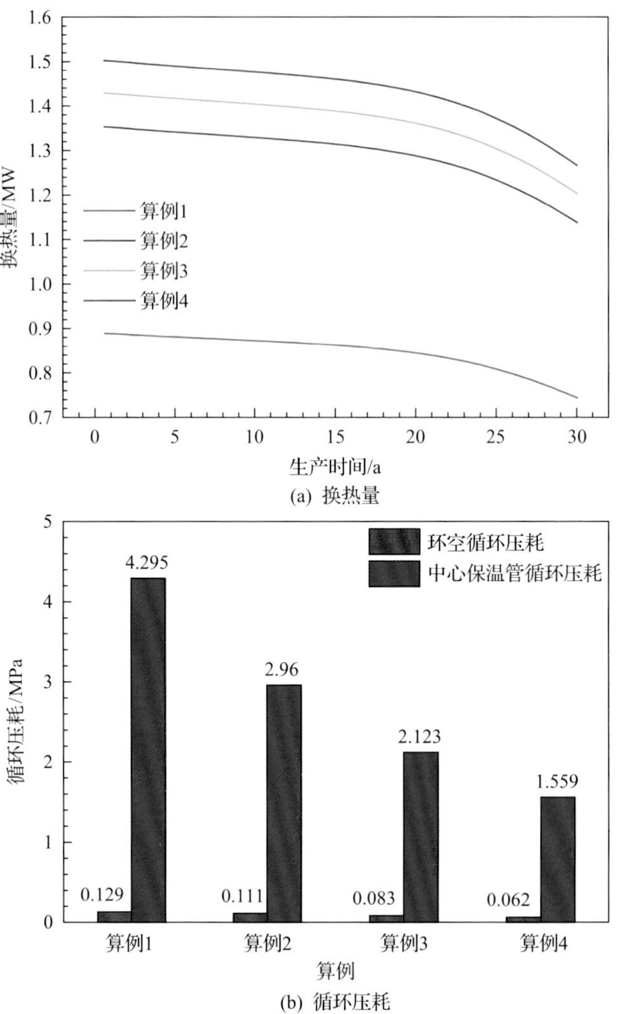

(a) 换热量

(b) 循环压耗

图 5.27　生产 30 年后算例 1、算例 2、算例 3 和算例 4 环空与中心保温管换热量与循环压耗

值得注意的是，虽然随着环空与中心保温管尺寸增加，环空与中心保温管间的换热量会增加，但是中心保温管井口温度未降低反而升高[图 5.26(a)中算例 2、算例 3 和算例 4]。这是因为二氧化碳在井筒内的降压膨胀做功与井筒内压力梯度密切相关，增加中心保温管尺寸可降低管柱内的循环压耗，减小管内压力梯度，从而减少二氧化碳膨胀做功，提高中心保温管井口温度。因此增大环空与中心保温管尺寸时，在环空与中心保温管换热量增加，以及二氧化碳膨胀做功减小的共同作用下，中心保温管井口温度变化较小。但较大尺寸的中心保温管可以减小管内循环压耗，为二氧化碳自循环提供更大动力，因此更有利于系统循环取热。

为进一步对比环空尺寸和中心保温管尺寸对系统取热效果的影响程度，研究了算例 5～算例 9 的取热效果。图 5.28 对比了算例 5 和算例 6 中环空井底温度与中心保温管井口温度、30 年后环空井口压力、中心保温管井口压力和环空循环压耗。算例 5 和算例 6 具有相同的中心保温管尺寸，算例 6 的环空尺寸大于算例 5。由图可知，算例 5 和算例 6 具有相同的环空井底温度和中心保温管井口温度，两算例环空井口压力、中心保温管井口压力及环空循环压耗也十分接近。由此可得出结论：环空尺寸对系统取热效果的影响可忽略不计。

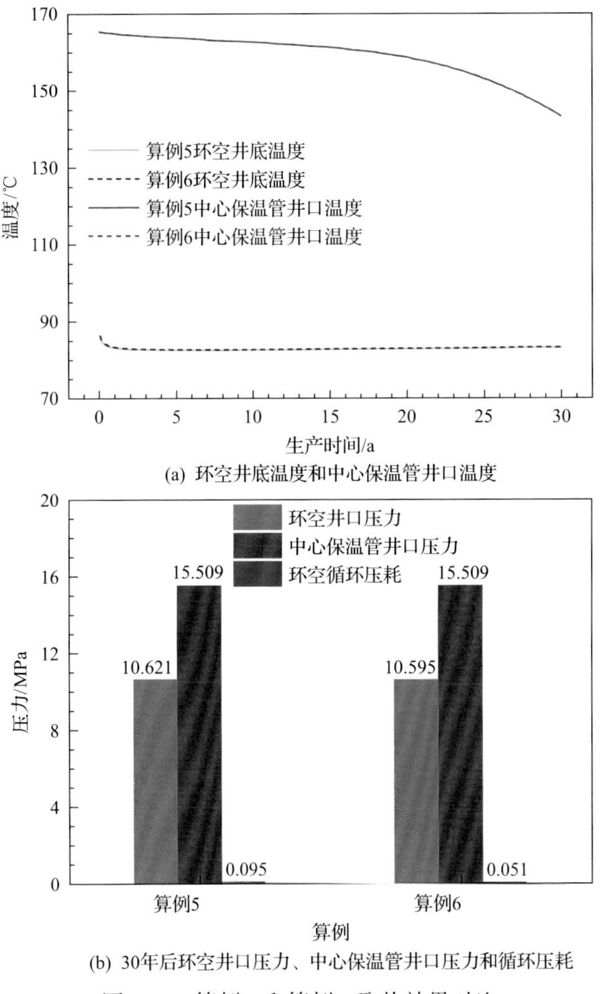

(a) 环空井底温度和中心保温管井口温度

(b) 30年后环空井口压力、中心保温管井口压力和循环压耗

图 5.28　算例 5 和算例 6 取热效果对比

图 5.29 对比了算例 7、算例 8 和算例 9 环空井底温度与中心保温管井口温度、30 年后中心保温管井口压力、中心保温管循环压耗和环空井口压力。算例 7、算例 8 和算例 9 具有相同的环空尺寸，而中心保温管尺寸依次增加。由图可知，随

着中心保温管尺寸增加，环空井底温度和中心保温管井口温度逐渐上升，但变化趋势均不明显。此外，随着中心保温管尺寸增加，中心保温管井口压力明显上升，中心保温管循环压耗显著降低，井口注采压差增大，二氧化碳循环动力增加。再次证明，增加中心保温管尺寸不会明显改变生产温度，但可以减小中心保温管循环压耗，提高系统循环动力，有利于系统取热。

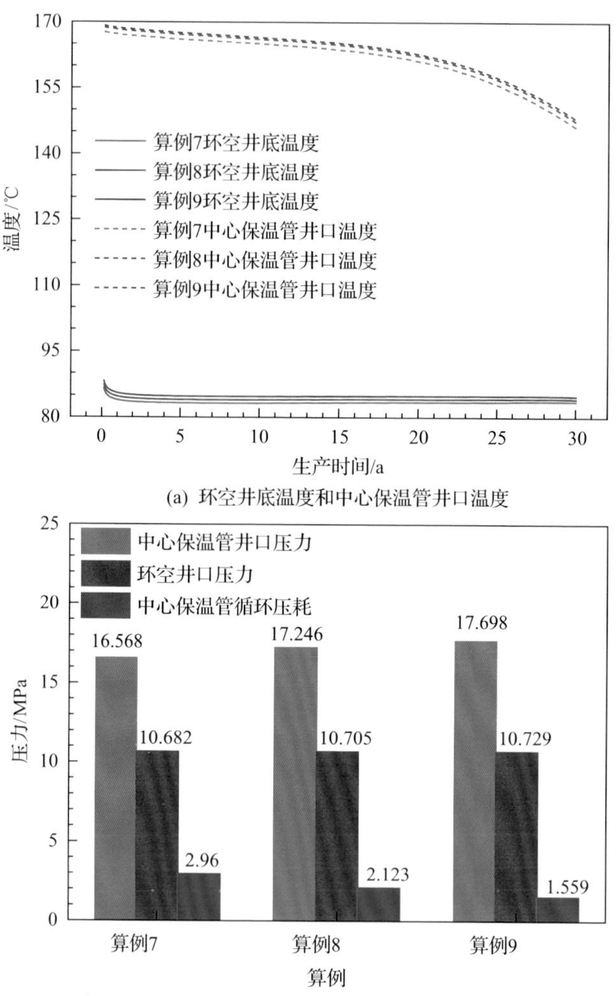

(a) 环空井底温度和中心保温管井口温度

(b) 30年后中心保温管井口压力、中心保温管循环压耗和环空井口压力

图 5.29　算例 7、算例 8 和算例 9 取热效果对比

上述研究表明较大中心保温管尺寸有利于系统取热。因此，在一定井筒尺寸下，若井筒结构采用较大尺寸的中心保温管和较小尺寸的环空，将有可能提高系统取热效果。为证明该假设，图 5.30 对比了算例 10、算例 11 和算例 12 中环空井底温度和中心保温管井口温度、30 年后中心保温管与环空井口压力及循环压耗。

算例 10、算例 11 和算例 12 具有相同的井筒尺寸，而中心保温管尺寸依次增加，环空尺寸依次减小。由图 5.30 可知，三个算例的环空井底温度和中心保温管井口温度相互接近；算例 12 的中心保温管内循环压耗比算例 10 低 0.95MPa，算例 12 的井口注采压差比算例 10 高 0.554MPa。由此说明，在多分支井二氧化碳地热系统中，可采用较大尺寸中心保温管与较小尺寸环空，减少循环压耗，提高二氧化碳循环动力，以提高系统取热效果。

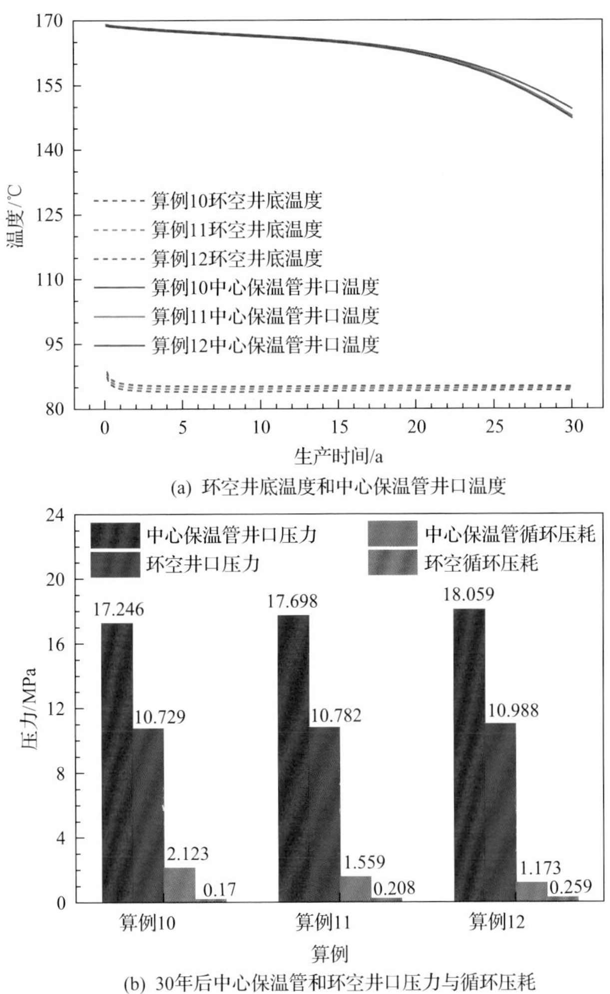

(a) 环空井底温度和中心保温管井口温度

(b) 30年后中心保温管和环空井口压力与循环压耗

图 5.30　算例 10、算例 11 和算例 12 取热效果对比

5.3.4　井筒深度影响规律

图 5.31 展示了不同井筒深度下系统出口温度、取热功率、30 年后中心保温管和环空循环压耗，由图可知，随着井筒深度降低，系统出口温度和取热功率显著

上升，中心保温管和环空内循环压耗逐渐降低。当井筒深度由 3300m 降低到 2000m 时，系统出口温度增加 27℃，系统取热功率增加 2.1MW，中心保温管内循环压耗减小 1.911MPa。说明井筒深度减小，在降低中心保温管内循环压耗的同时还降低了二氧化碳在井筒内的压力梯度，从而减小了二氧化碳的压力功，提高了系统取热效果。说明较小的井筒深度有利于多分支井二氧化碳地热系统取热。

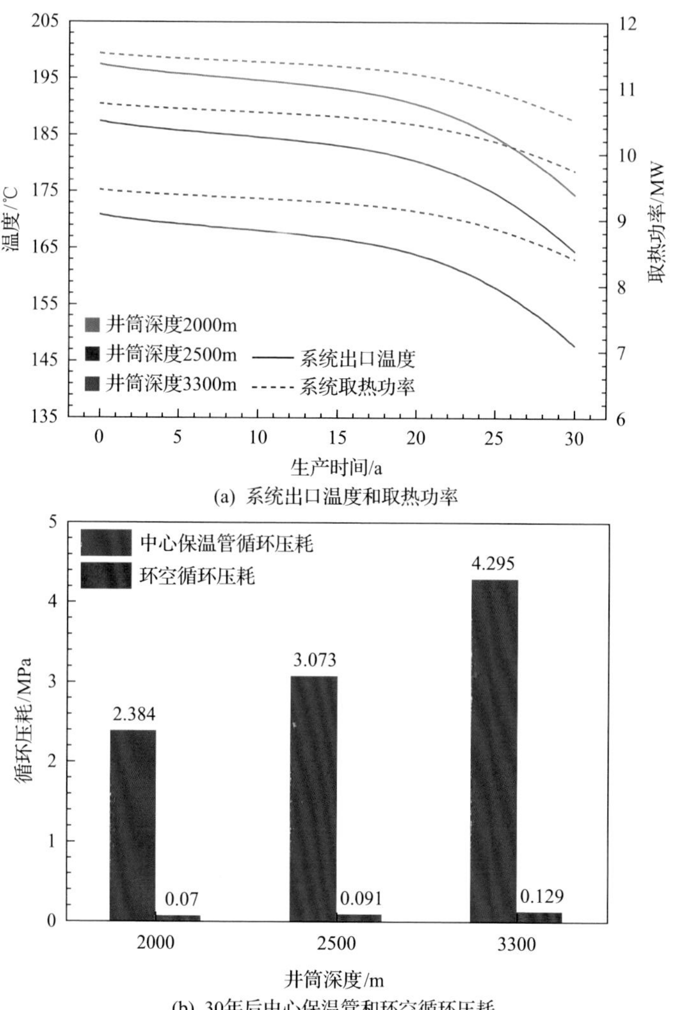

(a) 系统出口温度和取热功率

(b) 30年后中心保温管和环空循环压耗

图 5.31 不同井筒深度下系统取热效果对比

5.4 二氧化碳与水取热效果对比

本小节以储层和井筒的流动传热为研究目标，对比多分支井地热系统中二氧化碳与水的取热效果，为多分支井地热系统的工质选择提供借鉴。

5.4.1　二氧化碳与水物性对比

图 5.32 对比了二氧化碳和水的密度、定压比热容、黏度和导热系数等物理性质。其中，二氧化碳的物理性质根据 5.1.2 节介绍的方法进行计算，而水的物理性质通过 NIST 数据库得到[79]。图 5.32 中红色代表最大值，蓝色代表最小值，由图可知，在典型的增强型地热系统运行条件下（温度＞150℃，压力为 10～60MPa），水的密度、定压比热容、黏度和导热系数等物理性质均高于二氧化碳。水的物理性质对温度改变的敏感程度明显大于对压力改变的敏感程度，而二氧化碳的物理性质变化则同时依赖于温度和压力的改变。特别是二氧化碳的密度和黏度随温度

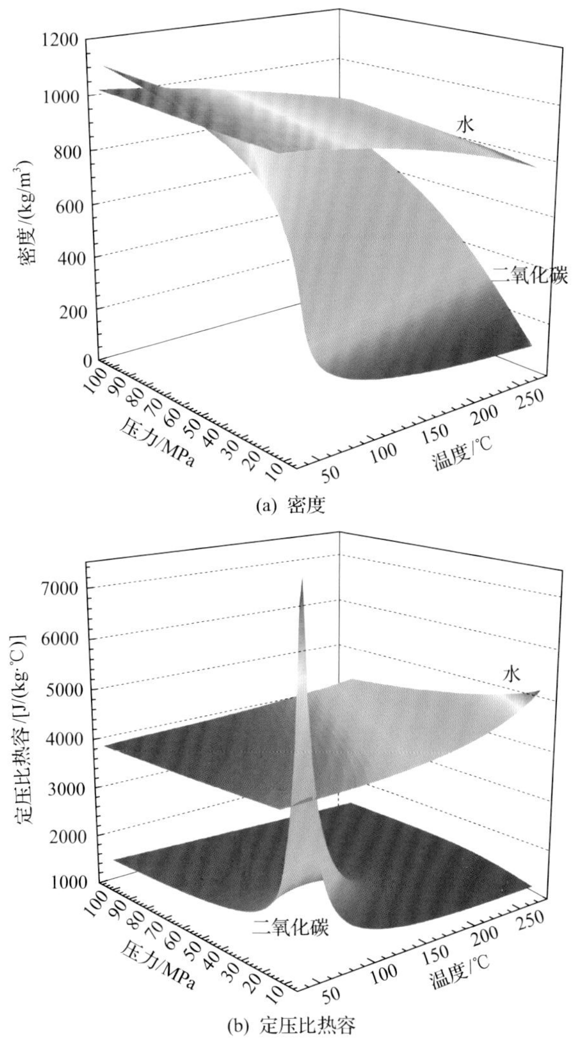

(a) 密度

(b) 定压比热容

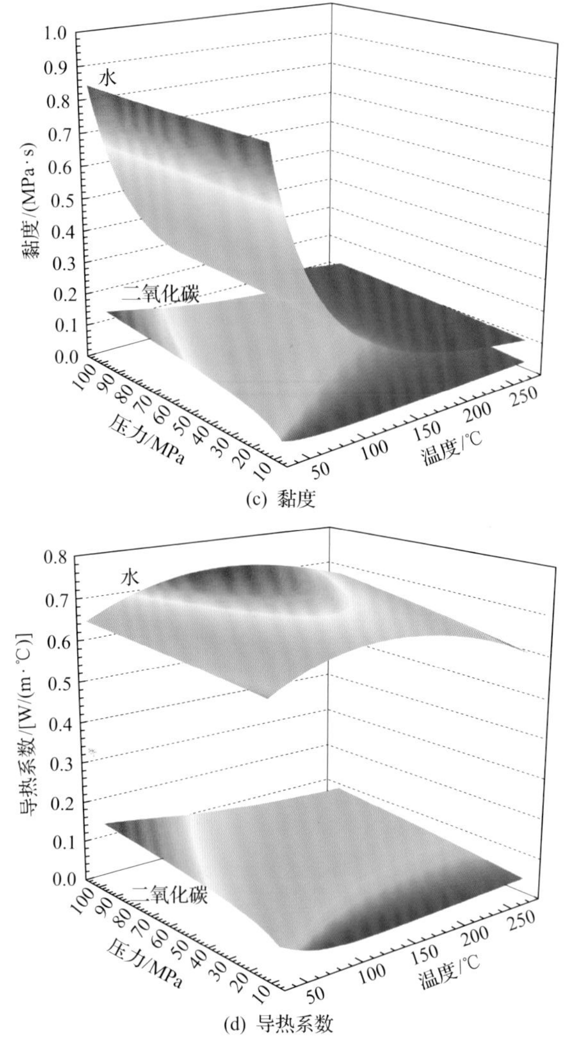

(c) 黏度

(d) 导热系数

图 5.32　二氧化碳和水的物理性质对比

与压力改变的变化幅度十分显著，水的黏度随温度改变的变化幅度明显。在二氧化碳的超临界点附近(31.1℃，7.38MPa)，二氧化碳的定压比热容存在异常极高值。

另外，在 EGS 系统运行条件下，水的定压比热容是二氧化碳的 2.5～3 倍，说明要取得相同的热量，二氧化碳的质量流量应为水的 2.5～3 倍。然而，二氧化碳的密度和黏度都远低于水，因此二氧化碳在储层中的流动性能优于水。若以流动系数 $I=\rho_f/\eta_f$ 来评价流体的流动能力[19]，由图 5.33 可知，在 EGS 储层的温度压力条件下，二氧化碳的流动系数介于 11×10^6～12.5×10^6s/m^2，而水的流动系数介于 4×10^6～7×10^6s/m^2，则二氧化碳的流动系数通常为水的 2 倍以上。因此可粗略估计，在相同的注采压差下，二氧化碳在地热储层中的取热能力与水相当。

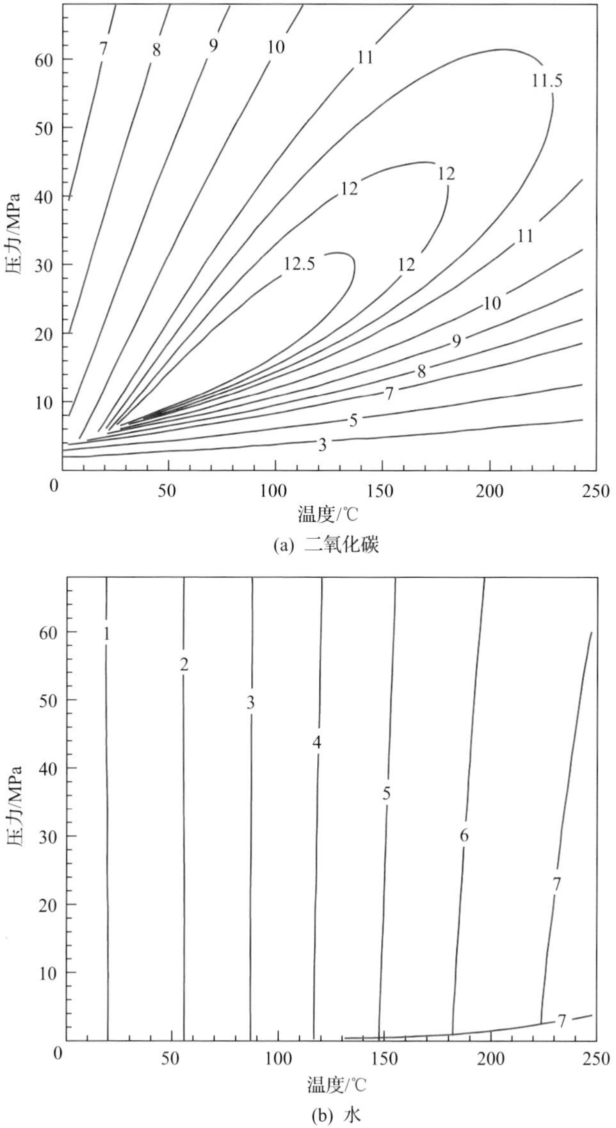

(a) 二氧化碳

(b) 水

图 5.33　不同温度与压力下流体密度与动力黏度比值(流动系数)[19](单位：$10^6 s/m^2$)

5.4.2　二氧化碳与水取热效果对比

本小节基于表 5.5 中的算例 12，分别对比了两种储层温度条件下 CO_2 与水作为取热工质的多分支井地热系统的取热效果。其中低温储层条件下，储层顶部温度设置为 150℃；高温储层条件下，储层顶部温度设置为 200℃。取热工质的环空井口注入温度均设置为 40℃。为使水和 CO_2 在储层中的取热量相当，本小节 CO_2 的质量流量设置为水的 2.6 倍，其中 CO_2 为 65kg/s，水为 25kg/s，其他参数与基础算例中的设置相同。

首先对比分析低温储层条件下 CO_2 与水多分支井地热系统的取热效果。图 5.34 展示了低温储层条件下，CO_2 和水作为取热工质时环空和中心保温管内的温度分布和变化规律。由图 5.34(a)可知，在中心保温管井底，生产前 21 年 CO_2-EGS 和水-EGS 的生产分支井平均生产温度相同，之后两者均出现热突破现象，但 CO_2-EGS 的热突破现象更显著，因为 CO_2-EGS 的注入质量流量更大。在中心保温管井口，水-EGS 的系统生产温度略低于中心保温管井底温度，但远高于 CO_2-EGS 的系统生产温度。在环空井底，CO_2-EGS 的注入温度显著高于水-EGS。由图 5.34(b)

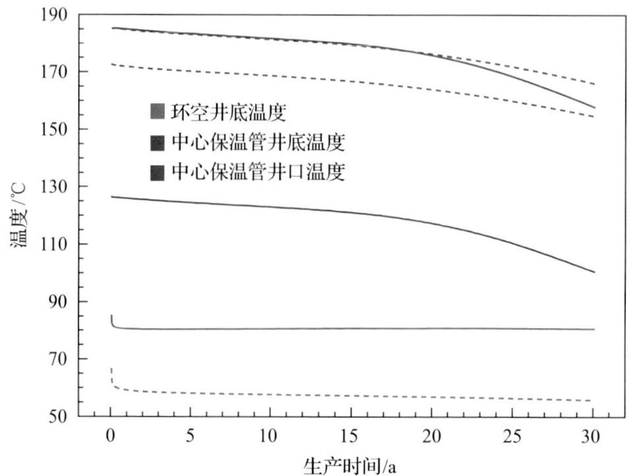

(a) 环空井底和中心保温管井底/井口温度变化(CO_2-EGS为实线，水-EGS为虚线)

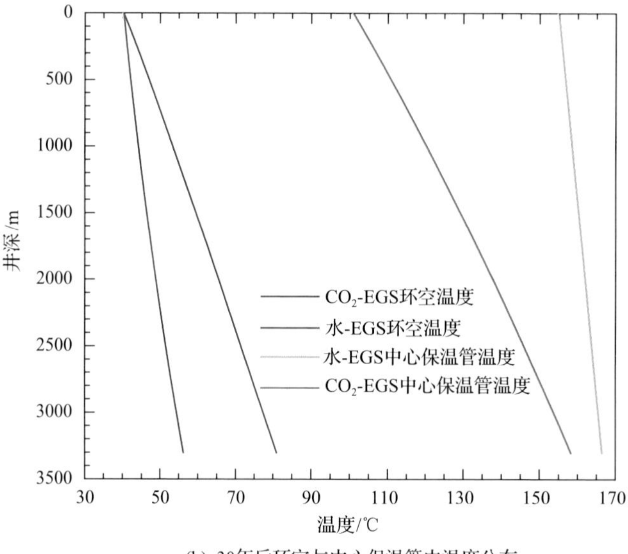

(b) 30年后环空与中心保温管内温度分布

图 5.34　低温储层条件下二氧化碳和水地热系统温度分布

可知，在相同的环空井口注入温度下，CO_2-EGS 环空中的温度上升速度大于水-EGS，在环空井底 CO_2-EGS 的温度比水-EGS 高出 24.73℃。在中心保温管内，CO_2-EGS 存在显著的温度降低（温降超过 60℃），而水-EGS 的温度只降低了 11℃，在中心保温管井口水-EGS 的温度比 CO_2-EGS 高出 54℃。由此说明，水-EGS 井筒中不存在水膨胀做功的问题，而 CO_2 在井筒内的膨胀做功在 CO_2-EGS 中起着重要作用。对于环空中的注入过程，从环空井口到井底压力梯度为正，因此 CO_2 的压力功造成 CO_2 在环空中的温度上升速度大于水；而对于中心保温管内的生产过程，从保温管井底到井口压力梯度为负，则 CO_2 的压力功导致 CO_2 在中心保温管内的较大温降。

图 5.35 展示了低温储层条件下 CO_2-EGS 和水-EGS 环空与中心保温管内压力

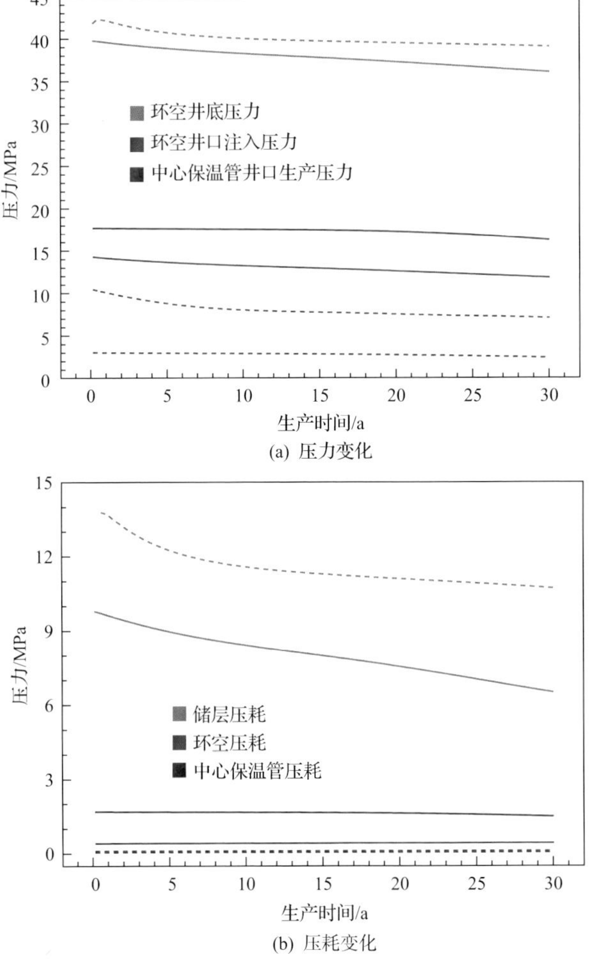

(a) 压力变化

(b) 压耗变化

图 5.35　低温储层条件下 CO_2-EGS（实线）和水-EGS（虚线）环空与中心保温管内压力和压耗及储层压耗变化

和压耗变化，以及储层中的压耗变化。由图 5.35(a)可知，在环空井底，CO_2-EGS 的注入压力低于水-EGS。由此说明尽管 CO_2 的循环质量流量为水的 2.6 倍，但 CO_2 在储层中的压耗仍然小于水。该结论也可从图 5.35(b)中看出，储层中水-EGS 的压耗比 CO_2-EGS 平均高出 4MPa。这表明，在低温储层条件下（$150<T<200$℃，$30<p<40$MPa），CO_2 的流动性能可达到水的 2 倍以上（图 5.33）。从图 5.35(b)还可以看出，相比于水-EGS，CO_2-EGS 中心保温管内的压耗较高；而水-EGS 中心保温管和环空内的压耗均可忽略不计，这是 CO_2-EGS 中心保温管内的 CO_2 流速较大造成的。此外，从图 5.35(a)中可以观察到，整个生产过程中，CO_2-EGS 中中心保温管井口生产压力高于环空井口注入压力，而水-EGS 中环空井口注入压力比中心保温管井口生产压力平均高 5MPa。说明 CO_2 密度差引起的浮力作用可实现 CO_2-EGS 循环取热，无需高压泵提供循环动力，省去了高压泵等地面装置和循环能量消耗；而水-EGS 仍需消耗高压泵提供的大量电能实现水的循环取热。

图 5.36 展示了低温储层条件下 CO_2-EGS 与水-EGS 的生产分支井取热功率和系统取热功率。由图 5.36 可知，CO_2-EGS 和水-EGS 的生产分支井取热功率十分接近，CO_2-EGS 仅比水-EGS 低 0.5MW 左右。说明当 CO_2 质量流量为水的 2.6 倍时，两者在储层中的取热功率相当。还可以观察到，对于水-EGS，其中心保温管出口的系统取热功率高于生产分支井取热功率。这是因为计算生产分支井取热功率时采用环空井底温度作为入口温度，而计算系统取热功率时采用环空井口温度作为入口温度，而环空井口温度远小于井底温度。另外，由于 CO_2 在中心保温管内的温降较大，CO_2-EGS 的系统取热功率低于生产分支井取热功率，且比水-EGS 的系统取热功率低 2MW 左右。

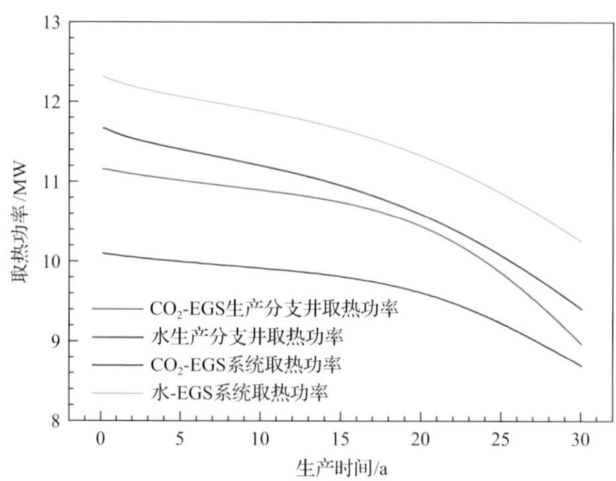

图 5.36　低温储层条件下 CO_2-EGS 与水-EGS 的生产分支井取热功率和系统取热功率

图 5.37 展示了低温储层条件下 CO_2-EGS 和水-EGS 环空与中心保温管内密度与定压比热容分布。由图 5.37 可知，在中心保温管底部，水的定压比热容大约为

CO_2的2.5倍，因此CO_2-EGS和水-EGS从储层中取出的热量相当。还可看出，CO_2-EGS中环空和中心保温管内CO_2的密度和定压比热容变化范围很大，而水-EGS中水的密度和定压比热容仅呈现较小变化。例如，CO_2定压比热容变化范围为1734.01～3509.77J/(kg·℃)，差值达到1776J/(kg·℃)；而水定压比热容变

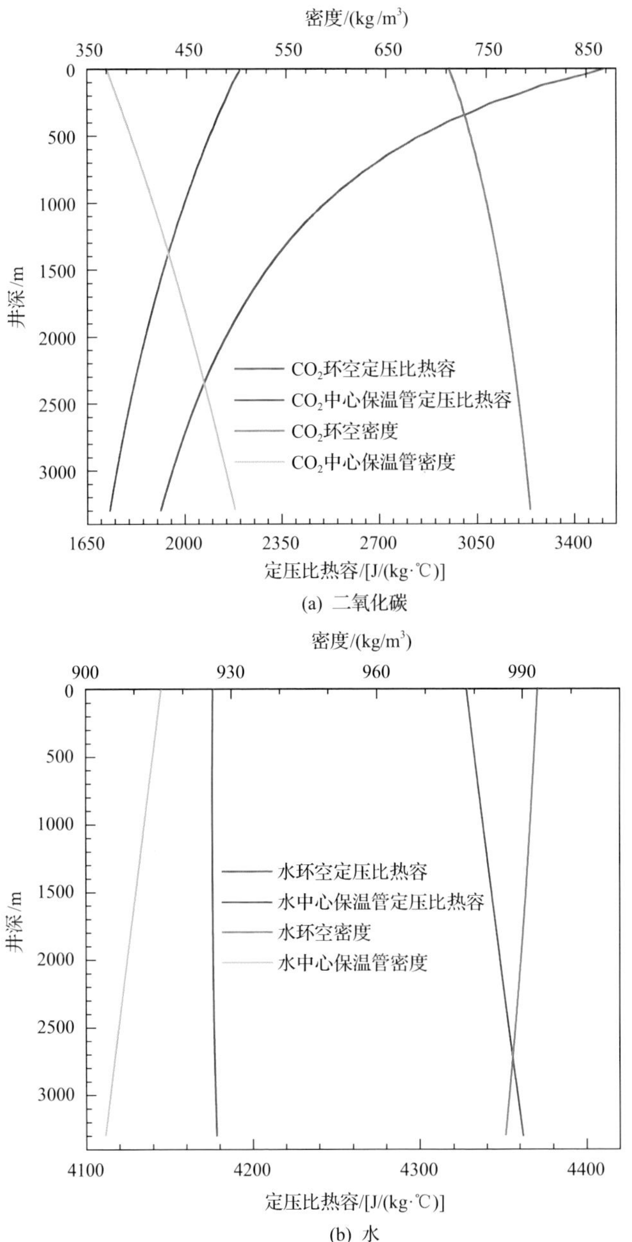

(a) 二氧化碳

(b) 水

图5.37　低温储层条件下CO_2-EGS和水-EGS环空与中心保温管内密度与定压比热容分布

化范围为 4176.47～4362.33J/(kg·℃)，差值仅为 186J/(kg·℃)左右。CO_2 密度变化范围为 369.83～794.58kg/m^3，差值为 425kg/m^3 左右；水密度变化范围为 904.07～993.16kg/m^3，差值仅为 89kg/m^3 左右。这说明 CO_2 的物理性质对温度与压力变化的敏感程度远大于水；也表明在低温储层条件下，CO_2 较大的密度差引起的浮力作用可以提供循环动力，而水的密度差异不足以提供水的循环动力。

现在对比高温储层条件下(储层顶部温度 200℃)CO_2-EGS 和水-EGS 的取热效果。图 5.38 展示了高温储层条件下 CO_2-EGS 和水-EGS 温度和取热功率变化规律。由图 5.38(a)可知，高温储层条件下 CO_2-EGS 和水-EGS 的温度变化规律和低温储层条件下一致，此处不再赘述。从图 5.38(b)可以看出，在中心保温管底部，CO_2-EGS 和水-EGS 的生产分支井取热功率已存在一定差异，CO_2-EGS 生产分

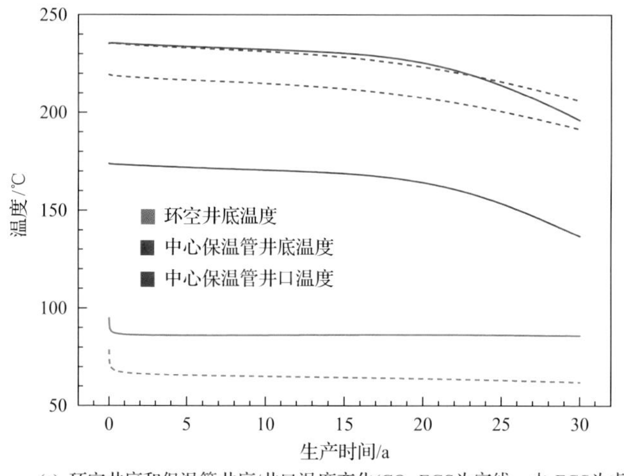

(a) 环空井底和保温管井底/井口温度变化(CO_2-EGS为实线，水-EGS为虚线)

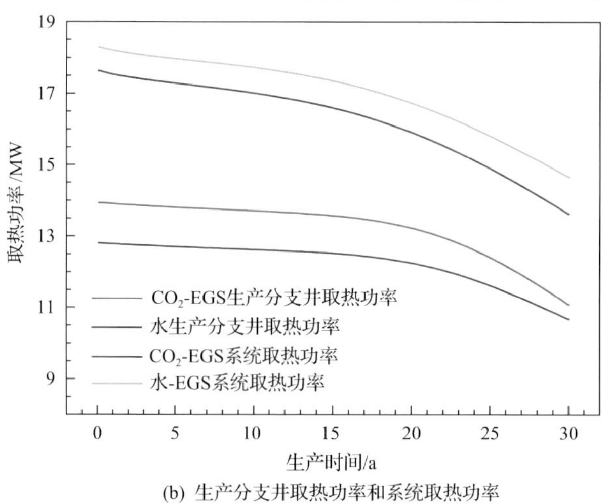

(b) 生产分支井取热功率和系统取热功率

图 5.38　高温储层条件下 CO_2-EGS 和水-EGS 温度与取热功率

支井取热功率比水-EGS 小约 4.5MW，后面再详细讨论。在中心保温管井口，水-EGS 系统取热功率更是比 CO_2-EGS 高出 5.5MW。

图 5.39 展示了高温储层条件下 CO_2-EGS 和水-EGS 环空与中心保温管内压力与压耗变化，以及储层中压耗变化，图 5.39 可知，水-EGS 的环空井底注入压力已小于 CO_2-EGS，而生产前 20 年水-EGS 的储层压耗也小于 CO_2-EGS，说明在高温储层条件下，CO_2 的流动性能优势下降。这可以从图 5.33 看出，在高温储层条件下（$200 < T < 150$℃，$30 < p < 40$MPa），CO_2 的流动性能已不足水的 2 倍。另外还可以观察到，对于水-EGS，其中心保温管井口生产压力与环空井口注入压力已相互接近，10 年后中心保温管生产压力甚至高于环空井口注入压力；说明在高温

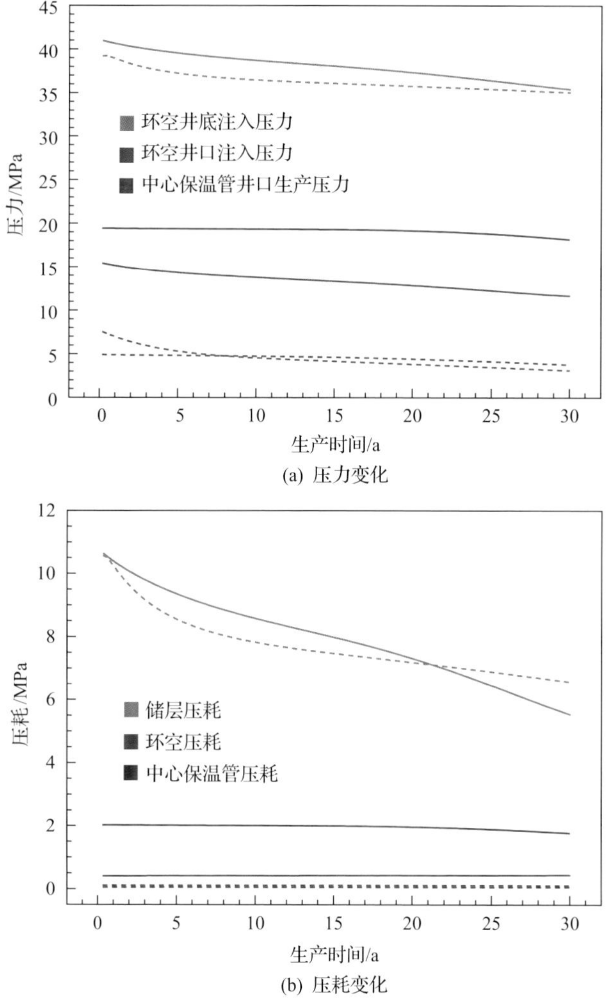

(a) 压力变化

(b) 压耗变化

图 5.39　高温储层条件下 CO_2-EGS（实线）和水-EGS（虚线）环空与中心保温管压力与压耗及储层压耗变化

储层条件下，水所需的循环能耗大幅度下降，CO_2-EGS 的浮力作用优势减弱。而促使水-EGS 注入能力提高的原因有两点：第一，高温条件下水的黏度降低，减小了流动阻力；第二，在注入温度不变的情况下，高温储层条件下注入的低温水与储层温差升高，诱发热应力变大，提高了裂缝渗透率，增强了注入能力。

图 5.40 展示了高温储层条件下 CO_2-EGS 和水-EGS 环空与中心保温管内密度

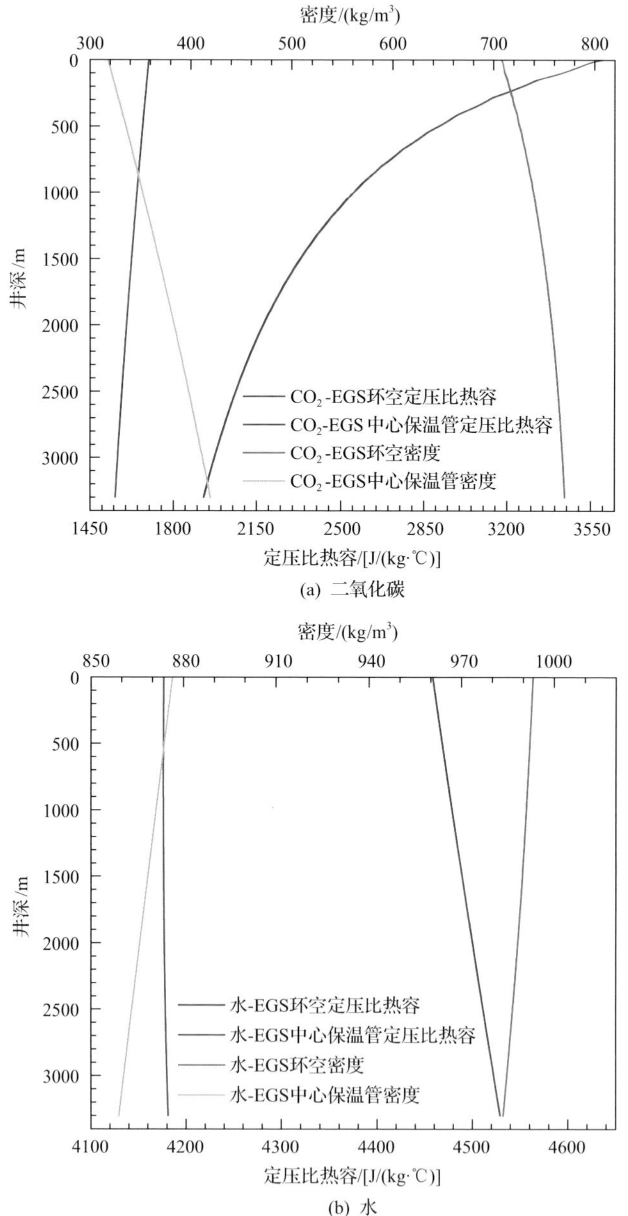

图 5.40　高温储层条件下 CO_2-EGS 和水-EGS 环空与中心保温管内密度及定压比热容分布

及定压比热容分布。由图 5.40 可知，在中心保温管井底，CO_2 定压比热容为 1555.92J/(kg·℃)，而水定压比热容为 4529.14J/(kg·℃)，水定压比热容是 CO_2 的 2.9 倍。因此在高温储层条件下，若要使 CO_2-EGS 和水-EGS 采出相同热量，CO_2 的质量流量需要为水的 3 倍左右，如此便会进一步加剧 CO_2-EGS 的热突破程度，使 CO_2-EGS 的运行寿命显著低于水-EGS。还可以看到在高温储层条件下，水-EGS 环空与中心保温管内密度差异变大，差值达到 120kg/m^3 以上，因此密度差的提高也是水-EGS 注采压差减小的原因之一。

综上所述，在低温储层条件下（$150<T<200$℃，$30<p<40$MPa），当 CO_2 的注入质量流量为水的 2.6 倍时，CO_2-EGS 和水-EGS 从储层中采出的热量相当，且两者的热突破程度差距较小，水-EGS 的系统取热功率略高于 CO_2-EGS。但 CO_2-EGS 具有浮力作用优势，无需安装高压泵提供循环能量，而水-EGS 需要高压泵持续提供较大的循环能量，且考虑到 CO_2 的非溶解性和无结垢生成等优势，可认为对于埋深浅（2000～3000m）、温度相对较低（150～200℃）的地热储层，CO_2-EGS 比水-EGS 具有更大的取热优势。在高温储层条件下（$200<T<250$℃，$30<p<40$MPa），由于水的黏度降低、定压比热容升高、密度差异增大，水-EGS 的取热功率显著高于 CO_2-EGS，水-EGS 的循环压耗明显降低，减弱了 CO_2-EGS 的浮力作用优势。因此认为对于埋深大（大于 3000m）、温度高（200～300℃）的地热储层，水-EGS 比 CO_2-EGS 具有更大的取热优势。

5.5　多分支井与垂直对井取热对比

分支井具有增加泄流面积，提高注入能力和生产能力的作用。本节通过对比多分支井地热系统和传统垂直对井系统的取热效果，揭示多分支井地热系统的取热优势。为使两种井型在相同条件下进行对比，本节采用单一孔隙介质模型代替离散裂缝模型，即利用具有等效渗透率的均匀储层改造区（stimulated reservoir volume, SRV）代替裂缝储层区。其中，储层改造区的渗透率设置为 5mD，二氧化碳的循环排量设置为 65kg/s。储层的其余物性参数、循环注采参数和计算模型尺寸等与基础算例保持一致。图 5.41 展示了多分支井和垂直对井系统示意图。其中多分支井的结构参数与基础算例一致。对井系统中，井间距、注入段和开采段的长度均为 400m。

图 5.42 展示了不同时间下多分支井和垂直对井地热系统储层改造区温度云图。可观察到，随生产进行，多分支井地热系统中的低温区域呈漏斗状向生产分支井推进，生产 30 年后除了储层改造区的四个角附近区域外，储层改造区的大部分区域都被取热工质波及；而对井地热系统中低温区域主要沿着注采井的对角线向生产井推进，30 年后储层改造区被取热工质波及的体积明显小于多分

支井系统。

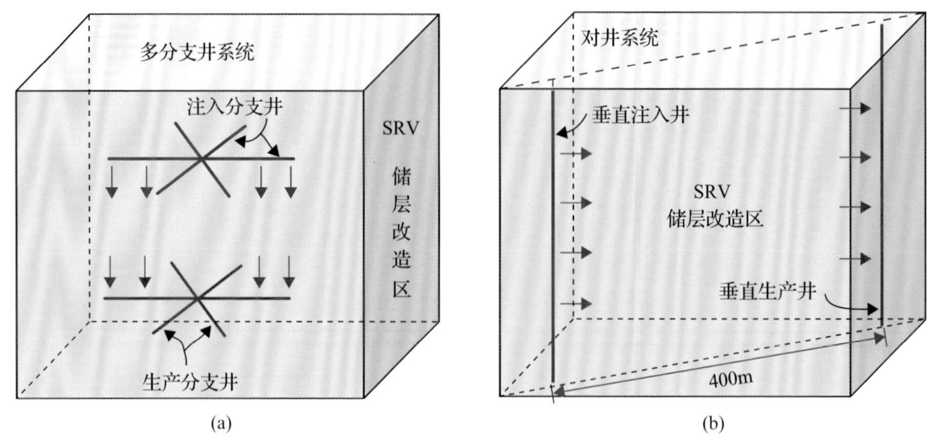

图 5.41　多分支井和垂直对井系统示意图

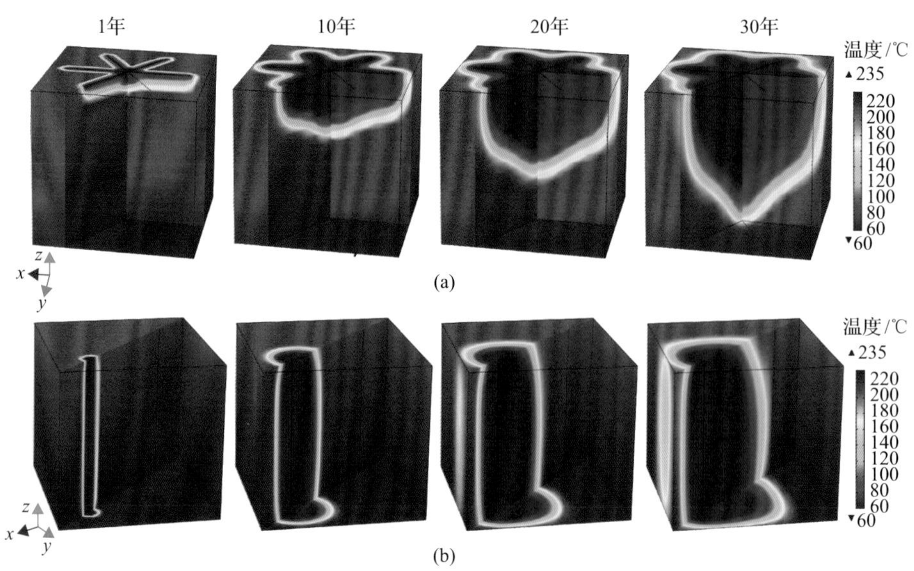

图 5.42　不同时间下多分支井(a)和垂直对井(b)地热系统储层改造区温度云图

图 5.43 展示了多分支井和垂直对井地热系统生产井平均生产温度和注入井井底注入压力，由图可知，多分支井和垂直对井地热系统的热突破均发生在生产 26 年前后；热突破发生后，多分支井的生产温度降低速度大于垂直对井；热突破发生前，多分支井生产温度逐渐缓慢下降，垂直对井生产温度则恒定不变，且多分支井的平均生产温度显著高于垂直对井，说明上注下采的多分支井结构具有优先开采热储底部高温能量的优势。此外，垂直对井的井底注入压力比多分支井高 5MPa 以上，这表明多分支井的注入能力明显优于垂直对井。

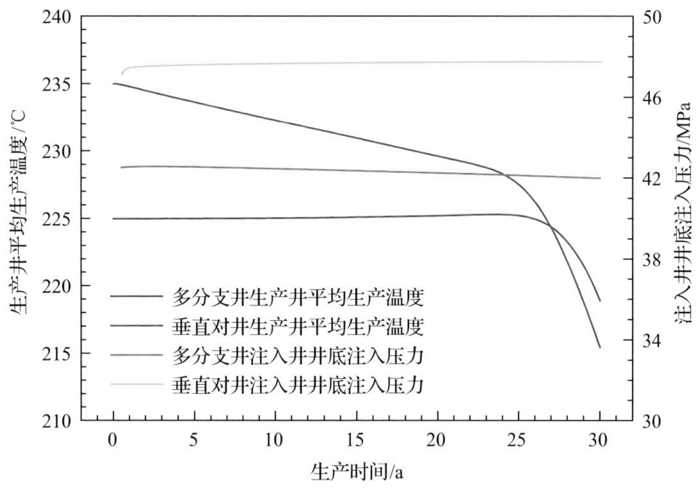

图 5.43　多分支井和垂直对井地热系统生产井平均生产温度和注入井井底注入压力

图 5.44 展示了多分支井和垂直对井地热系统生产井取热功率和储层采出程度，由图可知，多分支井和垂直对井地热系统的取热功率变化规律与生产温度相同，热突破发生前，多分支井取热功率比垂直对井平均高 0.5MW。还可以看出，多分支井的储层采出程度也始终高于垂直对井。图 5.45 对比了生产 30 年后，多分支井和垂直对井地热系统的储层采出程度和累积采出能量。由图 5.45 可知，生产 30 年后多分支井的储层采出程度比垂直对井高 2.280%，累积采出能量比垂直对井高 4.3×10^{14}J。总体而言，多分支井地热系统比垂直对井地热系统具有更强的注入能力、更大的取热工质波及体积及更高的储层采出程度和取热功率，因此其取热效果更好。

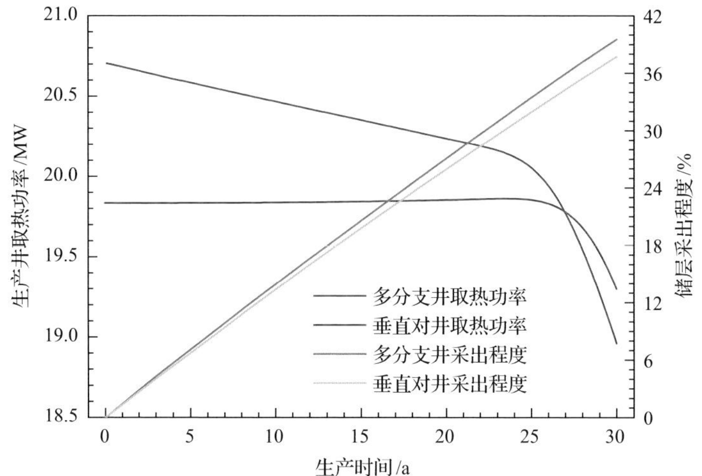

图 5.44　多分支井和垂直对井地热系统生产井取热功率和储层采出程度

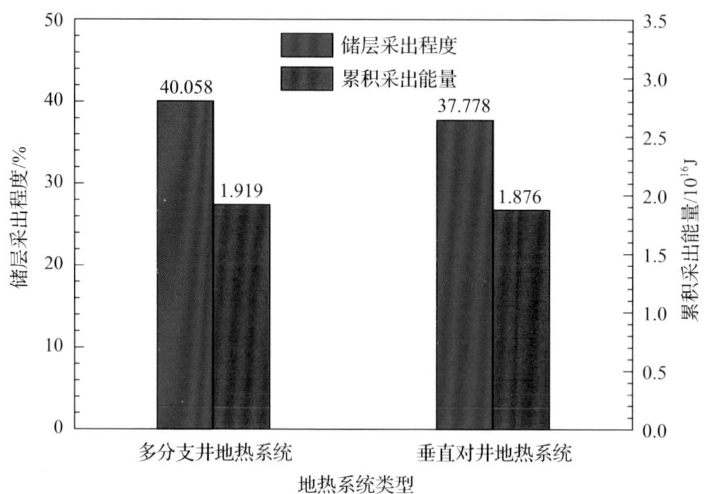

图 5.45　生产 30 年后多分支井和垂直对井地热系统储层采出程度和累积采出能量

5.6　参数影响规律研究

多分支井循环二氧化碳开采地热过程中，流场与温度场的分布决定着系统的取热效率，而在井筒和储层耦合、热流固耦合相互作用下，取热效率的影响因素复杂，因此揭示储层物性参数、裂缝特征参数、分支井结构参数、注采参数对系统取热效果的影响规律十分重要。

5.6.1　储层物性参数

基于基础算例，笔者开展储层物性参数对系统取热效果的影响规律研究，认识系统运行对储层物性的敏感程度，其中储层物性参数包括岩石杨氏模量、岩石热膨胀系数和裂缝渗透率。

图 5.46 展示了生产 30 年后不同岩石杨氏模量下指定裂缝内[图 5.46(a)中蓝色线为指定裂缝]法向位移分布云图，以及瞬时渗透率与初始渗透率比值(k_f/k_0)分布云图。由图可知，随着岩石杨氏模量的增加，裂缝内法向位移明显上升，瞬时渗透率与初始渗透率比值 k_f/k_0 也急剧升高[5.46(b)]。图 5.47 对比了不同杨氏模量下生产分支井平均生产温度和注入分支井注入压力。可以观察到，随着岩石杨氏模量的增加，系统生产分支井平均生产温度的下降趋势提前，并且下降速度加快，系统注入分支井注入压力也下降。由此可以得出结论：岩石杨氏模量较大时，裂缝渗透率较大，从而会强化二氧化碳沿着垂直裂缝优先流动，促进热突破现象发生。

图 5.48 展示了生产 30 年后不同岩石热膨胀系数下指定裂缝内法向应力分布云图，以及裂缝瞬时渗透率与初始渗透率比值 k_f/k_0 分布云图，由图可知，随着岩

石热膨胀系数的增加，裂缝的法向应力显著提高，k_f/k_0 也明显增大。图 5.49 对比了不同岩石热膨胀系数下生产分支井平均生产温度和注入分支井注入压力。由图 5.49 可知，随着热膨胀系数的增加，平均生产温度的递减拐点提前，注入压力也降低。因此较大的热膨胀系数可增加岩石的热应力，提高裂缝渗透率，从而加速系统的热突破。

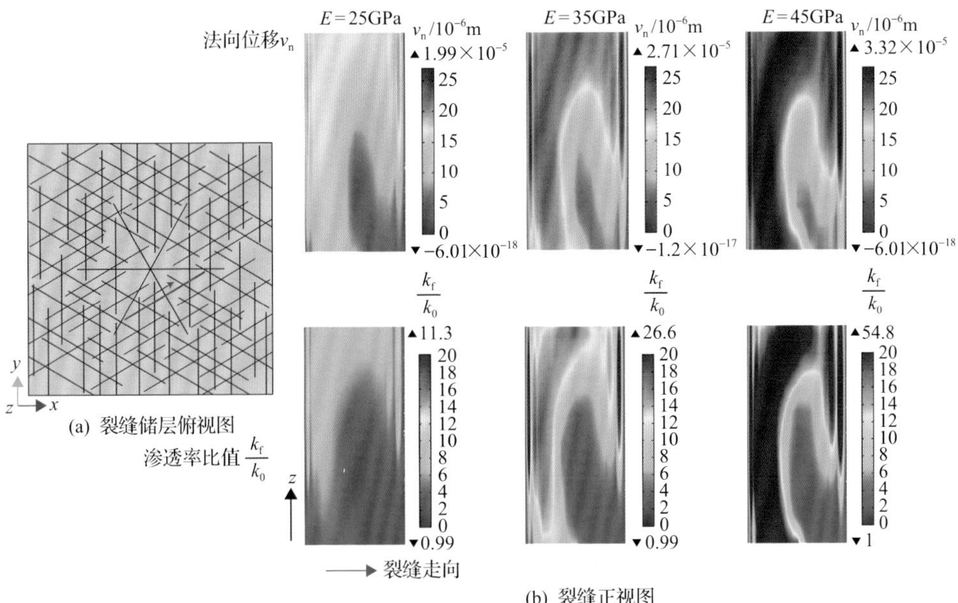

图 5.46　生产 30 年后不同岩石杨氏模量下指定裂缝内法向位移分布云图和 k_f/k_0 分布云图

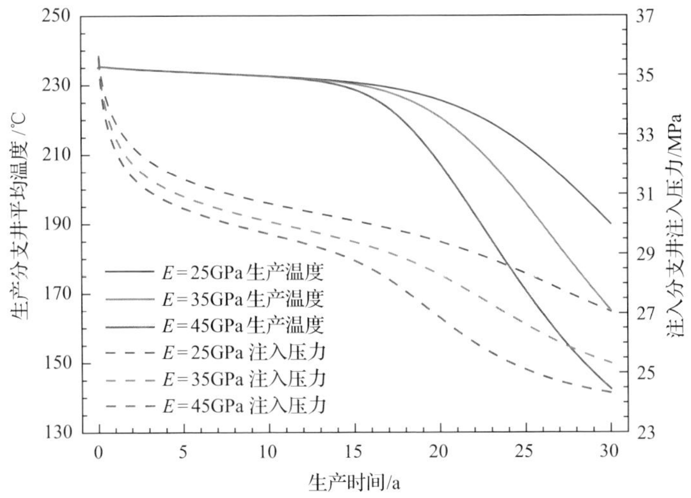

图 5.47　不同岩石杨氏模量下生产分支井平均生产温度和注入分支井注入压力

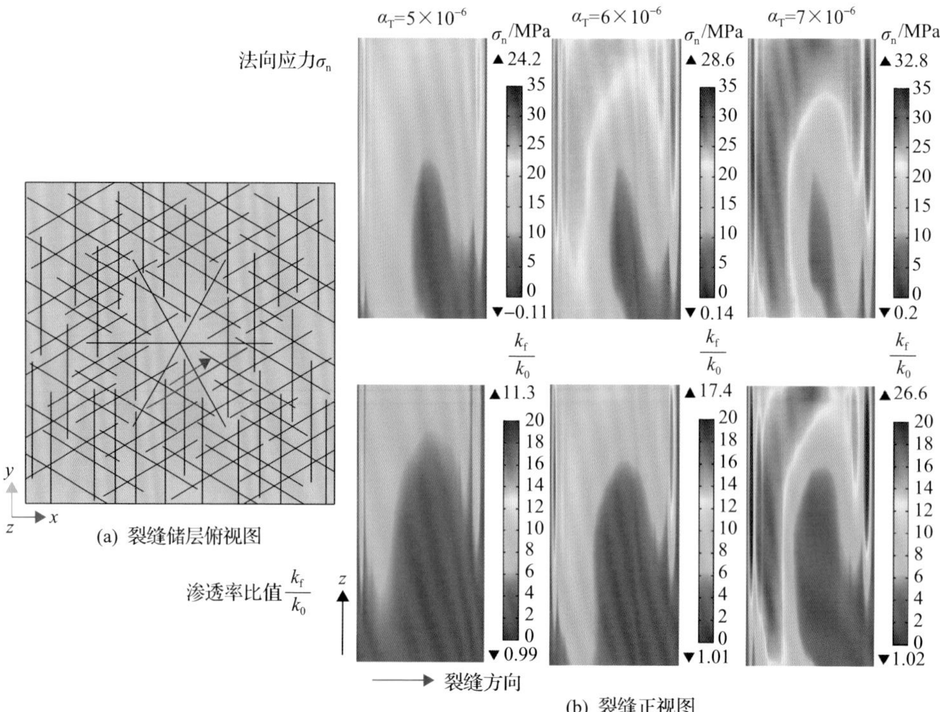

图 5.48　生产 30 年后不同岩石热膨胀系数下指定裂缝内法向应力分布云图和 k_f/k_0 分布云图

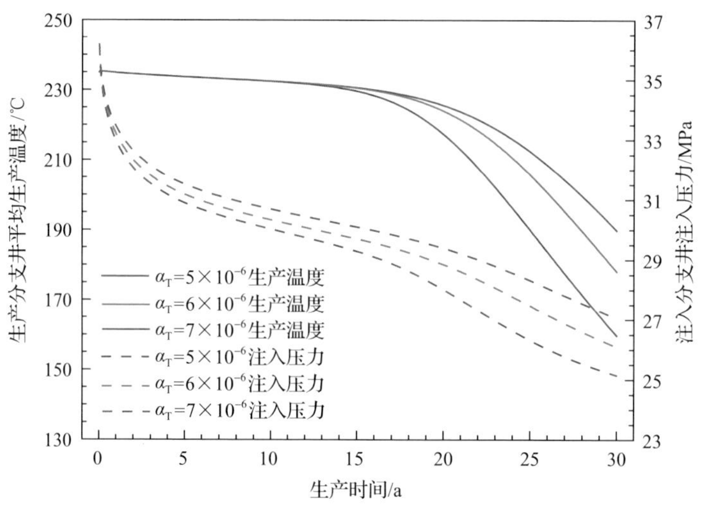

图 5.49　不同岩石热膨胀系数下生产分支井平均生产温度和注入分支井注入压力

图 5.50 展示了生产 30 年后不同裂缝瞬时渗透率下裂缝储层区域不同截面的温度云图。图 5.50(a)为 z=600m 处的 xy 截面(水平截面)，图 5.50(b)为 y=500m 处的 xz 截面(垂直截面)。可观察到，随着裂缝瞬时渗透率增加，水平截面上的低

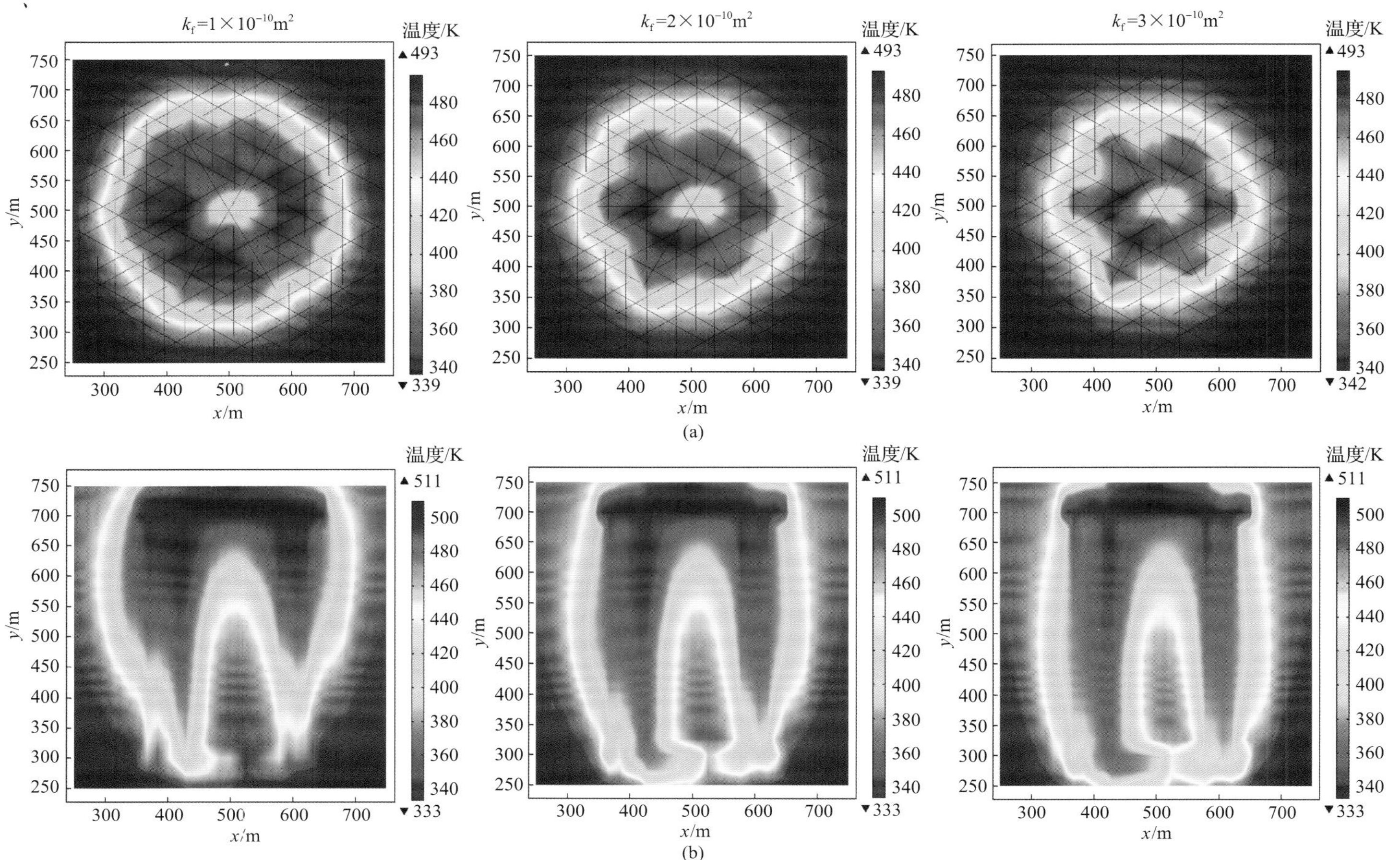

图 5.50　生产30年后不同裂缝瞬时渗透率下裂缝储层区域不同截面的温度云图

温区域面积减小，而垂直截面上低温区域突破生产井的现象越来越明显。由此说明，裂缝瞬时渗透率的增加会促使取热介质沿着垂直裂缝向下突破，而不易沿着水平方向向四周扩散，从而减小取热介质的波及面积。图 5.51 展示了不同裂缝渗透率下生产分支井平均生产温度和注入分支井注入压力。由图 5.51 可知，随着裂缝瞬时渗透率增加，生产温度的递减拐点提前，并且递减速度增加，同时注入分支井注入压力也明显降低。因此可得到结论：过度增加裂缝渗透率会加速系统热突破，减少其运行寿命，不利于取热。

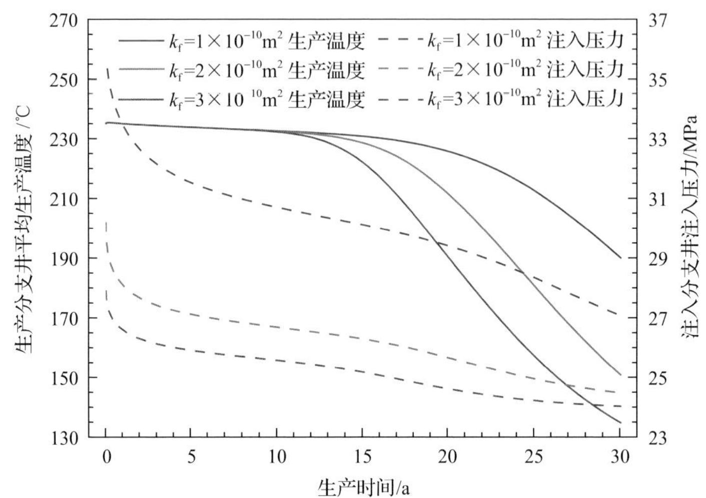

图 5.51　不同裂缝渗透率下生产分支井平均生产温度和注入分支井注入压力

5.6.2　分支井结构参数

基于基础算例，笔者研究分支井几何结构参数对系统取热效果的影响规律，分析分支井几何参数和排列方式对系统取热的影响机理，为优选分支井参数以提高取热效果提供建议。分析的结构参数主要包括分支井长度、分支井数量、分支井排列方式和注采分支井间距。

图 5.52 展示了 30 年后不同分支井长度下裂缝储层区域不同截面的温度云图。由图 5.52 可知，随着分支井长度增加，水平截面上低温区域面积明显变大，垂直截面上的热突破趋势减弱，并且垂直截面的低温区域宽度增加。这是因为较长的分支井眼沟通了更大的储层面积和更多的裂缝，增加了二氧化碳的波及面积，所以二氧化碳更易沿水平方向流动，从而减弱了工质沿垂直裂缝向下的优先流动，削弱了热突破。

图 5.53 展示了不同分支井长度下生产分支井平均生产温度和注入分支井注入压力，由图可知，随着分支井长度增加，生产分支井平均生产温度的递减时间延

迟，并且注入分支井注入压力显著下降。注入分支井注入压力的降低是因为较长的分支井眼沟通了更多的裂缝，从而减小了二氧化碳在储层内的流动阻力。综上，较长的分支井眼可延迟系统热突破，增加系统注入能力，有利于系统取热。

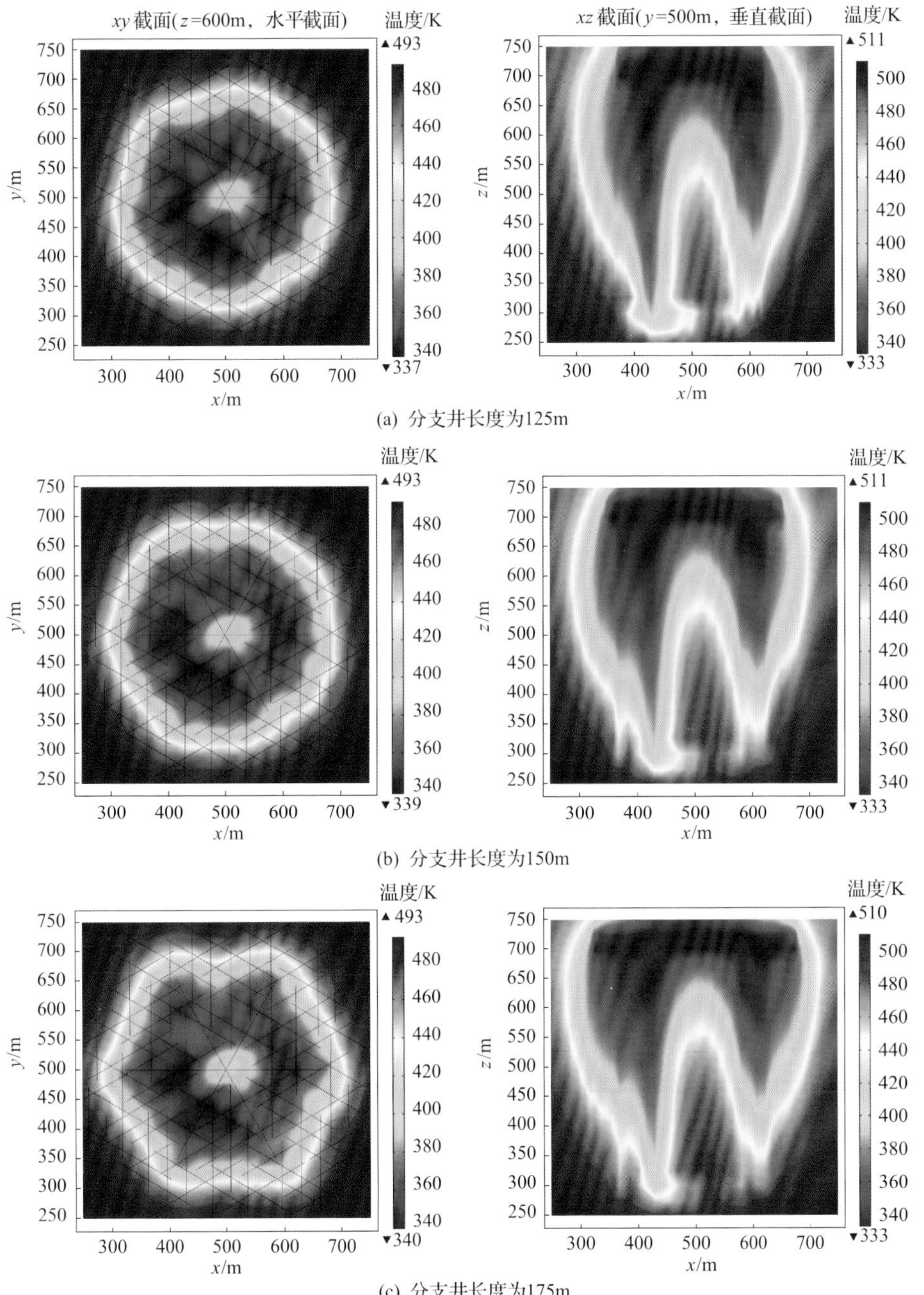

(a) 分支井长度为125m

(b) 分支井长度为150m

(c) 分支井长度为175m

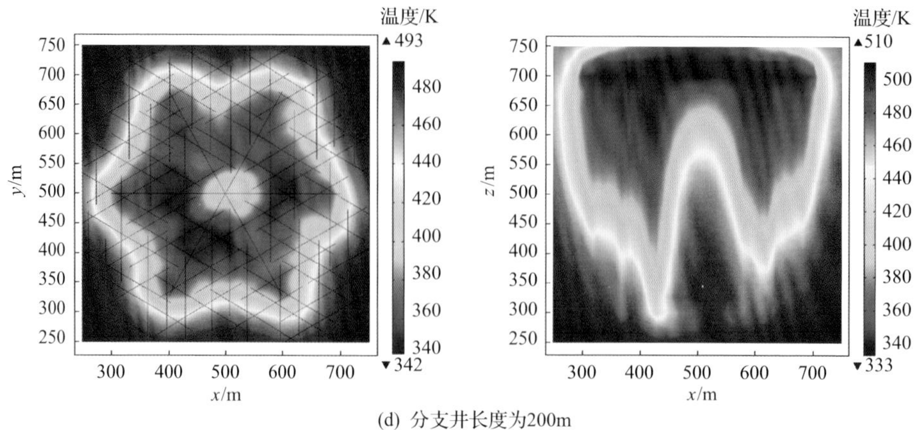

(d) 分支井长度为200m

图 5.52　30 年后不同分支井长度下裂缝储层区域不同截面的温度云图

左侧为 xy 截面（z=600m，水平截面）；右侧为 xz 截面（y=500m，垂直截面）

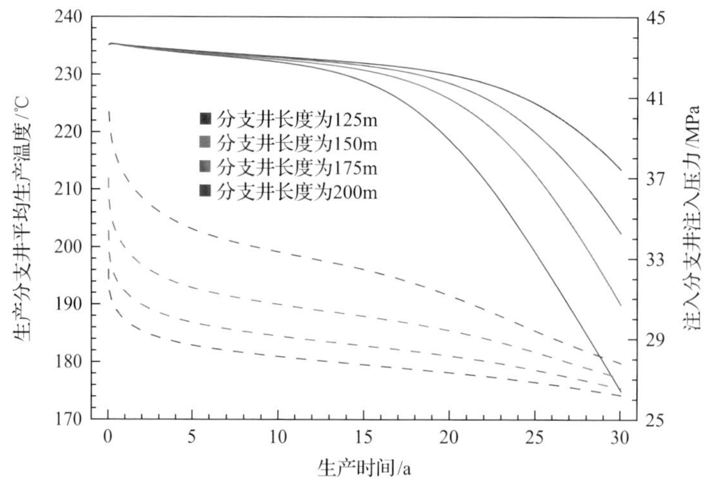

图 5.53　不同分支井长度下生产分支井平均生产温度（实线）和注入分支井注入压力（虚线）

图 5.54 展示了不同分支井数量下生产分支井平均生产温度和注入分支井注入压力，由图可知，随着分支井数量的增加，注入压力逐渐降低。但生产温度随分支井数量的变化规律比较复杂，当分支井数量由 4 增加到 6 时，平均生产温度的递减时间延迟，并且递减速度减缓；而当分支井数量超过 6 时，平均生产温度的递减提前。当分支井数量过多时，分支井与同一裂缝的连接点数量增加，并且这些连接点比较集中。因此，分支井数量过多时，注入的二氧化碳更趋向沿着与井眼直接连接的垂直裂缝向下突进，从而加速了热突破过程。分支井数量为 4～8 条件下，裂缝与分支井直接连通点的数量依次为 15、17、17、27 和 31。因此，当分支井数量小于 6 时，随着分支井数量增加，分支井可沟通更多裂缝，从而增

加二氧化碳的波及面积，延迟热突破；而当分支井数量超过 6 时，分支井与同一裂缝的连接点数量急剧增加，二氧化碳反而更易向生产井突破，导致热突破现象更加明显。在本书条件下，分支井数量为 6 时的系统取热效果最佳。

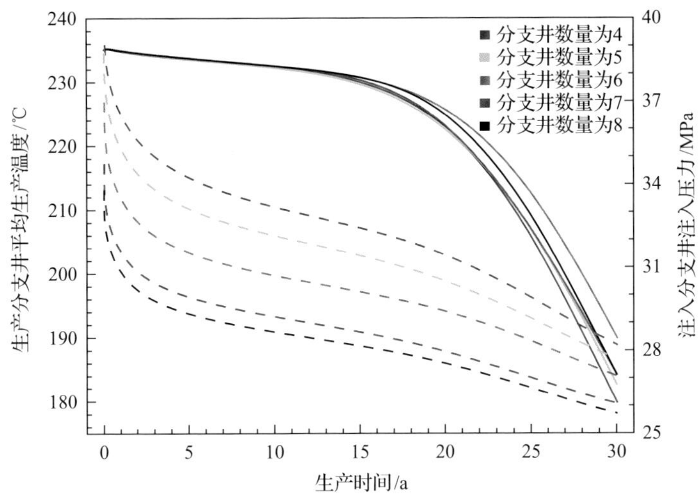

图 5.54　不同分支井数量下生产分支井平均生产温度(实线)和注入分支井注入压力(虚线)

考虑生产分支井与注入分支井通过裂缝直接沟通会加速热突破，因此提出将注采分支井的上下平行排列方式改为上下交叉排列，以缓减热突破。其中，注采分支井上下交叉排列示意图如图 5.55 所示。在本小节中，为方便研究，采用分支井数量为 4 的结构。上下交叉排列方式即把生产分支井眼以主井筒为中心旋转 45°，使上下注采分支井眼不平行排列。图 5.56 展示了上下平行排列和上下交叉排列下生产分支井平均生产温度与注入分支井注入压力。由图 5.56 可知，当注采分支井

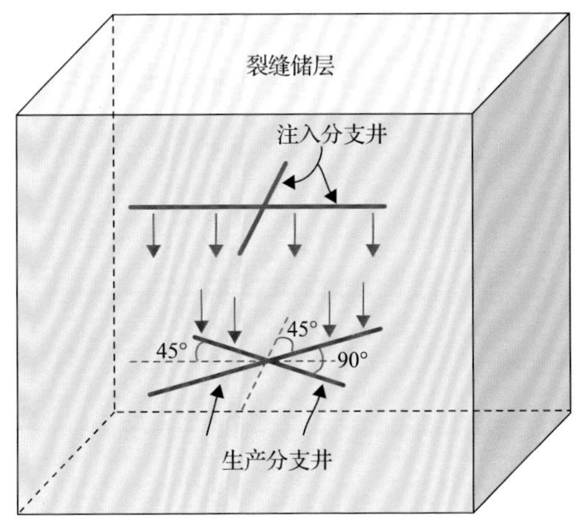

图 5.55　注采分支井上下交叉排列示意图

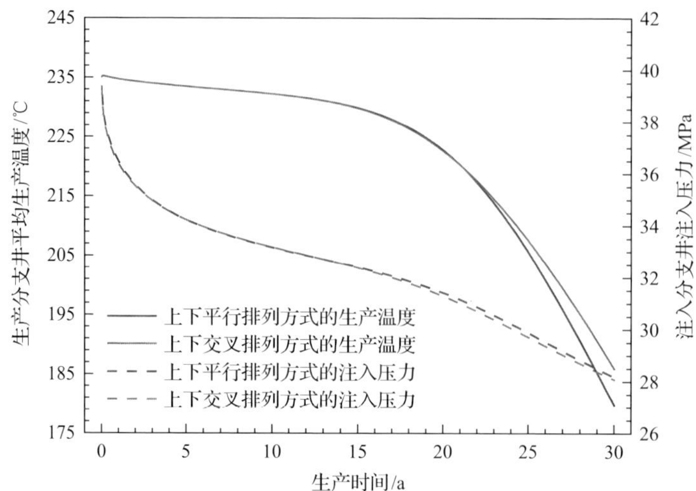

图 5.56　上下平行排列和上下交叉排列下生产分支井平均生产温度与注入分支井注入压力

上下交叉排列时，平均生产温度的递减延迟，但两种排列方式的注入压力接近。生产 30 年后，上下交叉排列的生产分支井平均生产温度比上下平行排列的生产分支井平均生产温度高 6℃。由此说明，注采分支井上下交叉排列可缓减系统热突破。

图 5.57 展示了不同注采分支井间距下生产分支井平均生产温度和注入分支井注入压力，由图可知，随着注采分支井间距增加，平均生产温度的递减时间显著延迟，递减速度减小，同时注入压力明显上升，特别是当注采分支井间距由 400m 变化到 450m 时，注入压力急剧上升。例如，生产 30 年后，注采分支井间距 450m 的生产分支井平均生产温度比井间距 300m 的生产分支井平均生产温度高 67.06℃，而注采分支井间距 450m 的注入井注入压力比井间距 300m 的注入井注入

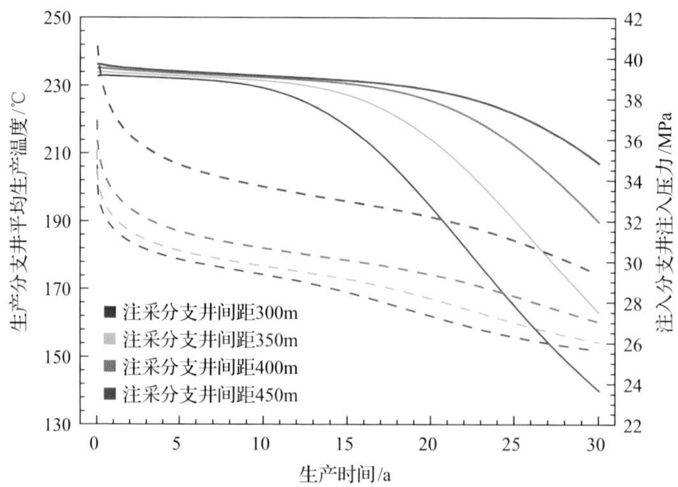

图 5.57　不同注采分支井间距下生产分支井平均生产温度（实线）和注入分支井注入压力（虚线）

压力高 3.76MPa，比井间距 400m 的注入井注入压力高 2.36MPa。因此，同时考虑注入能力与系统运行寿命，本书条件下认为 400m 的注采分支井间距时系统取热最佳。

5.6.3　注采参数

注入温度、注入排量和生产压力等注采参数直接影响着系统的取热效果，揭示这些参数对系统取热效果的影响机理，对优选注采参数以提高系统取热效果具有重要意义。

图 5.58 展示了生产 30 年后不同注入温度下指定裂缝内法向应力分布云图和 k_f/k_0 分布云图，由图可知，随注入温度增加，裂缝内法向应力减小，k_f/k_0 减小。这是因为当注入温度增加时，注入二氧化碳与高温岩石间的温差减小，从而降低了岩石内的热应力，削弱了岩石变形，减小了裂缝渗透率的上升幅度。

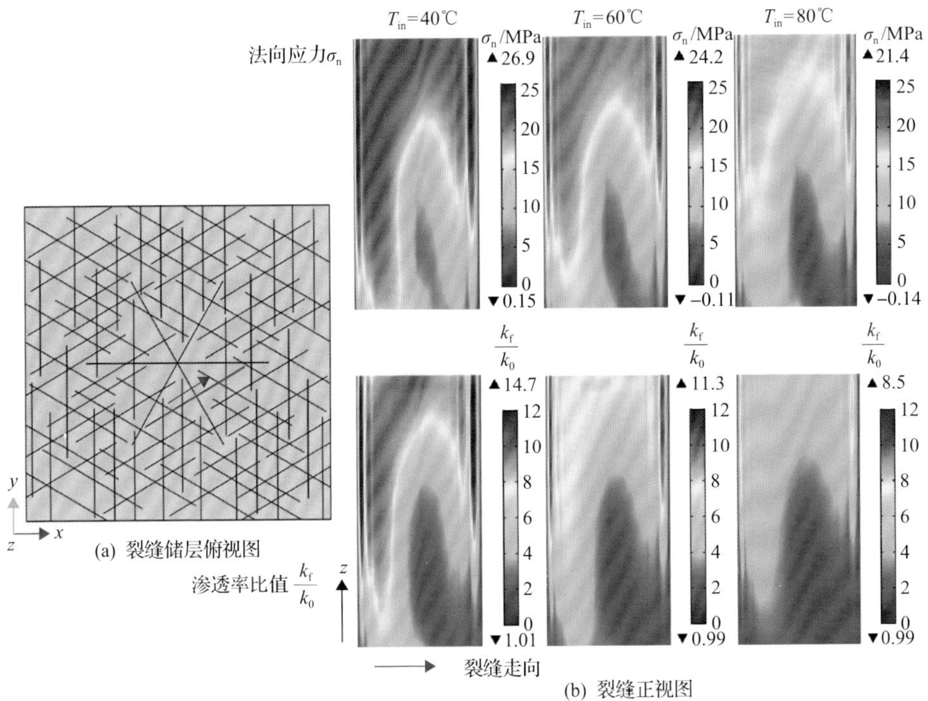

图 5.58　生产 30 年后不同入口温度(T_{in})下指定裂缝内法向应力分布云图和 k_f/k_0 分布云图

图 5.59 展示了不同注入温度下生产分支井平均生产温度和取热功率及注入分支井注入压力，由图可知，随注入温度增加，平均生产温度递减时间延迟且递减速度降低，同时注入压力上升，但注入压力之间的差别较小。另外，生产分支井的取热功率随着注入温度的上升而减小，这是平均生产温度与注入温度间的温差减小而导致的。由此说明，提高注入温度可减小岩石内的热应力，削弱岩石变形，

从而减缓热突破，对提高系统运行寿命有利。但为获得较高的取热功率，不能无限制地提高注入温度。

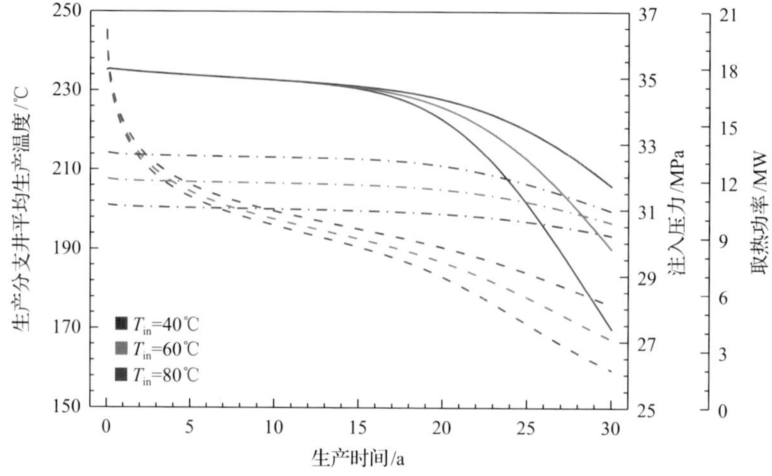

图 5.59　不同注入温度下生产分支井平均生产温度(实线)、取热功率(点划线)及注入分支井注入压力(虚线)

图 5.60 展示了不同注入排量(V_{in})下生产分支井平均生产温度和取热功率及注入分支井注入压力，由图可知，随着注入排量的增加，平均生产温度的递减拐点提前，并且递减速度急剧上升。此外，生产分支井取热功率随着注入排量的增加明显变大，但由于生产温度迅速递减，注入排量为 80kg/s 和 100kg/s 情况下的取热功率递减速度很快；生产 25 年后，三种注入排量下的取热功率相互接近。另外，注入分支井注入压力随注入排量的增加而显著上升，但注入排量为 80kg/s 和 100kg/s

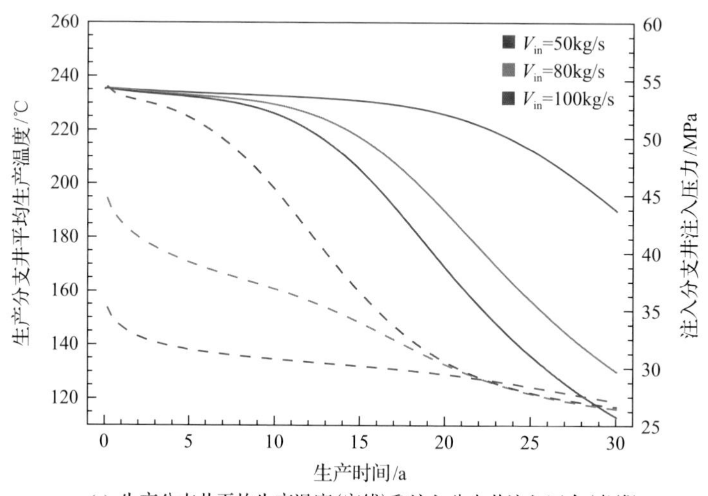

(a) 生产分支井平均生产温度(实线)和注入分支井注入压力(虚线)

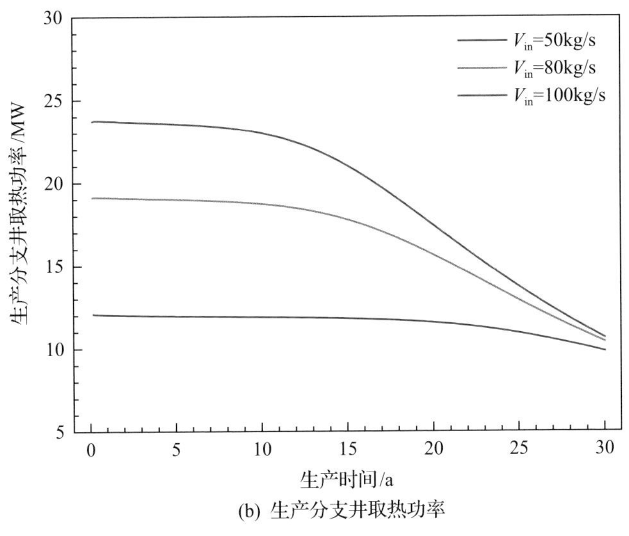

(b) 生产分支井取热功率

图 5.60　不同注入排量下系统取热效果

情况下的注入压力在生产温度递减后也开始急剧下降。这是因为在注入排量为 80kg/s 和 100kg/s 情况下，当低温区域完全突破至生产分支井后，储层中大部分区域温度显著降低，在岩石内产生较大的热应力，促进岩石变形，提高了裂缝渗透率。因此，系统的注入排量应综合考虑系统的运行寿命和取热功率进行合理优选。

图 5.61 展示了不同生产压力下生产分支井平均生产温度和取热功率及注采分支井注采压差，其中，注采压差表示注入分支井和生产分支井之间的压力差值。由图可知，随着生产压力上升，平均生产温度的递减拐点延迟且递减速度减小，取热功率增大。此外，注采压差随生产压力升高而逐渐增加，但增加幅度

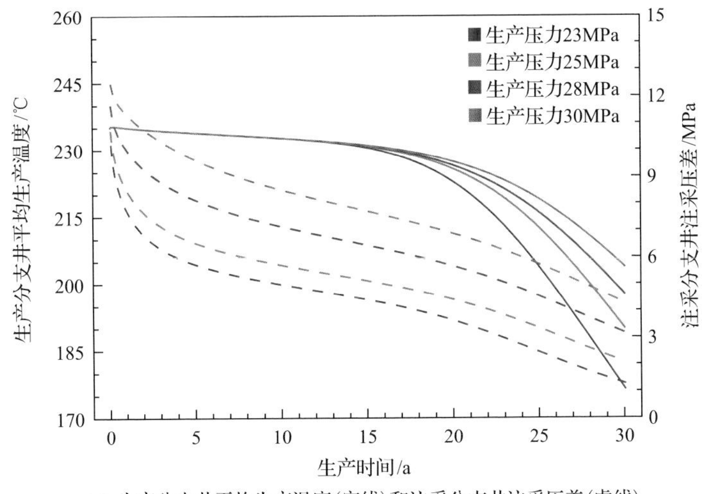

(a) 生产分支井平均生产温度(实线)和注采分支井注采压差(虚线)

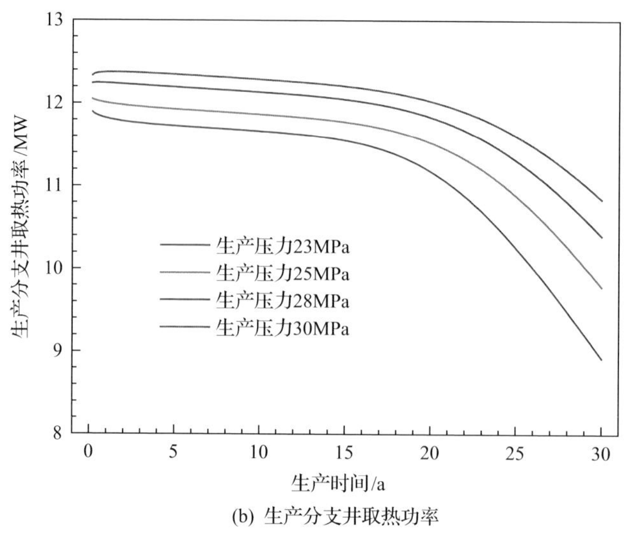

(b) 生产分支井取热功率

图 5.61　不同分支井生产压力下系统取热效果

不大，说明在较高的生产压力下，二氧化碳在储层中的流动阻力变大。前面已提到二氧化碳物理性质对压力和温度的改变十分敏感，因此生产压力对系统取热效果的影响是通过改变二氧化碳物理性质引起的，本小节研究表明较高的生产压力有利于二氧化碳分支井地热系统取热。

5.6.4　裂缝特征参数

裂缝网络是增强型地热系统的重要组成部分，是取热工质在储层内的主要渗流传热通道，决定着系统的取热效果，下面主要描述裂缝长度、裂缝数量、裂缝方位角和弯曲裂缝形状对系统取热的影响规律。

笔者共生成 12 组随机离散裂缝网络，每种裂缝网络的详细参数见表 5.6。其中，算例 1～算例 10 包含三组离散裂缝，算例 11 包含一组离散裂缝，算例 12 包含两组离散裂缝。表 5.6 中的连接点数量表示分支井眼与裂缝间直接连接点的总数。

表 5.6　12 组随机离散裂缝网络特征参数

算例编号	裂缝方位角/(°)	裂缝长度/m	连接点数量	裂缝数量
1	30, 90, 150	120～150	13	60
2	30, 90, 150	120～150	16	90
3	30, 90, 150	120～150	21	120
4	30, 90, 150	120～150	56	150
5	30, 90, 150	120～150	30	120

续表

算例编号	裂缝方位角/(°)	裂缝长度/m	连接点数量	裂缝数量
6	30, 90, 150	70～100	16	90
7	30, 90, 150	170～200	17	90
8	30, 90, 150	170～200	16	45
9	30, 90, 150	170～200	16	60
10	30, 90, 150	70～100	23	120
11	90	120～150	30	90
12	30, 150	120～150	18	90

基于表 5.6 中的算例 1～算例 5，研究裂缝数量对系统取热效果的影响规律。图 5.62 展示了生产 30 年后不同裂缝数量下裂缝储层区域不同截面的温度云图。可观察到，当裂缝数量由 60 条增加到 120 条时，水平截面上低温区域面积逐渐变大，垂直截面上热突破现象逐渐减弱，且垂直截面的低温区域宽度变大。当裂缝

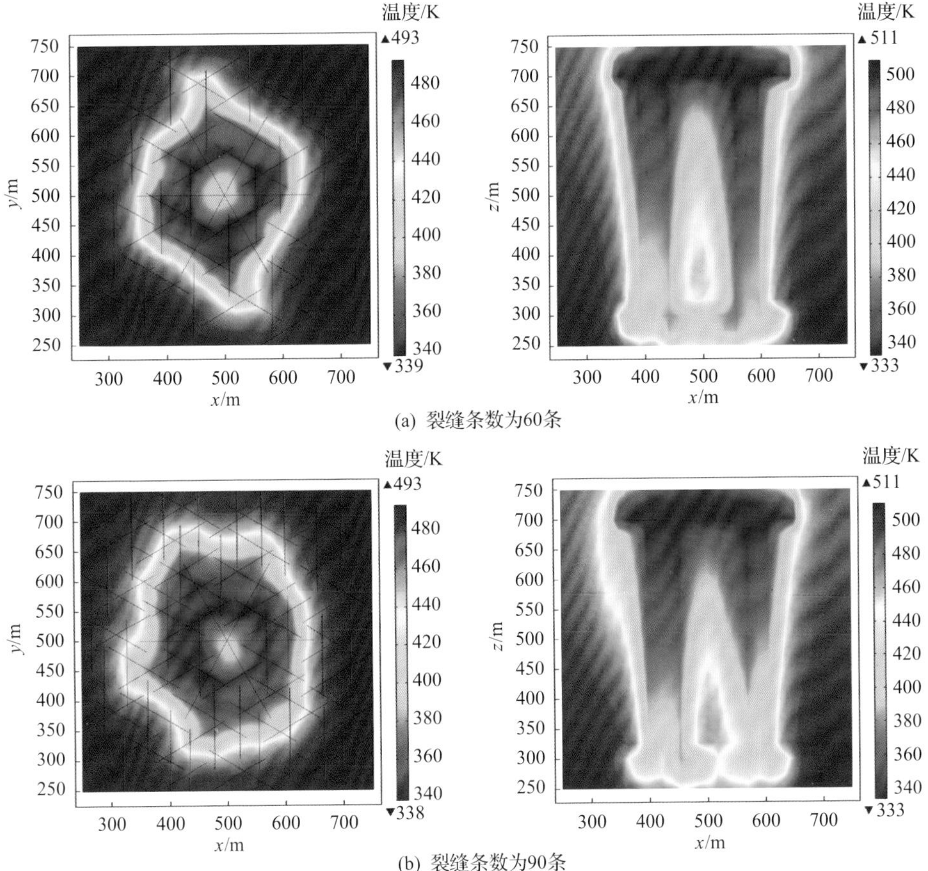

(a) 裂缝条数为60条

(b) 裂缝条数为90条

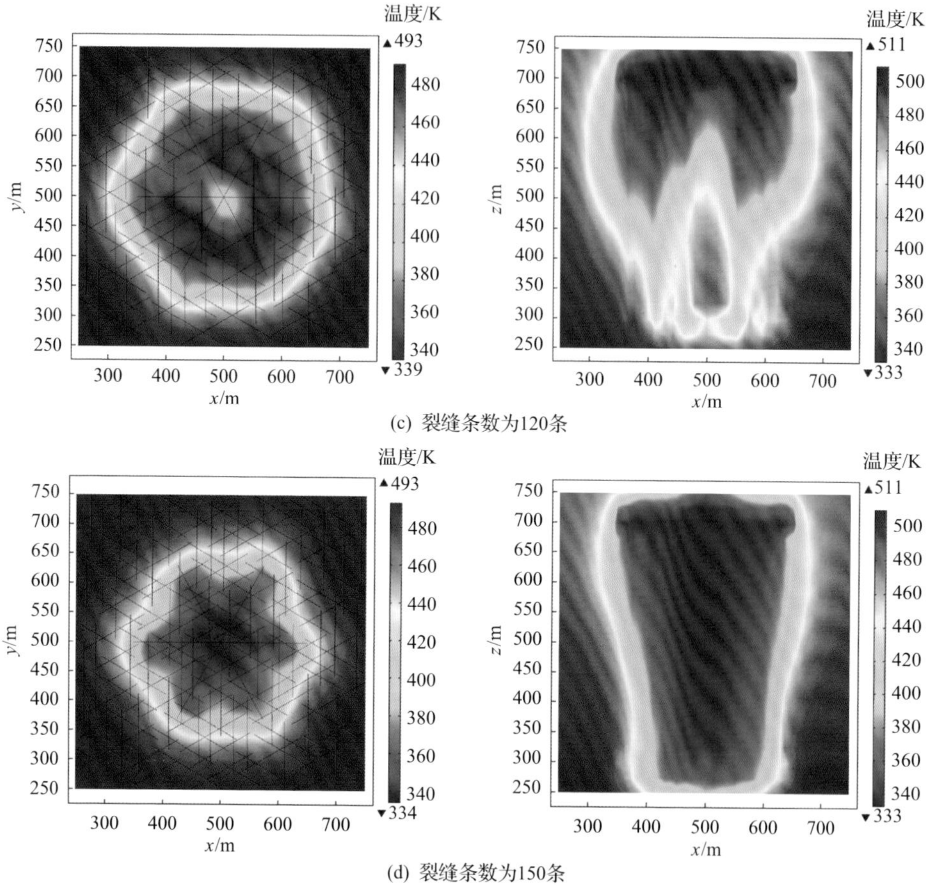

图 5.62　生产 30 年后不同裂缝数量下裂缝储层区域不同截面的温度云图

左侧为 xy 截面(z=600m，水平截面)；右侧为 xz 截面(y=500m，垂直截面)

数量由 120 条增加到 150 条后，水平截面上低温区域面积减小，垂直截面上低温区域完全突破至生产分支井，且垂直截面的低温区域宽度变窄。还可以发现，随裂缝数量增加，分支井眼与裂缝间连接点总数急剧上升。因此，在一定裂缝数量(120 条)范围内，随裂缝数量增加，分支井眼与裂缝连通性及裂缝与裂缝间连通性增强，二氧化碳分散到更多裂缝中，工质在水平截面上波及面积增加，热突破得以缓解；但当裂缝数量过多时，分支井眼与裂缝连接点数量过多，为二氧化碳提供了过多向下高速渗流的通道，反而加速了工质的热突破。

图 5.63 展示了不同裂缝数量下(算例 1～算例 4)生产分支井平均生产温度和取热功率，以及注入分支井注入压力和储层采出程度。由图可知，当裂缝数量由 60 条增加到 120 条时，生产分支井平均生产温度和取热功率上升，平均生产温度和取热功率递减时间延迟，递减速度减小；注入分支井注入压力降低，生产前 15

年注入压力之间的差值较大，后 15 年该数值接近。当裂缝数量由 60 条增加到 120 条时，储层采出程度升高。然而当裂缝数量增加到 150 条后，生产分支井平均生产温度和取热功率递减时间提前，并且递减开始后平均生产温度和取热功率急剧下降，其中平均生产温度降低超过 100℃，取热功率降低超过 6MW；在 4 组算例中 150 条离散裂缝的注入压力最小，其采出程度也低于 90 条和 120 条离散裂缝。由此说明，存在一个合理的裂缝数量，在该数量下既能增强裂缝与裂缝间的沟通能力，提高裂缝与分支井间的沟通效果，促使二氧化碳在水平截面上流动，又不至于提供过多高速渗流通道加速低温区域在垂直方向上的热突破。

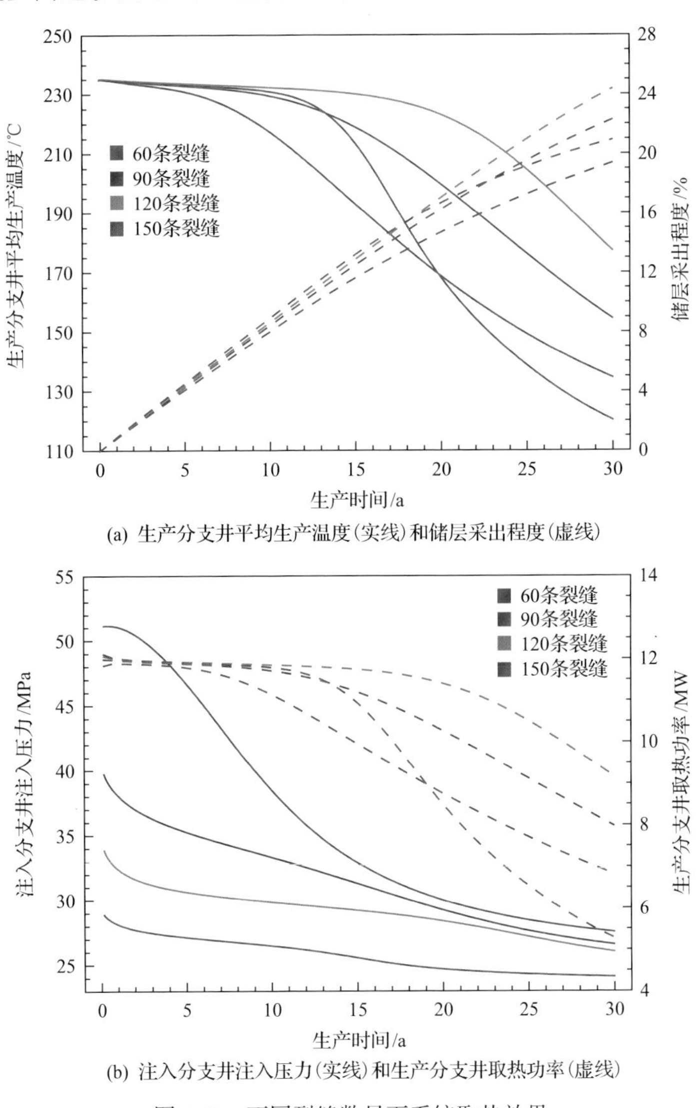

(a) 生产分支井平均生产温度(实线)和储层采出程度(虚线)

(b) 注入分支井注入压力(实线)和生产分支井取热功率(虚线)

图 5.63　不同裂缝数量下系统取热效果

为深入认识裂缝与分支井眼沟通程度对系统取热效果的影响，笔者对比了算例 3 和算例 5 的取热效果。两算例具有相同的裂缝数量、裂缝长度和裂缝方位角，但连接点数量不同。图 5.64 展示了生产 30 年后算例 3 和算例 5 裂缝储层区域不同截面的温度云图。算例 3 和算例 5 中，连接点数量分别为 21 和 30。可观察到，在相同的裂缝数量下，当增加连接点数量时，水平截面上的低温区域面积减小，垂直截面上的热突破现象更加明显。

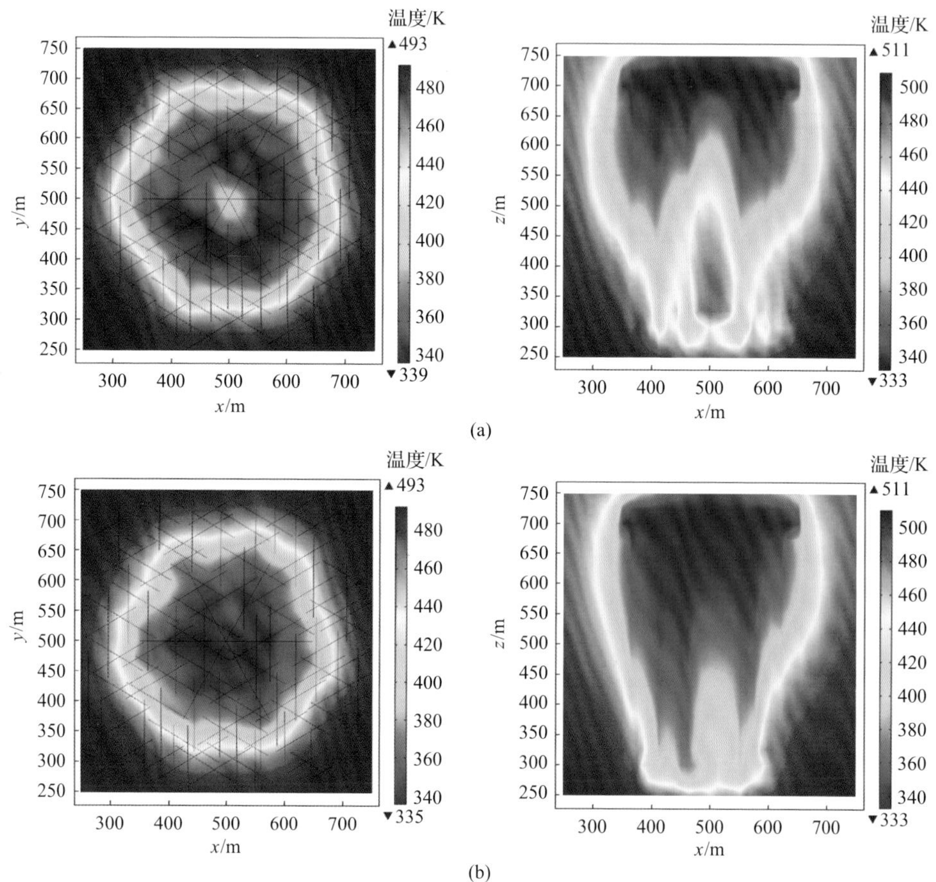

图 5.64　生产 30 年后算例 3(a) 和算例 5(b) 裂缝储层区域不同截面的温度云图

左侧为 xy 截面（z=600m，水平截面）；右侧为 xz 截面（y=500m，垂直截面）

图 5.65 对比了两算例的生产分支井平均生产温度和取热功率，以及注入分支井注入压力与储层采出程度，由图可知，与算例 5 相比，算例 3 生产分支井的平均生产温度和取热功率递减时间靠后，递减速度更慢；算例 3 的储层采出程度和注入分支井注入压力更高。因此，在较多裂缝数量下，裂缝间沟通能力更强，若同时考虑将连接点数量限制在适当范围内，则更有利于系统取热。

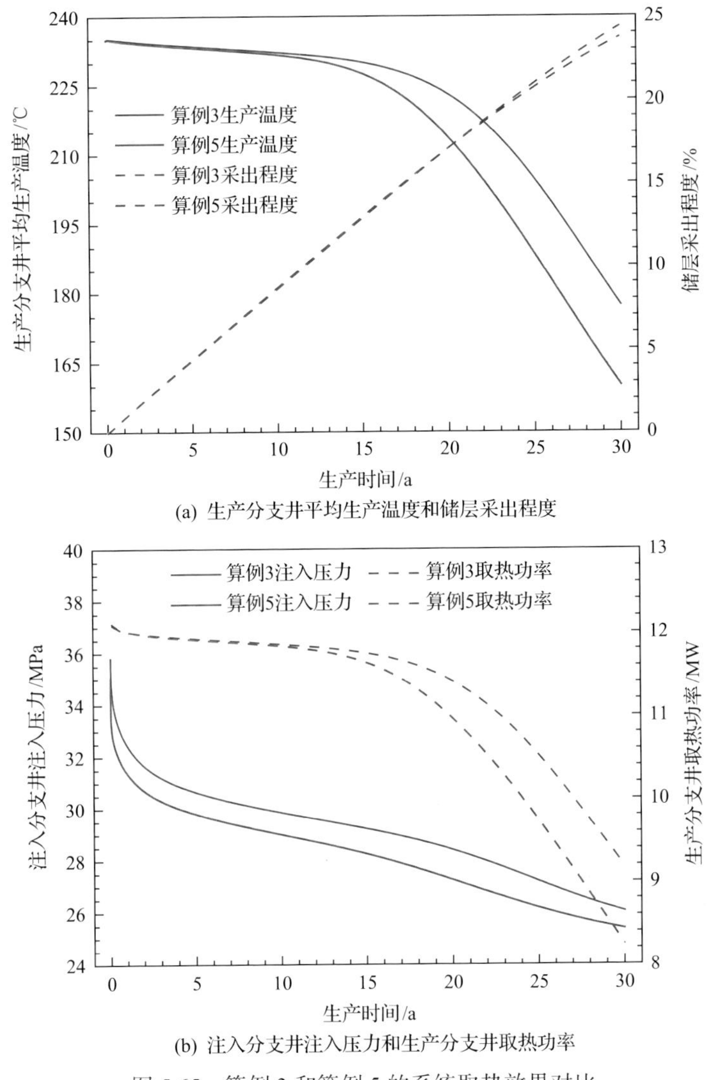

(a) 生产分支井平均生产温度和储层采出程度

(b) 注入分支井注入压力和生产分支井取热功率

图 5.65　算例 3 和算例 5 的系统取热效果对比

基于表 5.6 中的算例 2、算例 6 和算例 7，研究了裂缝长度对系统取热效果的影响规律。图 5.66 展示了生产 30 年后不同裂缝长度下裂缝储层区域不同截面的温度云图，图中第一行为 z=600m 处的 xy 截面(水平截面)，第二行为 y=500m 处的 xz 截面(垂直截面)。可观察到，随裂缝长度增加，水平截面上的低温区域面积变大，垂直截面上的热突破现象减弱。说明较长裂缝可增强裂缝与裂缝间的沟通能力，促进二氧化碳在水平截面上的分散，增加波及面积，缓解热突破。

图 5.67 展示了不同裂缝长度下生产分支井平均生产温度与取热功率，以及注入分支井注入压力与储层采出程度。由图可知，随裂缝长度增加，生产分支井平

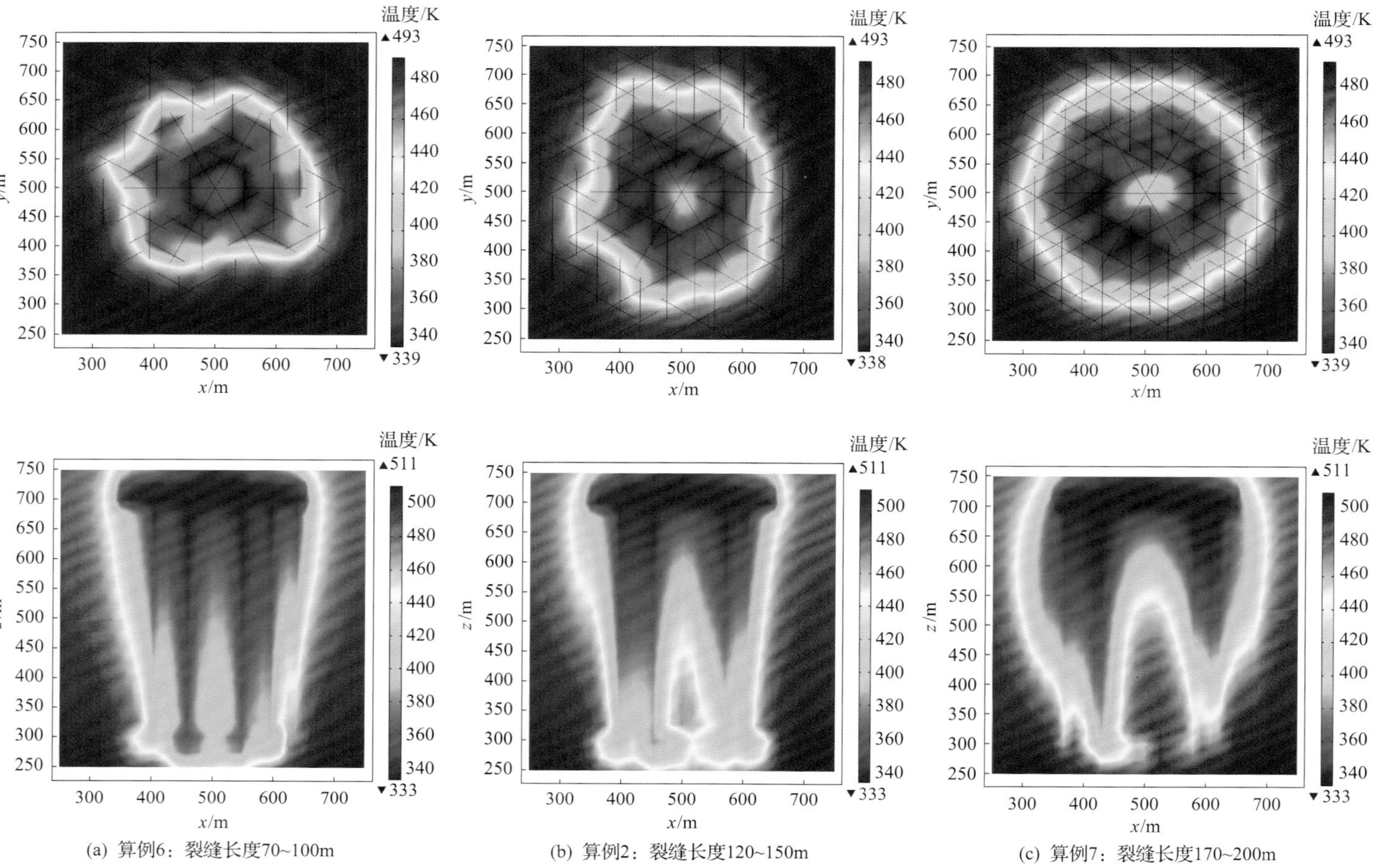

(a) 算例6：裂缝长度70~100m　(b) 算例2：裂缝长度120~150m　(c) 算例7：裂缝长度170~200m

图 5.66　生产30年后不同裂缝长度下裂缝储层区域不同截面的温度云图

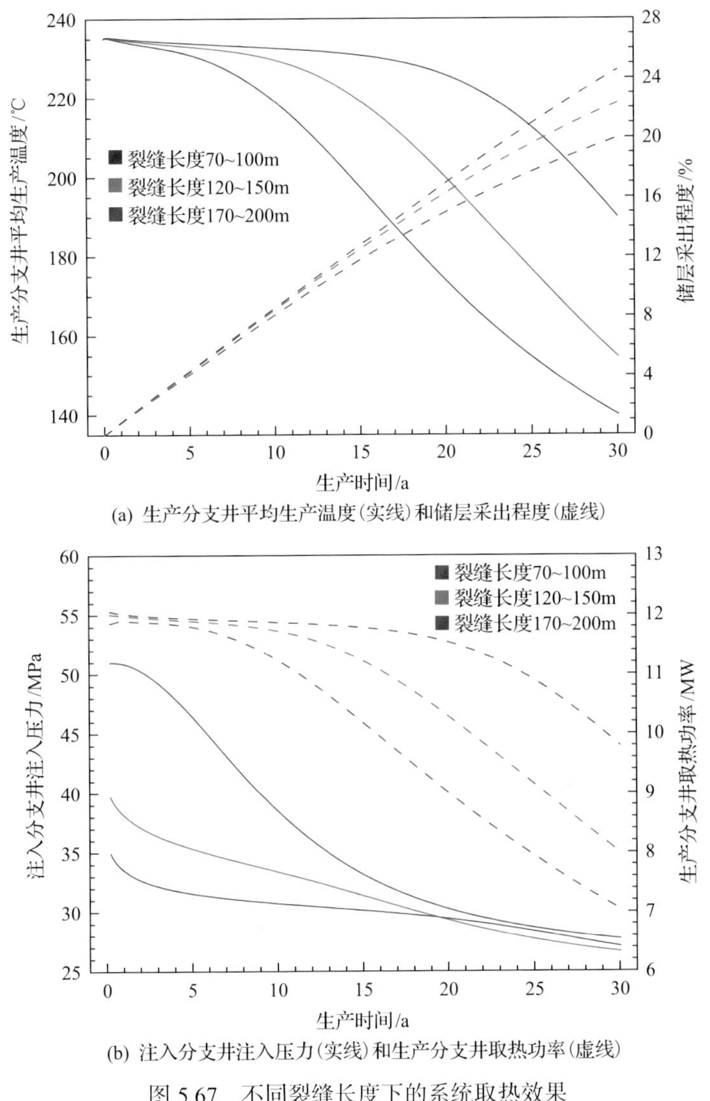

(a) 生产分支井平均生产温度(实线)和储层采出程度(虚线)

(b) 注入分支井注入压力(实线)和生产分支井取热功率(虚线)

图 5.67　不同裂缝长度下的系统取热效果

均生产温度和取热功率的递减时间延迟且递减速度降低，储层采出程度上升，注入分支井注入压力降低。由此说明，较长裂缝有利于系统取热。

在裂缝密度(指单位面积上裂缝长度，m^{-1})相同情况下是裂缝数量多而长度较短的缝网有利于取热，还是裂缝数量较少而长度较长的缝网更有利于取热？为深入研究该问题，对比了三组裂缝密度下的系统取热效果，即 0.036m^{-1}(算例 6 和算例 8)、0.048m^{-1}(算例 9 和算例 10)、0.072m^{-1}(算例 3 和算例 7)。每组裂缝密度均包含两组算例，一组算例裂缝多而短，另一组算例裂缝少而长。图 5.68

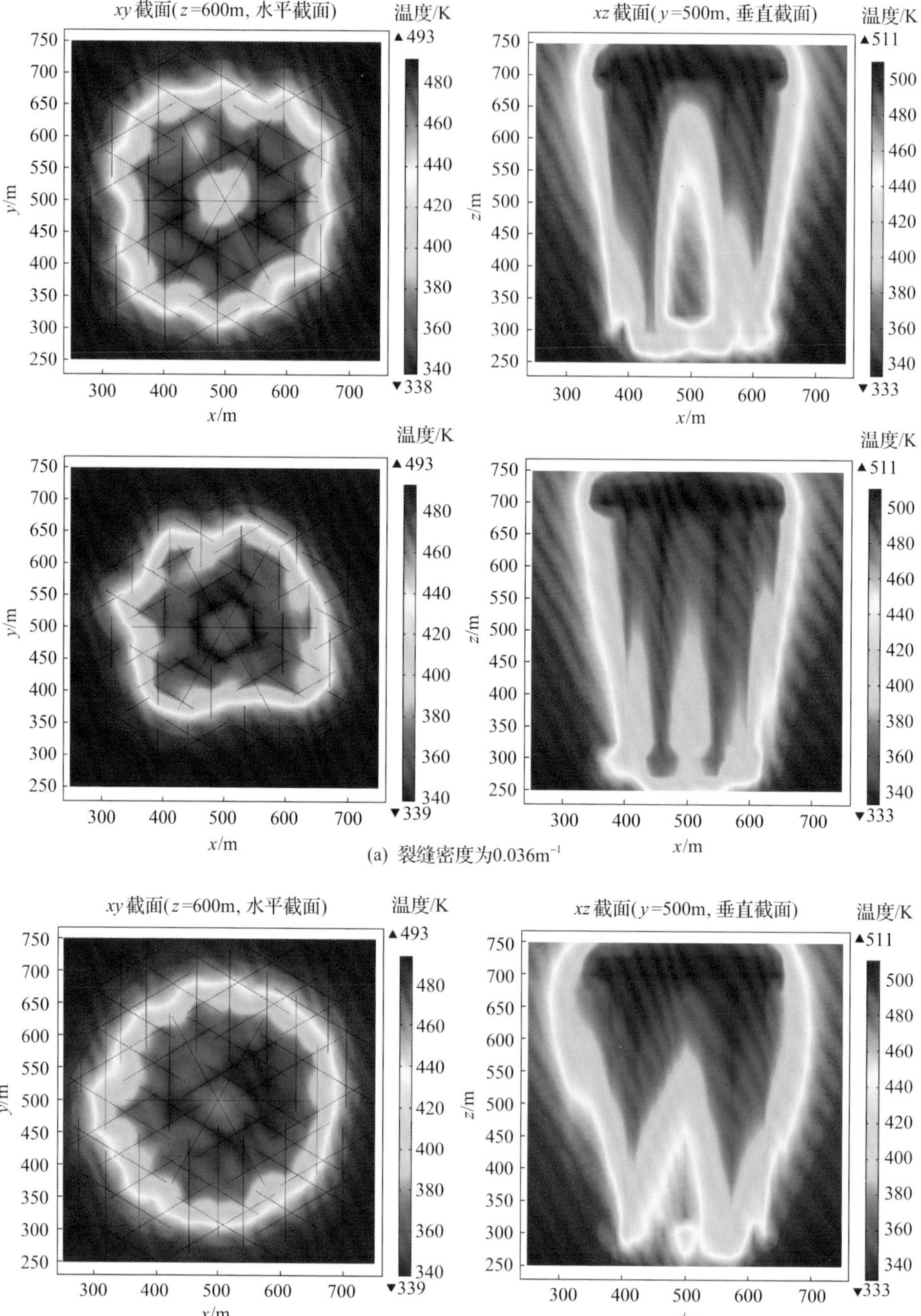

(a) 裂缝密度为0.036m^{-1}

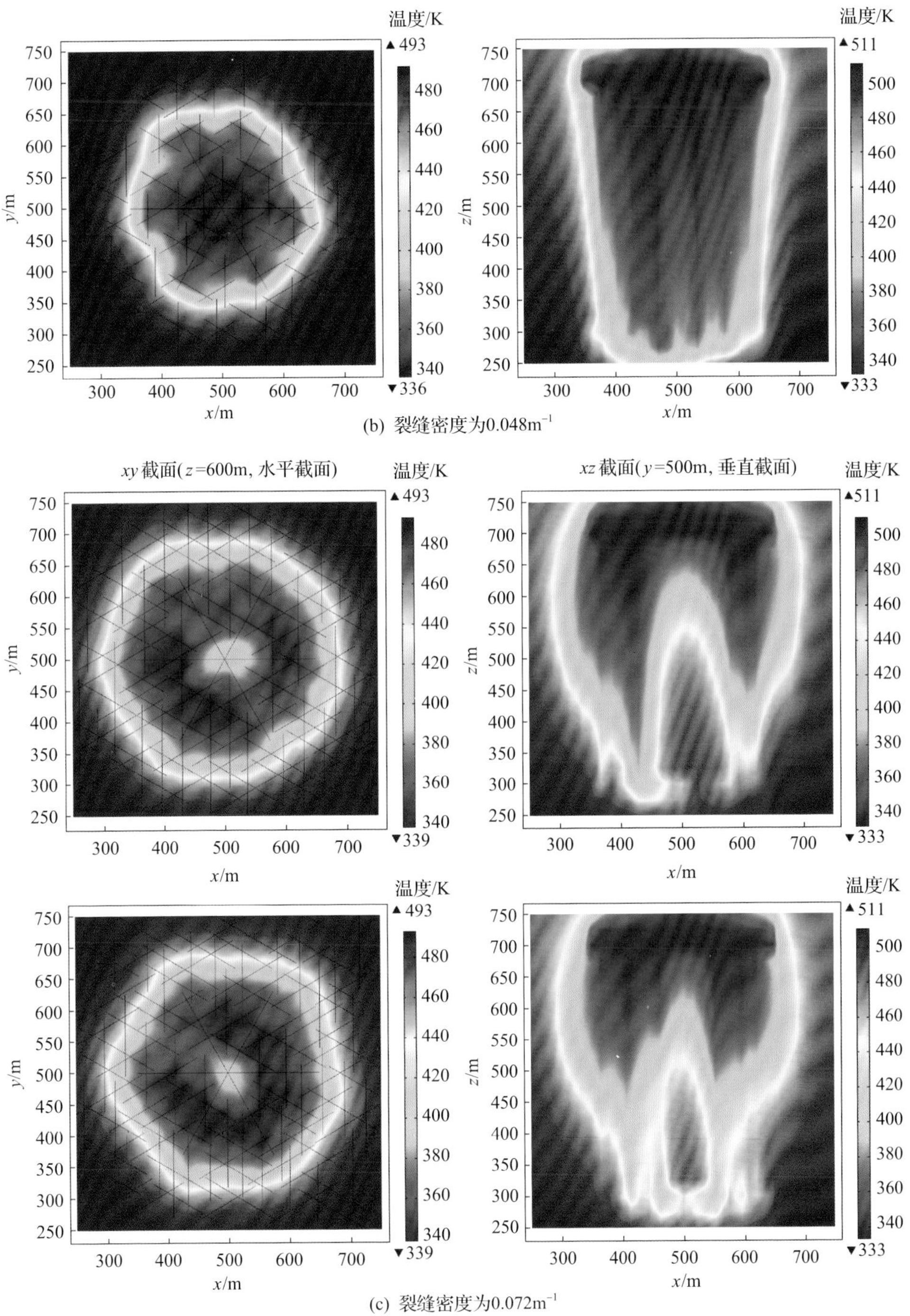

(b) 裂缝密度为0.048m^{-1}

(c) 裂缝密度为0.072m^{-1}

图 5.68　生产 30 年后不同裂缝密度下裂缝储层区域不同截面的温度云图

展示了生产30年后不同裂缝密度下裂缝储层区域不同截面的温度云图。图5.68(a)中第一排和第二排分别为算例 8 和算例 6；图 5.68(b)中第一排和第二排分别为算例 9 和算例 10；图 5.68(c)中第一排和第二排分别为算例 7 和算例 3。可观察到，对所有算例，在裂缝密度相同情况下，裂缝长而数量少的缝网对应的水平截面上低温区域面积更大，且垂直截面上的热突破程度更弱。该规律在裂缝密度较小时($0.036m^{-1}$ 和 $0.048m^{-1}$)更显著。

图 5.69 展示了不同裂缝密度下生产分支井平均生产温度和储层采出程度，由图可知，在裂缝密度相同的情况下，裂缝长而数量少的裂缝网络的平均生产温度的递减拐点延迟且递减速度更小，储层采出程度更大。对于裂缝密度为 $0.036m^{-1}$ 和

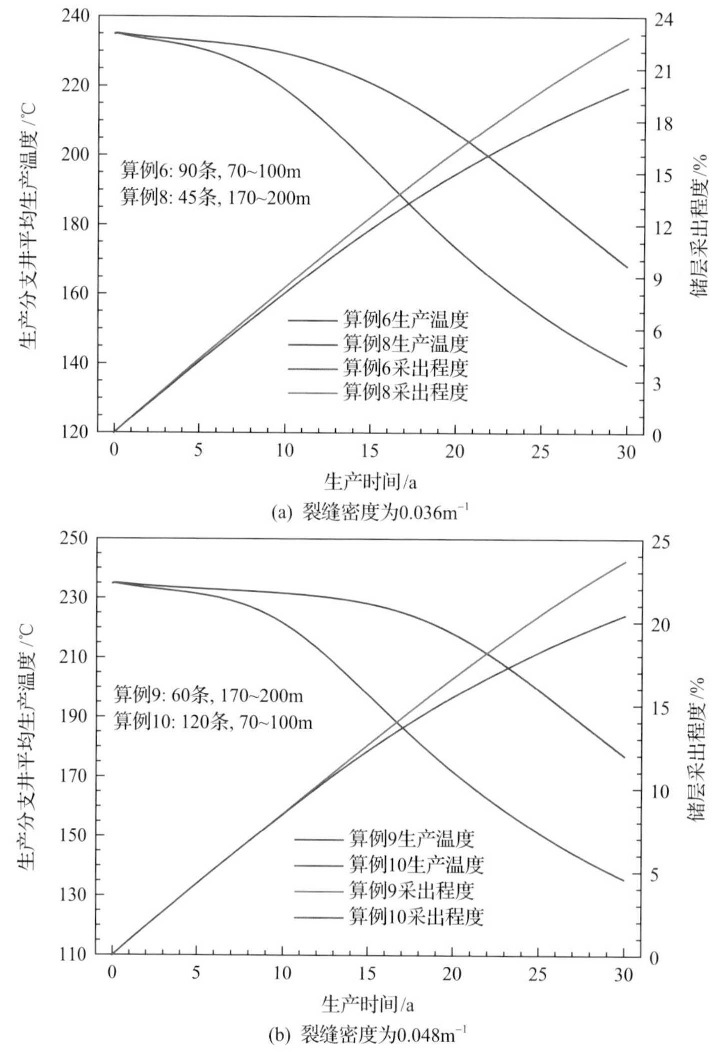

(a) 裂缝密度为$0.036m^{-1}$

(b) 裂缝密度为$0.048m^{-1}$

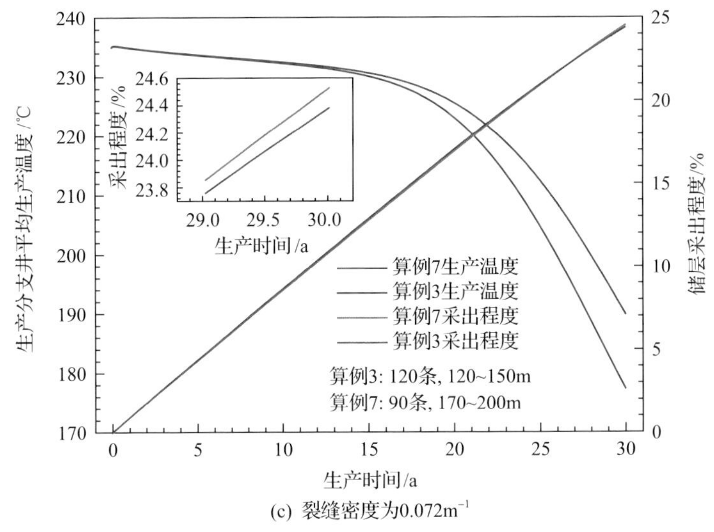

(c) 裂缝密度为0.072m^{-1}

图 5.69　不同裂缝密度下生产分支井平均生产温度和储层采出程度

0.048m^{-1} 的情况，上述规律更显著。由此说明，裂缝长而少的裂缝网络可以增强裂缝间的沟通能力，又不至于使分支井眼与同一裂缝之间的连接点过多，可以将二氧化碳有效地分散到更多裂缝及远离分支井眼的储层中，增加工质波及面积，缓解工质在垂直截面上的热突破，有利于系统取热。

基于表 5.6 中的算例 2、算例 11 和算例 12 研究了裂缝方位角对系统取热效果的影响规律。图 5.70 展示了生产 30 年后不同裂缝方位角组数下裂缝储层区域不同截面的温度云图。图 5.70 中第一行为 z=600m 处的 xy 截面(水平截面)，第二行为 y=500m 处的 xz 截面(垂直截面)。可观察到，随裂缝方位角组数的增加，水平截面上的低温区域面积增加，垂直截面上的热突破程度减弱，特别是在只有一组裂缝方位角存在时，垂直截面上低温区域已完全突破生产井。

图 5.71 展示了不同裂缝方位角组数下生产分支井平均生产温度和取热功率，以及注入分支井注入压力与储层采出程度，由图可知，随裂缝方位角组数增加，生产分支井平均生产温度和取热功率的递减时间延迟且递减速度减小，储层采出程度增加。由此说明，具有更多方位角组数的裂缝网络更加复杂，可以增强裂缝之间的沟通能力，促进二氧化碳在水平截面上流动至远离分支井眼的储层中，扩大水平波及面积，从而减缓垂直截面上的热突破，有利于系统取热。

通常情况下，裂缝网络会呈现弯曲形状。本小节研究了弯曲裂缝对系统取热的影响。其中，弯曲离散裂缝网络俯视示意图如图 5.72 所示。弯曲裂缝的数量、分布、长度和方位角等参数与表 5.6 中算例 2 相同，只是将算例 2 中的平直裂缝替换为弯曲裂缝。

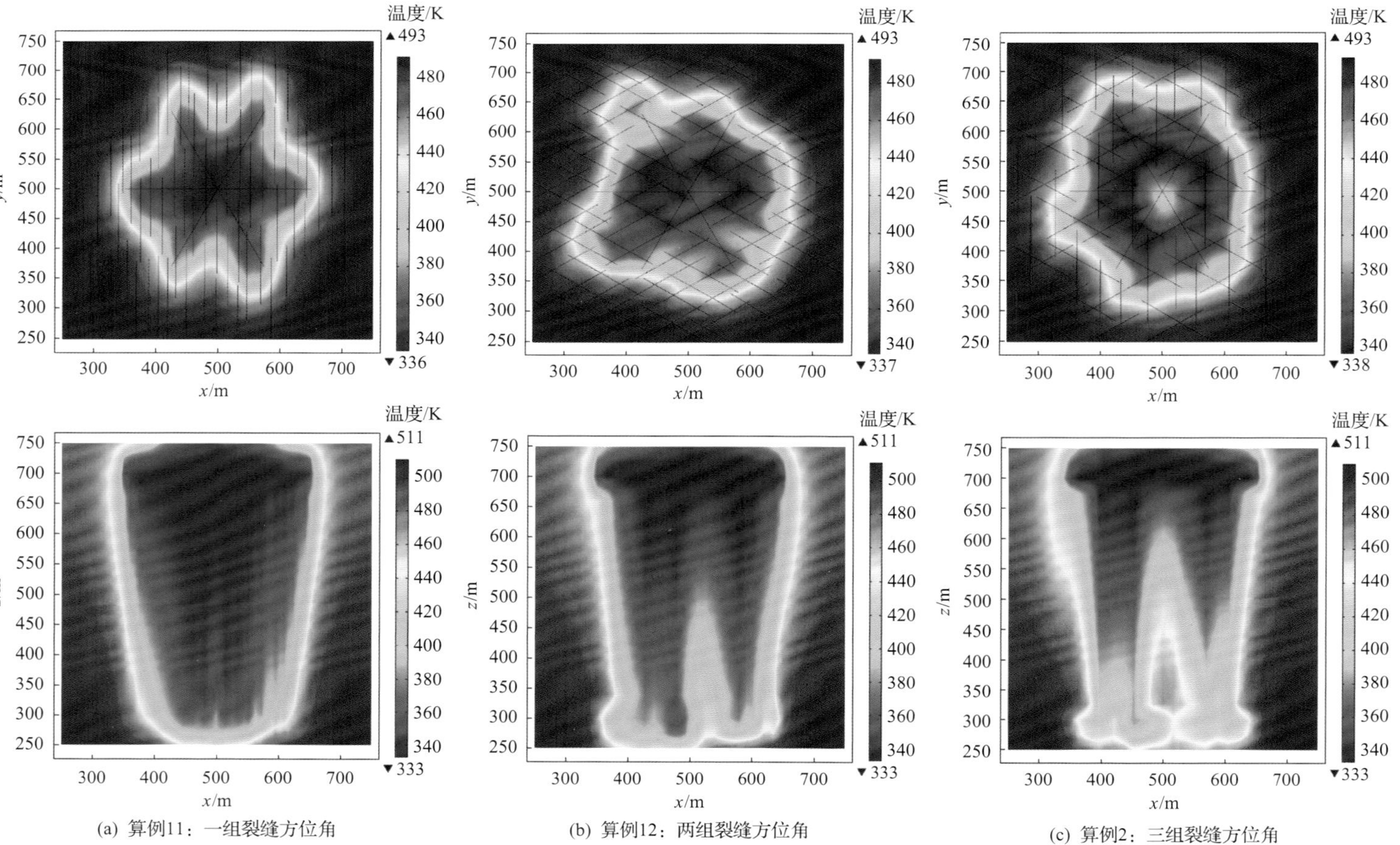

(a) 算例11：一组裂缝方位角

(b) 算例12：两组裂缝方位角

(c) 算例2：三组裂缝方位角

图 5.70　生产30年后不同裂缝方位角组数下裂缝储层区域不同截面的温度云图

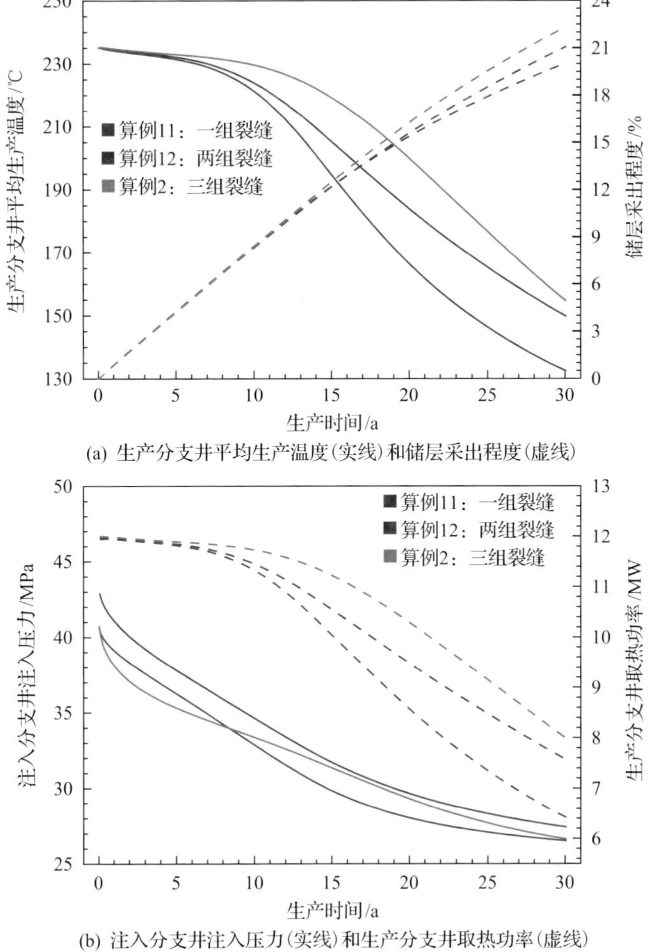

(a) 生产分支井平均生产温度(实线)和储层采出程度(虚线)

(b) 注入分支井注入压力(实线)和生产分支井取热功率(虚线)

图 5.71　不同裂缝方位角组数下的系统取热效果

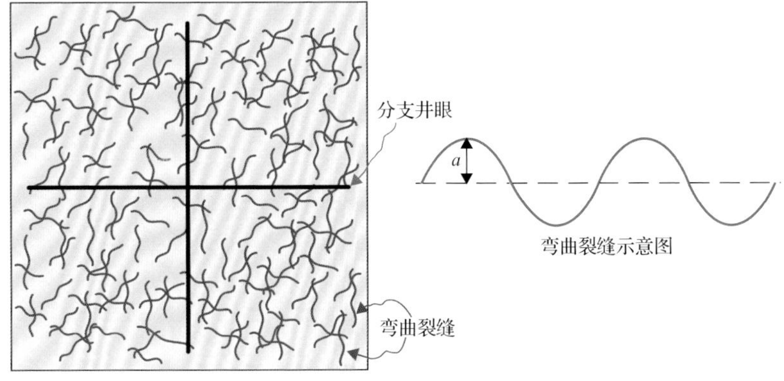

图 5.72　弯曲裂缝网络俯视示意图

a-弯曲程度

图 5.73 对比了生产 30 年后，弯曲程度为 5m 的弯曲裂缝网络和算例 2 的平直裂缝网络的裂缝储层区域不同截面的温度云图。图 5.73(a) 为平直裂缝，图 5.73(b) 为弯曲裂缝。可观察到，水平截面和垂直截面上，两算例的温度云图相似。在垂直截面上，弯曲裂缝网络的热突破程度略高于平直裂缝网络。因此，通过温度云图不能揭示弯曲主裂缝对系统取热的明显影响。

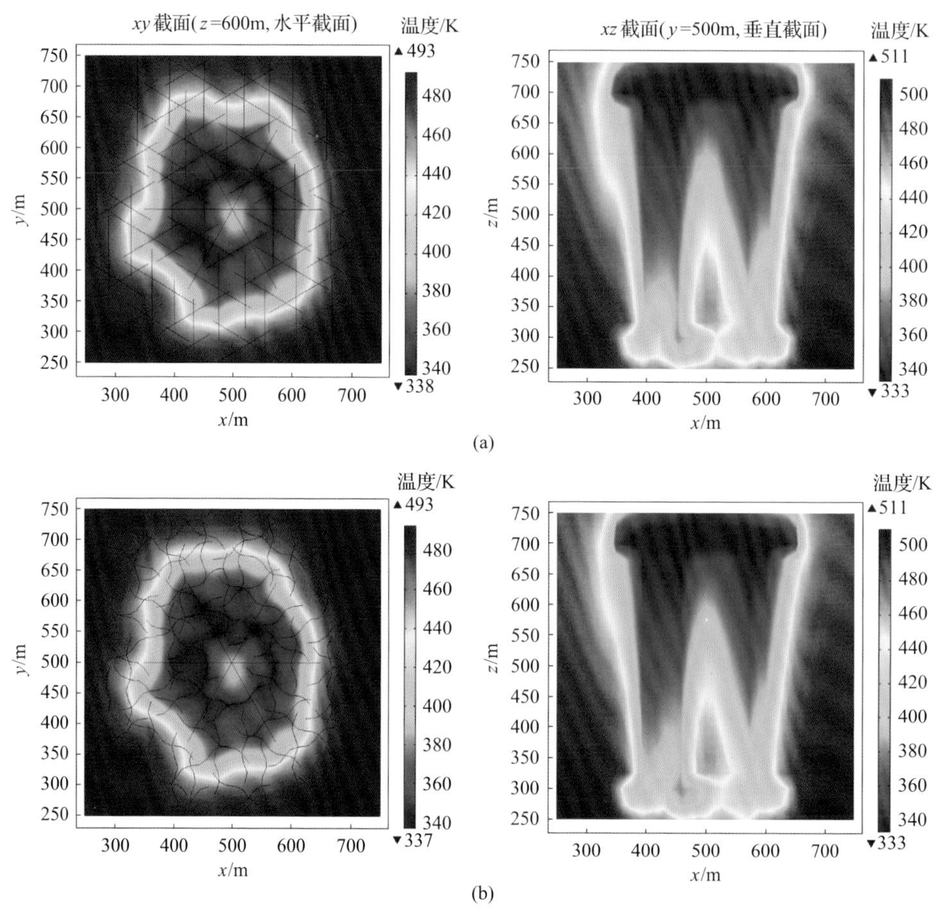

图 5.73　生产 30 年后弯曲和平直主裂缝下裂缝储层区域不同截面的温度云图

图 5.74 展示了弯曲和平直裂缝网络下生产分支井平均生产温度和取热功率，以及注入分支井注入压力，由图可知，弯曲裂缝条件下生产温度和取热功率的递减时间略早于平直裂缝条件，且弯曲裂缝网络对应的注入压力也略低于平直裂缝网络。由此说明，弯曲裂缝对系统的取热效果不存在明显影响，只会略微提高注入能力并加速热突破。

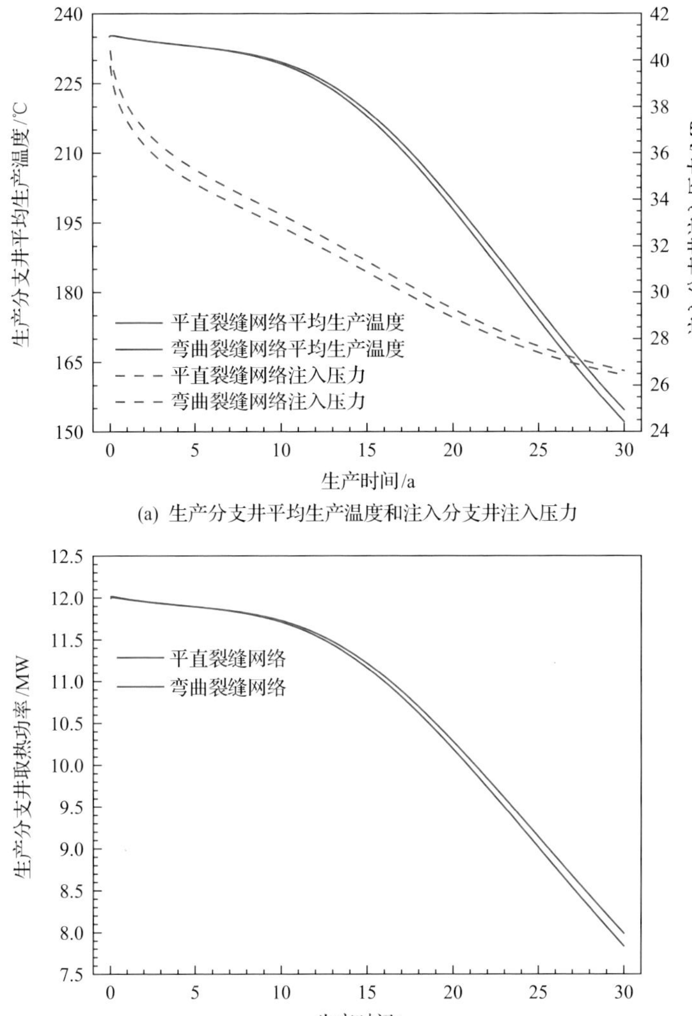

(a) 生产分支井平均生产温度和注入分支井注入压力

(b) 生产分支井取热功率

图 5.74　弯曲和平直裂缝网络下的系统取热效果

第6章 多分支井闭式循环地热系统产能预测与参数

多分支井闭式循环取热是一种新型的“取热不取水”的采热方法。多分支井闭式循环地热系统通过多分支井极大地增加了换热长度和换热时间，从而大幅度提高了地热系统的取热能力。本章主要研究多分支井闭式循环地热系统的取热原理及产能预测，并分析不同参数下的取热规律。

6.1 地热系统产能预测模型

6.1.1 模型假设

根据多分支井闭式流动传热过程，建立了一个非稳态三维流动传热模型。在该模型中，岩石、水泥环和套管被假设为各向同性且均质，并且其热物理性质保持恒定。地层、水泥环和套管中的热交换过程仅考虑热传导。模型采用局部热平衡假设，即认为储层中的岩石和流体间不存在温差。此外，将水作为工质且仅考虑其单相流动。

6.1.2 井筒流动传热数学模型

利用非等温管道流动模型描述了井筒中的传热过程，该模型同时求解了流场、压力场和温度场。质量守恒方程和动量方程为

$$\frac{\partial\left(A_{\mathrm{c}}\rho_{\mathrm{f}}\right)}{\partial t}+\nabla\cdot\left(A_{\mathrm{c}}\rho_{\mathrm{f}}u_{\mathrm{f}}\right)=0$$

$$\rho_{\mathrm{f}}\frac{\partial\left(u_{\mathrm{f}}\right)}{\partial t}=-\nabla p-\frac{1}{2}f_{\mathrm{D}}\frac{\rho_{\mathrm{f}}}{d_{\mathrm{p}}}\left|u_{\mathrm{f}}\right|u_{\mathrm{f}}$$

根据内管中的热交换过程，能量方程如下：

$$\rho_{\mathrm{f}}A_{\mathrm{c}}c_{\mathrm{f}}\frac{\partial T_{\mathrm{f1}}}{\partial t}+\rho_{\mathrm{f}}A_{\mathrm{c}}c_{\mathrm{f}}u_{\mathrm{f}}\cdot\nabla T_{\mathrm{f1}}-\nabla\cdot\left(A_{\mathrm{c}}\lambda_{\mathrm{f}}\nabla T_{\mathrm{f1}}\right)=\frac{1}{2}f_{\mathrm{D}}\frac{\rho_{\mathrm{f}}A_{\mathrm{c}}}{d_{\mathrm{p}}}\left|u_{\mathrm{f}}\right|u_{\mathrm{f}}^{2}-Q_{1}\tag{6.1}$$

式中，T_{f1}为内管中的流体温度，℃；c_{f}为流体的比热容，J/(kg·℃)；λ_{f}为流体导热系数。式(6.1)左侧第二项和第三项分别对应热对流和热传导，右侧第一项描述

了工质和井筒壁面之间的黏性摩擦。变量 Q_1(W/m)是热源项，表示井筒中心保温管内流体与环空内流体的热交换量，W/m。

$$\rho_{\mathrm{f}} A_{\mathrm{c}} c_{\mathrm{f}} \frac{\partial T_{\mathrm{f}2}}{\partial t} + \rho_{\mathrm{f}} A_{\mathrm{c}} c_{\mathrm{f}} u_{\mathrm{f}} \cdot \nabla T_{\mathrm{f}2} - \nabla \cdot \left(A_{\mathrm{c}} \lambda_{\mathrm{f}} \nabla T_{\mathrm{f}2} \right) = \frac{1}{2} f_{\mathrm{D}} \frac{\rho_{\mathrm{f}} A_{\mathrm{c}}}{d_{\mathrm{p}}} \left| u_{\mathrm{f}} \right| u_{\mathrm{f}}^2 + Q_1 + Q_2 \tag{6.2}$$

式中，Q_2 为通过套管壁的外部热交换量，W/m。

对于地层，应用局部热平衡的假设，能量方程如下：

$$\left(\rho c\right)_{\mathrm{eff}} \frac{\partial T_{\mathrm{s}}}{\partial t} - \nabla \left(\lambda_{\mathrm{eff}} \cdot \nabla T \right) = -Q_2 \tag{6.3}$$

总的热量输出和工质的黏滞摩擦所产生的热量对于评估系统的能源和经济特性非常重要。因此，本节引入了这两个参数：

$$M_{\mathrm{e}} = \int_0^t P \mathrm{d}t \tag{6.4}$$

$$M_{\mathrm{f}} = \int_0^t \frac{1}{2} f_{\mathrm{D}} \frac{\rho_{\mathrm{f}} A_{\mathrm{c}}}{d_{\mathrm{p}}} \left| u_{\mathrm{f}} \right| u_{\mathrm{f}}^2 \mathrm{d}t \tag{6.5}$$

式中，M_{e} 为累积热能，代表总热量输出，J；M_{f} 为摩擦热，J；P 为取热功率，W。

6.1.3 几何模型

根据青海省共和盆地 GR1 井地质条件建立了计算模型，如图 6.1 所示。该计算模型由一维井筒和三维地热储层组成，有利于提高计算效率。对于一维井筒模型[图 6.1(a)]，主井筒的深度为 3905m，而每个分支井筒的长度为 2500m。值得注意的是，将温度、压力和流速视为耦合数据，以确保每个侧向井筒耦合点的物理变量连续性。Q_1 和 Q_2 为热源，以表征采出流体、注入流体和周围地层的传热过程。然后耦合一维井筒模型和三维地热储层模型建立了可以考虑复杂储层条件的井筒与储层耦合模型。地层模型由 5 个具有相同正方形横截面的小长方体组成，如此可有效降低计算量。这样设置的原因是传热过程主要发生在井筒附近，因此无需采用较大的计算模型来增加计算量。正方形横截面的长度是 400m，并且每个井筒位于横截面的中心。根据地质条件，当井深超过 1350m 时，岩石性质会显著改变。因此，主井筒周围地层区域单独划分，并采用与地热储层不同的物性参数。

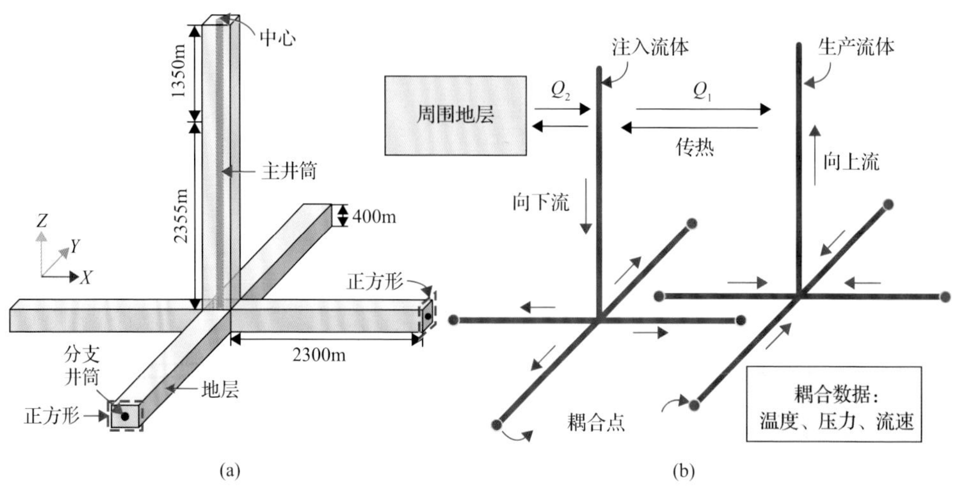

图 6.1　计算模型示意图

6.1.4　初始和边界条件

此处针对青海省共和盆地的地热储层开展研究。干热岩勘探井为 GR1 井，深度为 3705m，底部温度为 236℃。GR1 井的温度分布如图 6.2 所示。为评估干热岩的最大开采潜力，当井深大于 3750m 时，将 236℃作为原始地层温度。假设井筒中的初始流体温度等于原始地层温度。地层边界采用绝热条件。注入排量设置为 $65m^3/h$，入口温度为 40℃，生产时间为 30 年。此外，测井资料表明，井深小

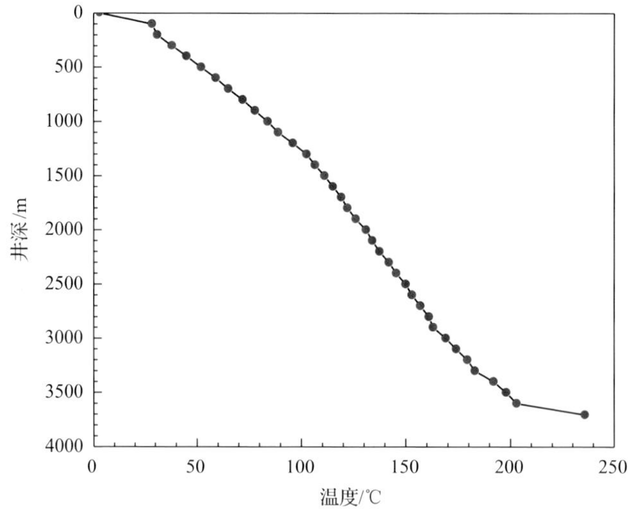

图 6.2　共和盆地 GR1 井温度分布

于 1350m 时，地层由沉积岩组成，井深超过 1350m 时主要为花岗岩。表 6.1 列出了地热储层物理性质，其他参数如表 6.2 所示。

表 6.1　地热储层物理性质

参数	密度/(kg/m^3)	比热容/[J/(kg·℃)]	导热系数/[W/(m·℃)]	孔隙度/%
沉积岩	2700	950	1.89	5
花岗岩	2650	1000	2.50	1

表 6.2　井筒模型的输入参数

参数	数值	参数	数值
内管内径(M)/m	0.0760	内管内径(L)/m	0.0506
内管外径(M)/m	0.1143	内管外径(L)/m	0.0889
套管内径(M)/m	0.2224	套管内径(L)/m	0.1594
水泥环内径(M)/m	0.2445	水泥环内径(L)/m	0.1778
内径(M)/m	0.3111	内径(L)/m	0.2159
管道表面粗糙度/μm	26	套管导热系数/[W/(m·℃)]	43.75
内管导热系数/[W/(m·℃)]	0.025	水泥环导热系数/[W/(m·℃)]	0.93

注：M 为主井筒；L 为分支井筒。

6.2　分支井筒和地层温度场分布特征

图 6.3 展示了生产 30 年后地热储层的温度云图，由图可知，在主井筒和分支

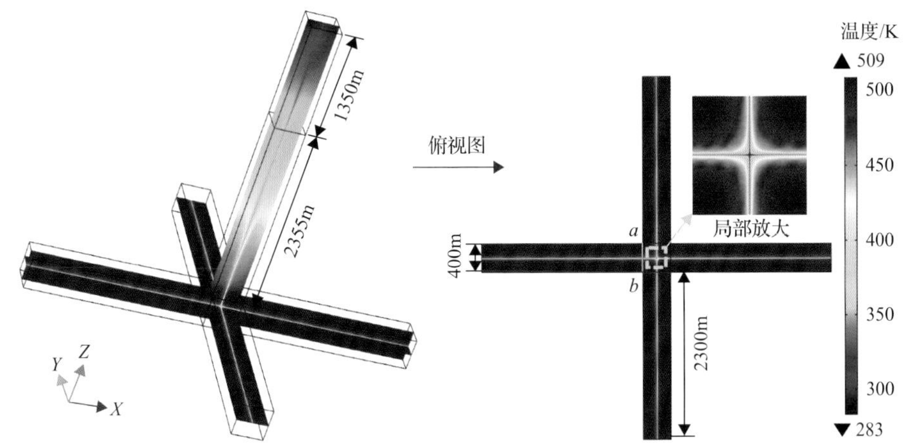

图 6.3　生产 30 年后地热储层的温度云图

井筒周围存在明显的低温区域，其中温度梯度远大于原始地温梯度。这表明注入流体和地层之间的热交换主要沿径向发生。此外，局部放大显示了主井筒和四个分支井筒连接区域的温度分布。可观察到温度干扰现象，从而导致更大的低温区域，从俯视图可知其面积为 $4000m^2$。

图 6.4 展示了不同生产时间下直线 *ab* 上的温差分布规律。温差主要用于确定储层中的影响范围，并为井间距优选提供参考。该值表示初始温度与当前温度的差值，波及范围是指温差接近零时的径向影响距离。由图 6.4 可知，随着距主井筒的水平距离的增加，每个分支井筒中的注入流体与周围地层之间的温差减小，这会削弱传热并使波及范围减小。还可以看出波及范围随生产进行逐渐增加，并在 30 年后达到 105m。

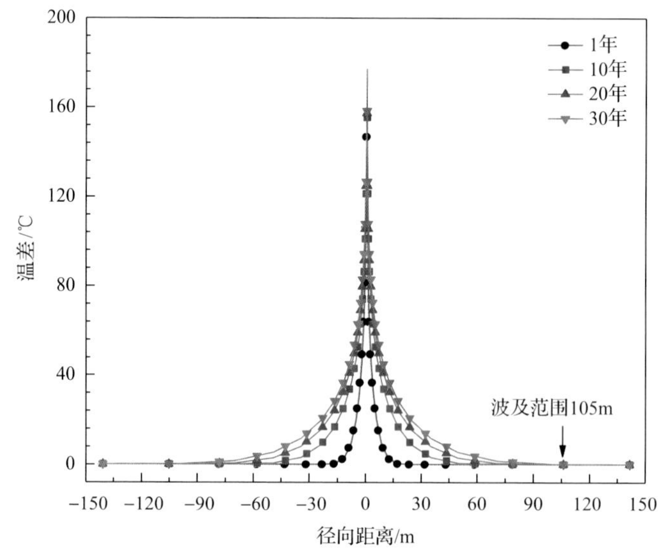

图 6.4　不同生产时间下直线 *ab* 上的温差分布

6.3　工艺参数对取热效果的影响

6.3.1　注入排量影响规律

图 6.5 展示了不同注入排量下的生产曲线。由图 6.5 可知，可将生产曲线划分为三个阶段：下降区、过渡区和平稳区。对于下降区，由于井筒周围地层温度的明显变化，出口温度和取热功率在 1 年内显著下降。以 $65m^3/h$ 的情况为例，该区域的出口温度和热功率分别下降了 59.62℃和 4.97MW。8 年后生产趋于稳定，出口温度和取热功率的下降范围分别小于 5%和 8%。

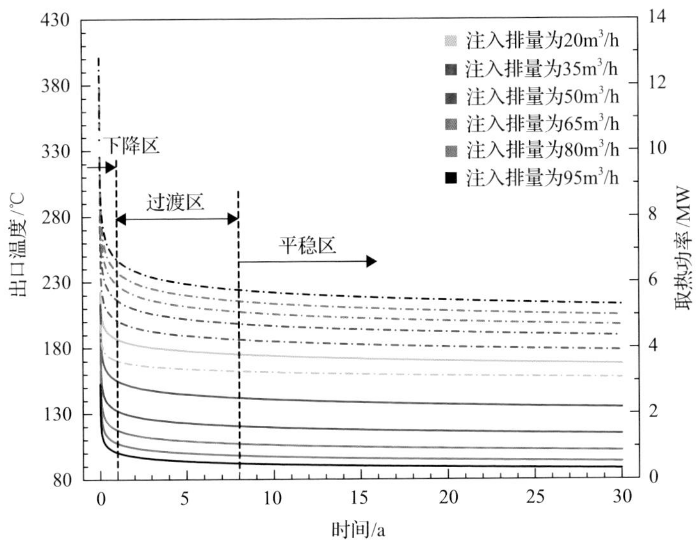

图 6.5　不同注入排量下的生产曲线

实线为出口温度；虚线为取热功率

图 6.6 对比了不同生产时间出口温度和取热功率与注入排量关系曲线。由图 6.6 可知，出口温度随注入排量增加而降低，而取热功率随注入排量增加而增加。这是因为采用较大的注入排量，单位时间内会有更多的流体参与传热，从而提高了取热功率；但是较大的注入排量下，工质的循环时间会缩短，传热不充分导致出口温度降低。

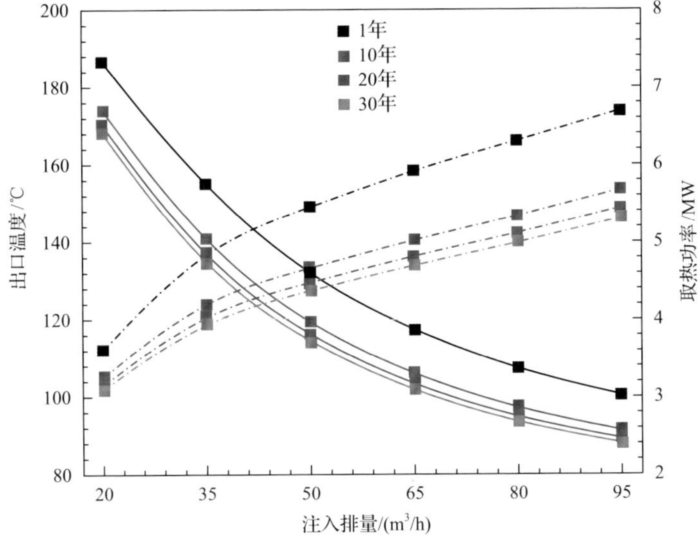

图 6.6　不同生产时间出口温度(实线)和取热功率(虚线)与注入排量关系曲线

图 6.7 展示了不同注入排量下累积热能的变化规律，可知累积热能随注入排量增加而线性上升，并且各种注入排量下累积热能的差异随生产进行而扩大。这表明平稳区在取热过程中占主导地位。此外，若仅考虑热量输出，较大的注入排量可能是更好的选择，但较大的注入排量会导致较大的黏滞摩擦。图 6.8 展示了 30 年后不同注入排量下的压力损失和摩擦热。由图 6.8 可知，压力损失和摩擦热随注入排量增加而上升。例如，在 95m^3/h 的注入排量条件下，其压力损失比 20m^3/h

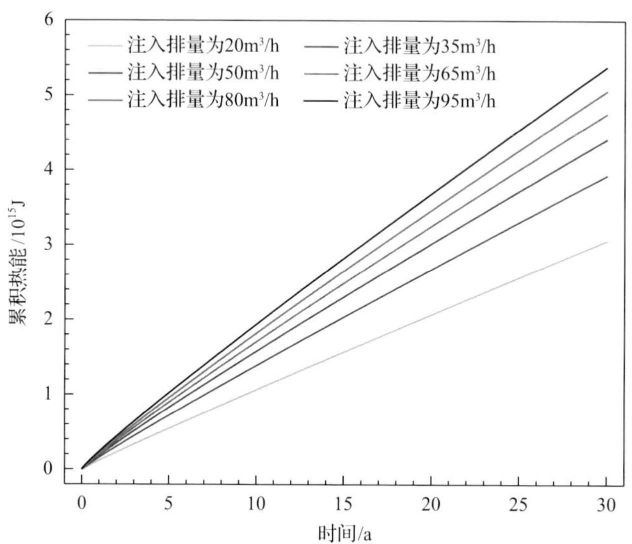

图 6.7　不同注入排量下累积热能随生产时间变化规律

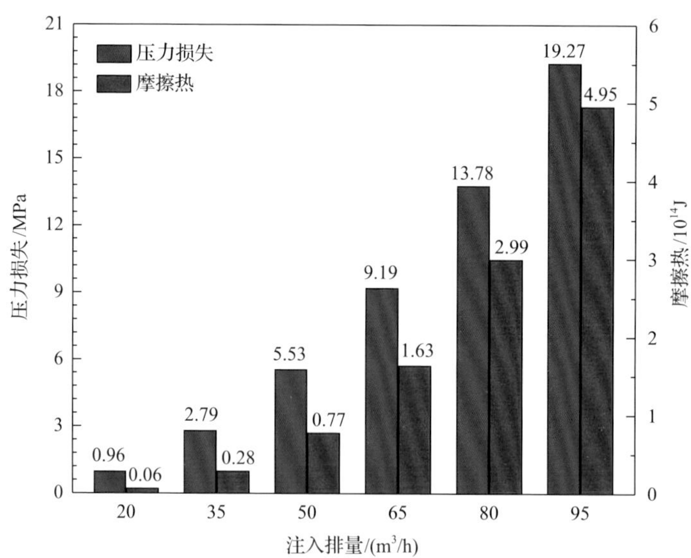

图 6.8　30 年后不同注入流量下的压力损失和摩擦热

条件下增加了 18.31MPa，摩擦热增加 4.89×10^{14}J。这意味着要消耗大量的循环能量才保证系统的正常运行，从而导致较高的运行成本。因此，需要进一步研究以确定最佳注入排量。需要注意，本书旨在为多分支井闭式循环地热系统研究提供基本指导，基于地热多级利用的思路，其中有机兰金循环发电的应用范围为 100～200℃。因此，根据热量输出和泵载荷要求，我们认为 65m^3/h 的注入排量最适合多分支井闭式循环地热系统。在该条件下，生产 30 年后的出口温度和取热功率分别为 101.94℃和 4.70MW。

6.3.2 保温管导热系数影响规律

保温管在减少高温采出流体热量损失中起着关键作用。图 6.9 展示了不同生产时间出口温度和取热功率随保温管导热系数的变化规律，可知当保温管导热系数低于 5W/(m·℃)时，出口温度和取热功率随保温管导热系数的增加急剧下降；而当保温管导热系数超过 20W/(m·℃)时，两者均趋于稳定。保温管导热系数分别取 5W/(m·℃)和 0.025W/(m·℃)时，在生产 30 年后，出口温度和取热功率分别降低了 36.21℃和 2.78MW。就开发成本而言，保温管导热系数为 5W/(m·℃)可以视为保温管设计的上限值。此外，可以通过分析累积热能以获得保温管设计的下限值。图 6.10 表明，如果保温管导热系数小于 0.025W/(m·℃)，保温管的影响可忽略不计，这证明了临界值的存在。在绝热条件下和保温管导热系数取 0.025W/(m·℃)时，生产 30 年后的累积热能仅下降 1.00%。因此保温管导热系数的合理范围为 0.025～5W/(m·℃)。

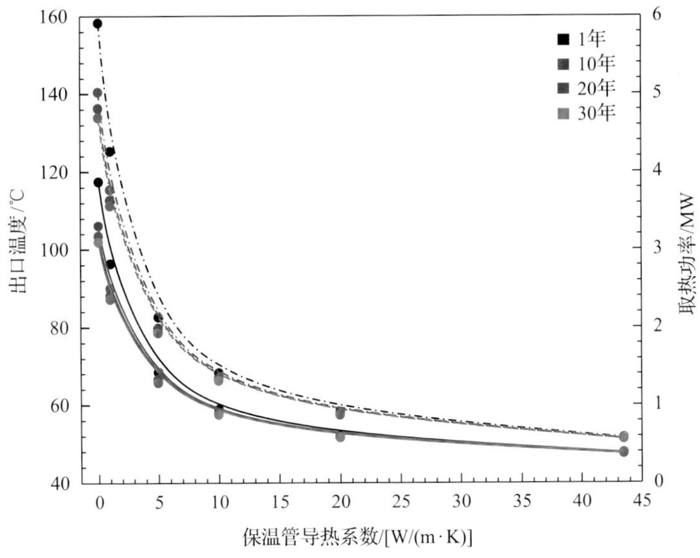

图 6.9 不同生产时间出口温度(实线)和取热功率(虚线)随保温管导热系数的变化曲线

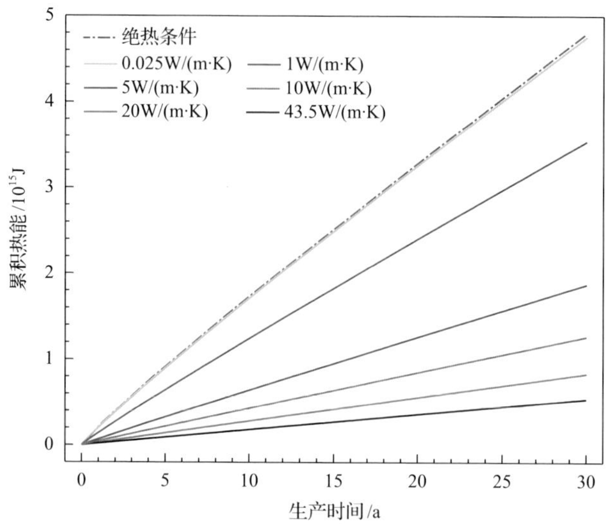

图 6.10　不同保温管导热系数下累积热能随生产时间的变化曲线

6.4　井筒结构参数对取热效果的影响

6.4.1　分支井数量影响规律

分支井数量对于合理设计多分支井闭式循环地热系统至关重要。图 6.11 展示了系统出口温度和取热功率随分支井数量的变化规律，由图可知，生产 30 年后，与分支井为 2 相比，分支井为 7 的出口温度和取热功率分别增加了 48.03℃和 3.75MW。

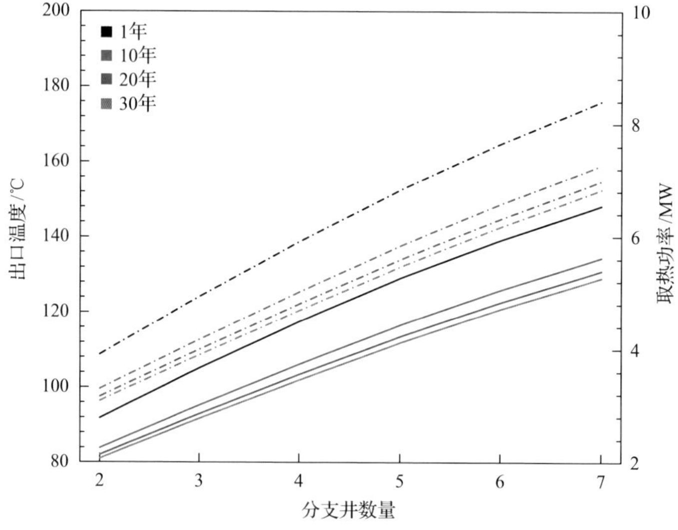

图 6.11　不同生产时间出口温度（实线）和取热功率（虚线）与分支井数量关系曲线

因此，分支井数量增加会显著增强地热储层和环空内流体的热交换，这也表明主要的取热区域是分支井筒。

图 6.12 展示了不同分支井数量下系统累积热能的变化规律，可知累积热能随分支井数量的增加而上升。这是因为随着分支井数量增加，每个分支井内的流体速度减小，取热工质的换热时间增加，同时较多的分支井数量下换热面积大幅增加。还可以看出当分支井数量超过 5 时，出口温度、取热功率和累积热能的增加速率出现下降趋势。这表明每个分支井中流体速度的降低会削弱井筒中对流换热的强度，不利于环空内流体与套管壁之间的换热。同时，钻井和完井成本与分支井数量密切相关，过多的分支井会增加成本。因此，需要通过对比换热效果和钻完井成本，进一步确定最佳分支井数量。

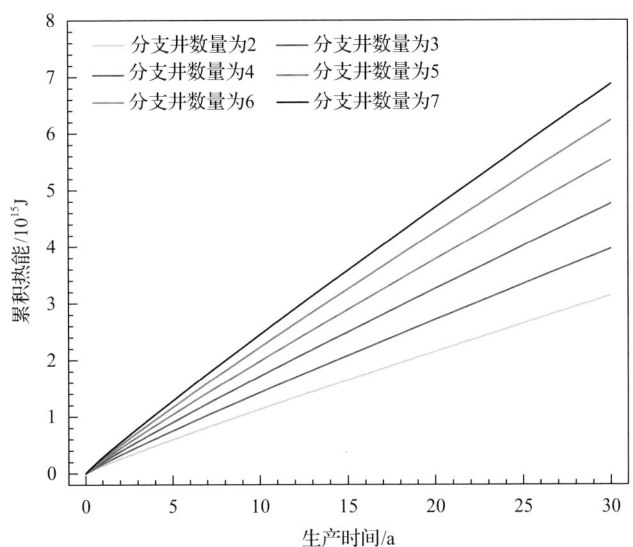

图 6.12　不同分支井数量下累积热能随生产时间的变化曲线

6.4.2　分支井眼尺寸影响规律

根据钻井规范，表 6.3 列出了不同情况下的井筒尺寸。图 6.13 展示了不同井筒尺寸下出口温度和取热功率随生产时间变化曲线，可知不同井筒尺寸下，系统出口温度和取热功率的变化很小。当使用不同的井筒尺寸时，生产 30 年后出口温度和取热功率的最大差异分别为 1.49℃和 0.11MW。因此可认为井筒尺寸对系统取热效果的影响可忽略不计。

图 6.14 展示了不同井筒尺寸下的累积热能随生产时间变化曲线，可知累积热能的最大增幅仅为 2.69%，再次表明井筒尺寸对取热效果的影响有限。增加井筒尺寸会导致钻井难度和成本的增加，因此建议采用较小尺寸的井筒。

表 6.3　不同情况下的井筒尺寸　（单位：m）

算例	主井筒			分支井筒		
	套管内径	水泥环内径	井筒内径	套管内径	水泥环内径	井筒内径
1	0.2012	0.2191	0.2699	0.1505	0.1683	0.2000
2	0.2224	0.2445	0.3111	0.1594	0.1778	0.2159
3	0.2224	0.2445	0.3111	0.1719	0.1937	0.2222
4	0.2527	0.2730	0.3476	0.2012	0.2191	0.2413
5	0.2764	0.2984	0.3476	0.2012	0.2191	0.2699
6	0.3179	0.3397	0.4445	0.2224	0.2445	0.3111

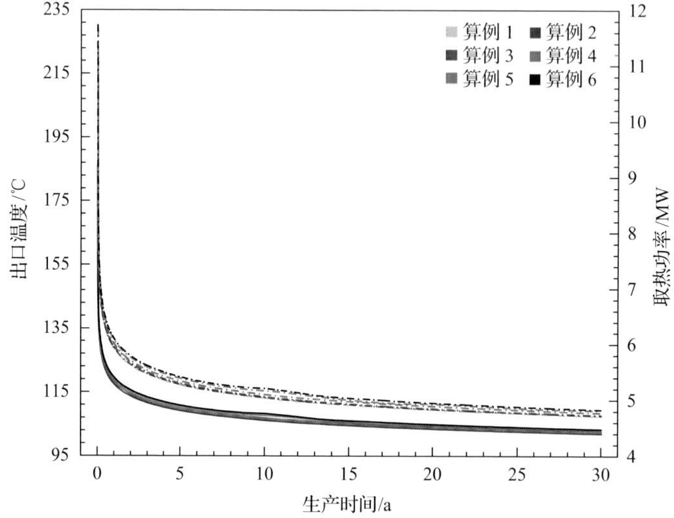

图 6.13　不同井筒尺寸下出口温度(实线)和取热功率(点划线)随时间变化曲线

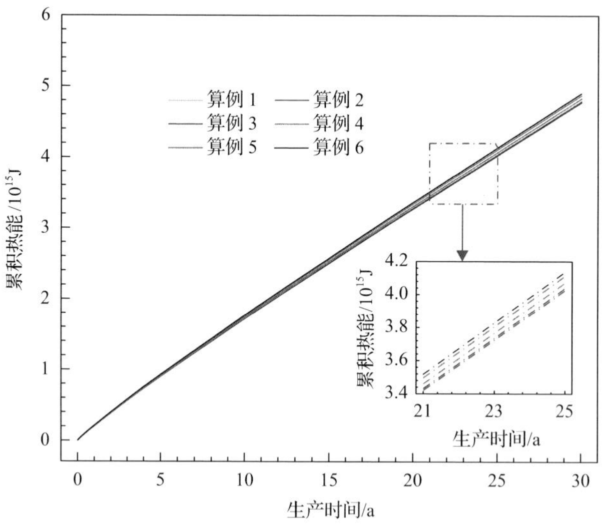

图 6.14　不同井筒尺寸下累积热能随生产时间变化曲线

第 7 章　单井取热方法室内实验

本章介绍了自主设计搭建的地热多功能流动传热室内实验系统。基于该实验装置，开展了多分支井自循环取热实验；通过实验手段研究了多分支井地热系统的流动传热规律；开展了单井同轴地热系统的取热特征实验研究，并与多分支井地热系统的取热效果进行了对比。

7.1　地热多功能流动传热系统研制

7.1.1　实验系统设计思路

地热多功能流动传热实验系统可开展单井同轴套管、多分支井自循环等单井地热系统的流动传热实验。将场地尺度等比例缩小到室内实验尺度，采用不锈钢钢管模拟各井型结构，根据相应配方制作人工岩样模拟地热储层，利用带电加热管的围压釜模拟真实地热储层的恒温边界，通过计算机系统准确控制实验过程中的流量、温度和压力，并自动采集相关数据。该实验系统可模拟取热工质注入热储、开采热能和采出地面的循环取热过程。

7.1.2　实验系统模块与组成

地热多功能流动传热实验系统由围压釜、高温高压液体和控制模块、模拟井筒、测量和计算采集模块等组成，下面详细介绍各模块的部件组成与作用。

1) 围压釜模块

围压釜结构如图 7.1 所示。围压釜呈立方体结构，釜体内岩样尺寸为 400mm×400mm×400mm。釜壁夹层内安装 36 支加热支管对釜体岩心进行加热，温度可达 300℃。高温流体通过外循环管路注入人工岩样和釜体的间隙内建立围压并模拟水热型地层环境，最高工作压力可达 20MPa。通过釜体底部柱塞泵的液压作用和釜体上法兰盖的螺栓作用，实现釜体的密封。在高温高压实验条件下，模型不会发生高温水蒸气泄露等不安全情况，以确保实验安全有效地进行。

2) 高温高压液体和控制模块

高温高压液体和控制模块主要由液体高压泵、蒸汽发生器、储水罐、背压阀、控温仪和冷却器等装置组成。

图 7.1　围压釜结构

液体高压泵采用柱塞式计量泵，如图 7.2 所示。液体高压泵的流量范围为 0～20L/h，配有变频器进行变频调速，通过计算机可直接控制电机转速实现流量调整。该模块的液体高压泵分为围压泵和环腔泵。其中，围压泵用于向人工岩样和釜体的间隙注循环流体，以建立围压；环腔泵用于注入井和采出井。

图 7.2　液体高压泵

蒸汽发生器采用盘管式结构将围压泵泵出的循环水快速加热至储层温度，具有全自动控制功能，最高工作温度为 350℃。

储水罐用于取热工质和围压釜循环水的液体储备，容积 200L，耐压 1MPa。储水罐内部装有电热管与控温仪，可使储水罐内液体保持恒温。

背压阀主要用于对釜体围压和出口压力进行控制，保持各部件压力稳定。该背压阀可对围压和出口压力进行准确调节，范围为 200～10000psi[①]。

控温仪如图 7.3 所示，采用 30 段程序控温，可设置每段升温的时间和速率，从而对温度进行准确控制。仪表配套有 RS232/485 接口，可实现和计算机通信。

图 7.3　控温仪

冷却器采用浸入式恒温循环装置，主要由冷却盘管、冷却水夹套和水嘴等组成。可调控的温度范围为–30～95℃，温度波动范围为 0.02～0.05℃。

高温高压液体和控制模块结构组成如图 7.4 所示。该模块的运行流程：围压泵从储水罐内取水，先后通过预热器和蒸汽发生器加热后，向围压釜里注入高温流体形成围压；围压釜内泵入的高温流体通过人工热储表面的孔隙向热储内部渗透，使热储内部饱和高温流体，模拟自然条件下的水热型地热储层；同时环腔泵也从储水罐内取水，从井筒内管和外管间的环空注入，通过上层分支井注入人工热储内，从热储中取热后由下层分支井采出，经过井筒中心内管开采至井口，采出的流体通过冷却器进行降温后可重新流回储水罐内循环使用；其中，围压釜的围压和井筒的出口压力大小可通过相应管路的背压阀调节。

① 1psi=6.89476×10^3Pa。

图 7.4　高温高压液体和控制模块

3) 模拟井筒

模拟井筒主要由主井筒与注、采分支井组成，其示意图如图 7.5 所示。主井

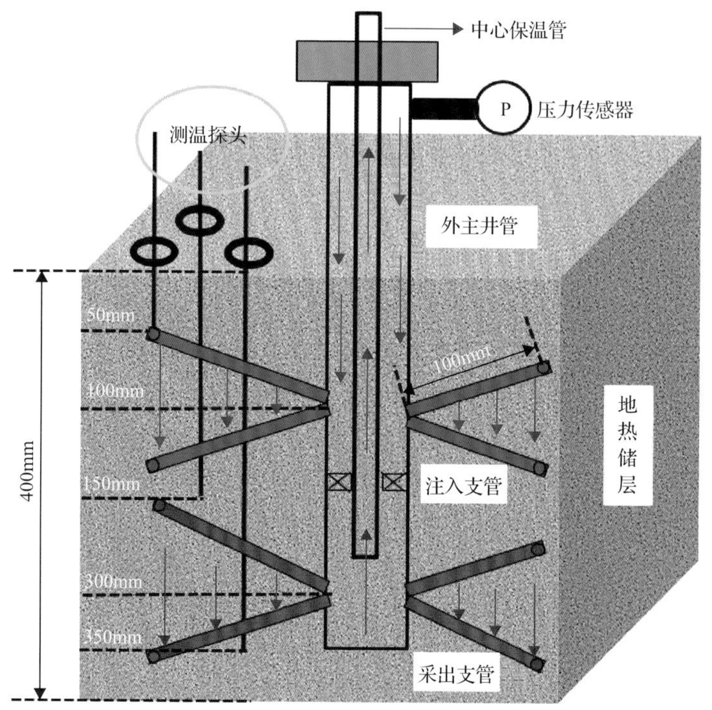

图 7.5　注采井筒示意图

筒深度为 345mm，外径为 60mm，内径为 48mm；主井筒内中心保温内管长度为 145mm，外径为 25mm，内径为 15mm。注入分支井与采出分支井的垂直间距为 200mm，通过外管压帽和内管接头进行连接固定。注入支管和采出支管的长度为 100mm、直径为 6mm，分支数量可以根据实验需求相应调整。

4) 测量和计算机采集模块

测量和计算机采集模块如图 7.6 所示，由测温导管和测温探头、测温仪表、压力传感器和计算机数据采集及控制系统组成。

图 7.6　测量和计算机采集模块

测温导管总共有 3 组，分布于人工热储的三个角上，距离人工岩样上表面分别为 50mm、150mm 和 350mm，如图 7.5 所示。测温导管是预制在人工岩样中的三根长度不同的不锈钢钢管，用于安装热电偶以测量岩样不同深度处的温度。测温热电偶采用不锈钢铠装结构，测温范围为−40～400℃，测温精度为±0.5℃。

压力传感器量程上限为 40MPa，测量精度为 0.25%。计算机数据采集系统可实时采集压力、温度、流量和高压泵压力等参数。

7.2　多分支井自循环取热特征实验研究

笔者基于搭建的地热多功能流动传热室内实验系统，开展多分支井自循环取热实验，通过实验手段揭示生产参数和分支井结构参数对系统运行寿命和取热效果的影响规律。

7.2.1 实验方案与实验流程

1) 实验方案

实验主要研究不同分支井结构参数(分支井数量、分支井长度、分支井直径和角度)和生产参数(注入温度、注入排量和生产压力)对系统取热效果的影响规律。记录不同分支井结构参数和生产参数下出口温度和人工热储内部温度变化规律，并计算系统的取热功率。该实验首先研究不同生产参数对多分支井自循环取热效果的影响规律，根据实验结果优选一组取热效果最佳的生产参数。基于该生产参数，研究不同分支井结构参数对系统取热效果的影响规律。实验方案中采用的生产参数和分支井结构参数分别见表 7.1 和表 7.2。实验中采用的不同分支井数量和分支井长度的井筒模型分别如图 7.7 和图 7.8 所示。

表 7.1　循环取热生产参数

序号	注入温度/℃	生产压力/MPa	注入排量/(L/h)
1	25、30、35、40	0	6
2	30	0、2、4、6、8	6
3	30	0	2、3、4、5、6

表 7.2　分支井结构参数

序号	分支井数量	分支井长度/cm	分支井直径/mm	角度
1	2、3、4、5、6	10	10	平行
2	6	10、12、14、16	10	平行
3	6	10	10	平行
4	4	10	6, 8, 10	平行
5	4	10	10	交叉

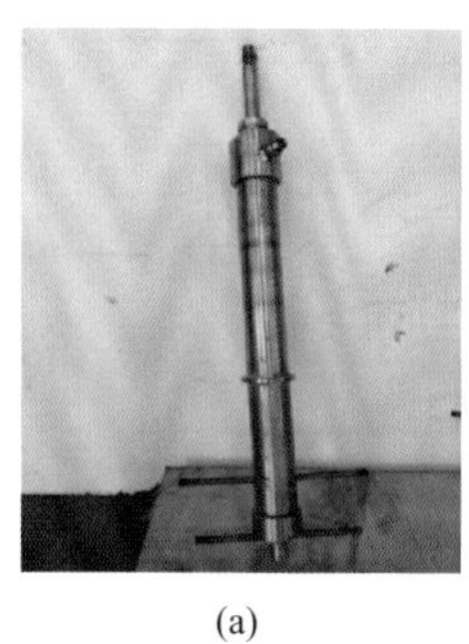
(a)

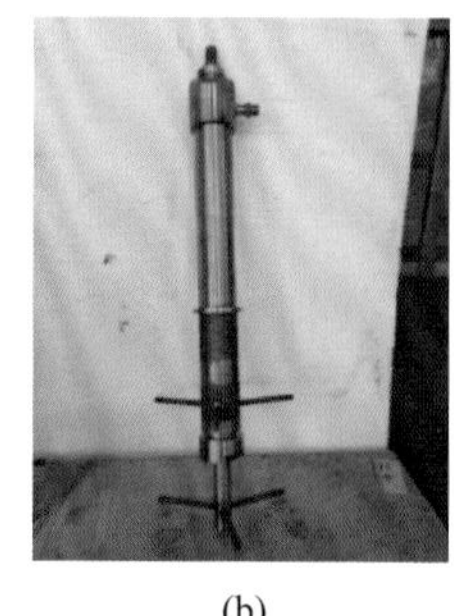
(b)

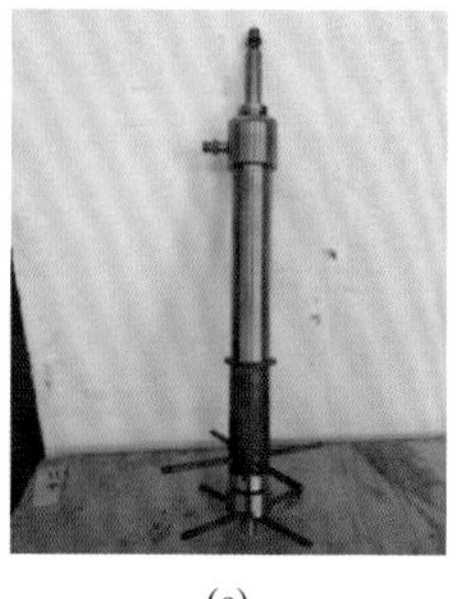
(c)

(d)

图 7.7　不同分支井数量示意图

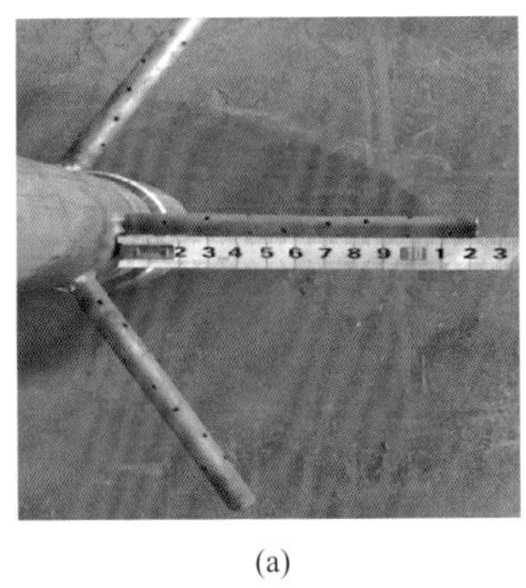
(a)

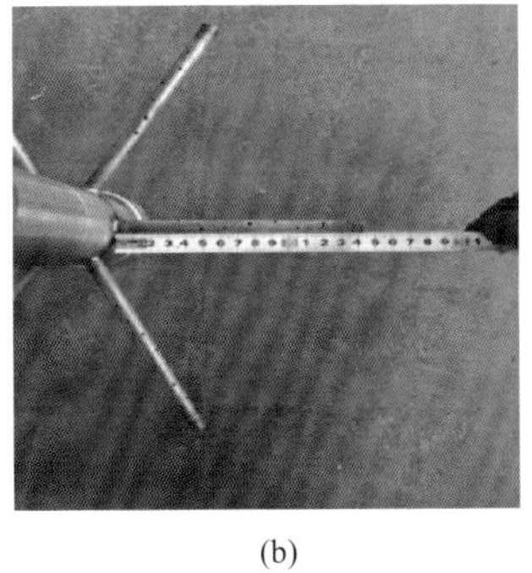
(b)

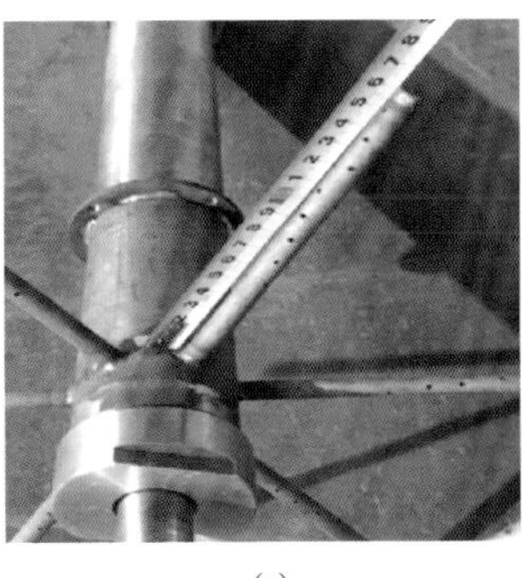
(c)

图 7.8　不同分支井长度示意图

2) 实验流程

第一步，制作人工热储，如图 7.9 所示。组装人工热储模具，该模具由侧板、端板、拉杆和顶板等组成，内部尺寸为 400mm×400mm×400mm。侧板和端板之间通过螺栓连接，并且通过拉杆进行紧固，防止水泥在凝固过程中膨胀从而使模具变形失效。不同结构参数的多分支井筒和测温探头套管分别通过顶板上的圆形镂空部分固定在模具内部。三个测温探头套管与人工模具顶部距离分别为 350mm、200mm 和 50mm。

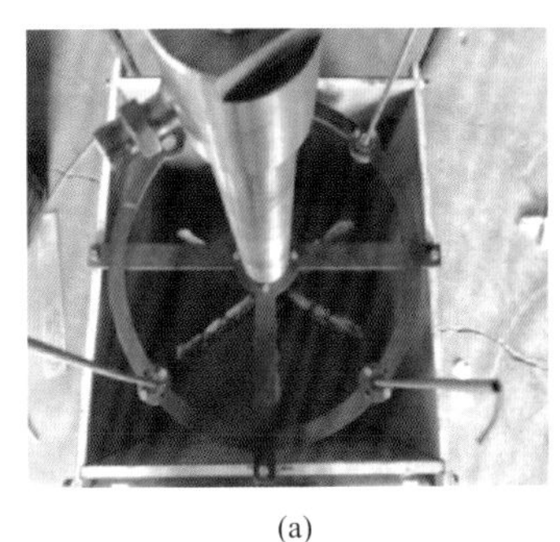
(a)

(b)

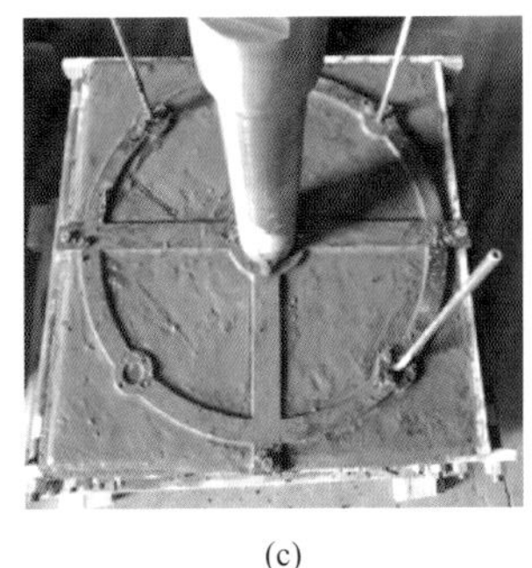
(c)

图 7.9　人工热储制备过程

人工热储模具组装完毕后，根据人工热储模拟实验的结果，按照 2.5∶1 的质量比将砂和水泥混合，混合完成后加入适量清水，搅拌形成砂浆；将砂浆注入组装好的模具中，注入过程不断搅拌砂浆，使砂浆变成黏稠状并完全填充模具；将填充完毕的模具放置于阴暗通风处自然晾干，并定期浇水对人工岩样进行养护；静止 14d 后拆除模具，检查人工岩样是否符合实验要求。

第二步，设备组装。将符合实验要求的人工岩样安装至围压釜内，再将上法兰盖置于岩样上部，通过 8 组外紧固螺栓和 20 组内紧固螺栓进行上密封；开启釜体底部的液压泵将釜体向上顶起，不断压实密封圈，从而实现下密封；安装测温探头密封接头，对测温探头与釜体的间隙进行密封，同时往测温探头导管内插入测温热电偶；利用导管连接主井筒的注入和开采接口，并在注入、开采接口处安装压力传感器。

第三步，釜体预热。设备组装完毕后，将控温仪设置为较高温度对人工岩样进行预加热；待人工岩样内部温度达到 120℃后，开启围压泵向预热器内注水，并通过蒸汽发生器产生高温流体，由外循环通路注入围压釜内，模拟水热环境；待人工岩样内部温度达到 120℃后，将控温仪温度设置为 120℃，使岩样边界温度维持 120℃不变。

第四步，建立围压。岩样内部温度达到 120℃后，适当调节釜体外循环出口处的背压阀，使釜体围压保持在 10MPa 左右，模拟真实地热储层的定压边界条件。

第五步，井筒注采循环。开启水箱内的控温装置，根据实验方案将水箱内的水加热到指定温度；开启环腔泵，按照实验方案调节泵的频率实现不同的注入流量；水箱内的水先后经过主井筒环空与上层多分支井注入人工热储内，在岩样内部取热后，通过下层多分支井和中心保温管采出，最后通过冷却器冷却后回流到水箱内；可通过调节保温管出口处的背压阀，控制出口流量和生产压力。

第六步，数据采集。内管出口处有循环水流出时，在计算机中设置采集周期为 60s 并开始采集出口温度、人工热储内部不同深度处的温度和生产压力等数据。待出口温度稳定，停止测定并将采集数据导入 Excel 中保存在计算机内。

7.2.2 生产参数影响规律实验研究

图 7.10 展示了不同注入温度下系统的出口温度和取热功率随生产时间变化曲线，图 7.10 可知，可将生产曲线大致分为下降区、过渡区和平稳区三个阶段。不

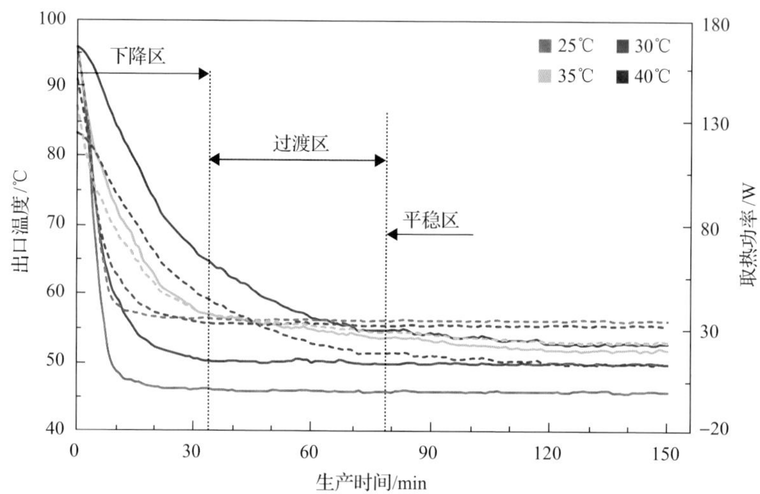

图 7.10　不同注入温度下系统的出口温度(实线)和取热功率(虚线)随时间变化曲线

同注入温度下的下降区、过渡区和平稳区的时间间隔不同。当注入温度为 25℃时，系统进入过渡区的生产时间节点为 10min，过渡区结束后进入平稳区的生产时间节点不明显；而当注入温度为 40℃时，系统进入过渡区的时间节点大约为 40min，过渡区结束后进入平稳区的生产时间节点大约为 120min。由此可知，随着注入温度逐渐升高，下降区的生产时间范围逐渐延长。

图 7.11 展示了在不同生产时间下出口温度和取热功率随注入温度的变化规律，可知取热 10min 时，当注入温度从 25℃增加至 40℃，出口温度由 49℃增加至 84.7℃。这是因为当工质注入温度较低时，会与高温热储间产生较大热应力，促进人工热储的渗透率提高，较早出现热突破，因此适当提高注入温度可有效缓解热突破。此外，生产 10min、20min 和 30min 时，随注入温度增加，系统取热功率增加，生产 60min、90min 和 120min 时，随注入温度增加系统取热功率降低。产生该现象的原因：随生产时间推移，不同注入温度与储层之间产生的热应力不同，从而导致井口排量不同。因此，为获得较高的取热功率，不能无限制地提高注入温度，应综合考虑系统运行寿命和取热功率，优选合理的注入温度。

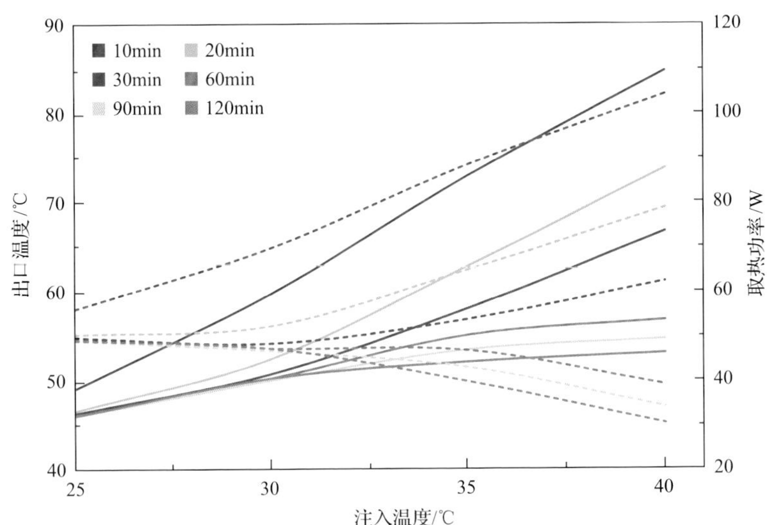

图 7.11　不同生产时间下出口温度（实线）和取热功率（虚线）随注入温度的变化曲线

图 7.12 展示了在不同生产时间下注采分支井注采压差随生产压力变化曲线，可知生产 10min 和 120min 时，生产压力从 0MPa 增加至 8MPa 时，注采分支井注采压差分别增加了 1.95MPa 和 2.86MPa。由此可知，随生产压力增加，注采分支井的注采压差增加。

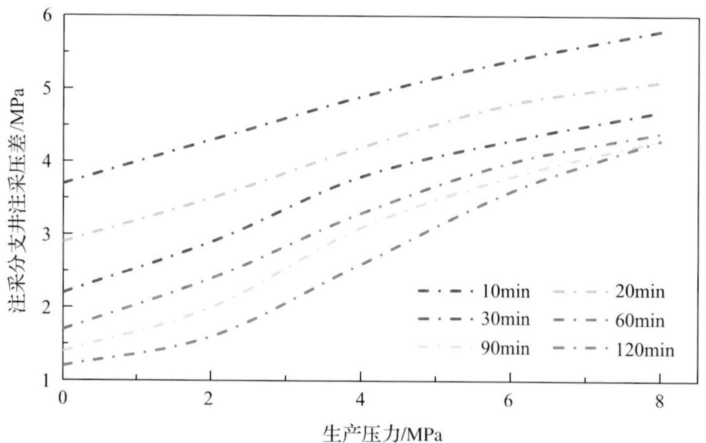

图 7.12　不同生产时间下系统的注采压差随生产压力变化曲线

图 7.13 展示了在不同生产时间下系统出口温度和取热功率随生产压力变化曲线，可知生产 10min 和 120min 时，生产压力由 0MPa 增加到 8MPa 时，出口温度分别增加了 18.4℃和 5.4℃。因此，随生产压力增加，系统的出口温度和取热功率都在增加。这是因为生产压力较大时，系统注采压差增加，热储中流动阻力变大，可在储层中充分换热，从而获得更大的出口温度和取热功率。但考虑循环压耗，不能无限制地提高生产压力。

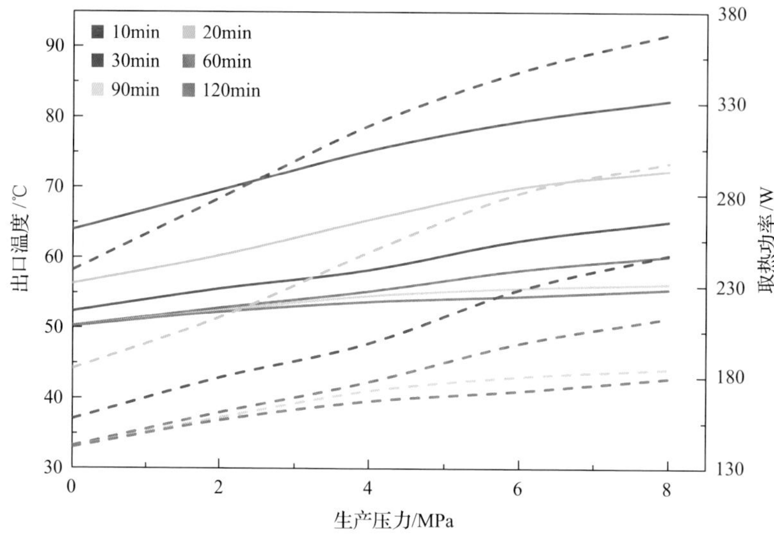

图 7.13　不同生产时间下系统出口温度(实线)和取热功率(虚线)随生产压力变化曲线

图 7.14 展示了不同生产时间下系统出口温度和取热功率随注入排量变化规律，可知当生产 10min 和 120min 时，出口温度分别降低了 32.8℃和 8℃。随注入排量

增加，系统出口温度降低，而取热功率先增大后减小；当注入排量为 5L/h 左右时，取热功率达到最大值。因此，综合考虑出口温度和取热功率，认为当注入排量为 5L/h 时最有利于取热。

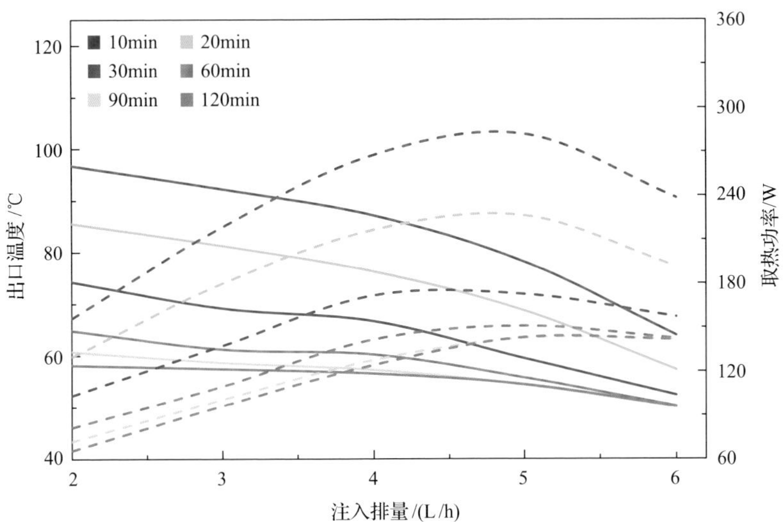

图 7.14　不同生产时间下系统出口温度(实线)和取热功率(虚线)随注入排量变化曲线

7.2.3　分支井结构参数影响规律实验研究

图 7.15 展示了不同生产时间下系统出口温度和取热功率随分支井数量变化曲线，可知随分支井数量增加，出口温度先增大后减小，在分支井数量为 4 时取得

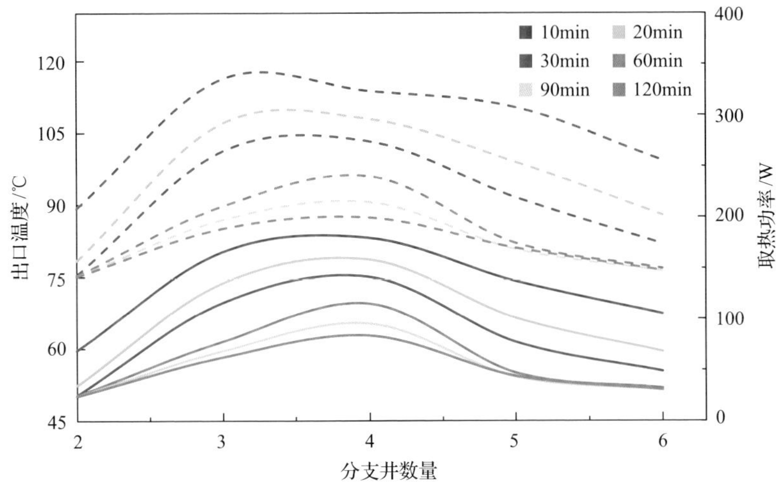

图 7.15　不同生产时间下系统出口温度(实线)和取热功率(虚线)随分支井数量变化曲线

最大值。产生以上现象的原因：当分支井数量由 2 增加到 4 时，更多分支井增大了注入流体的波及面积，缓解了热突破；而当分支井数量由 4 增加到 6 时，人工热储内高渗通道和某些注采分支井间的沟通性增强，造成了严重的热短路，导致热突破时间提前，出口温度明显降低。

图 7.16 展示了不同生产时间下出口温度和取热功率随分支井长度变化曲线，可知在生产 10min 时，当分支井长度由 10cm 增加至 16cm 时，系统出口温度增加了 20.9℃；在生产 120min 时，系统取热功率由 151.6W 先增加到 204.6W 后再降低至 200W。因此，随分支井长度增加，热突破时间推迟，系统出口温度增加，取热功率先增加后减小。这是因为当分支井长度较大时，分支井和热储的接触面积增大，将注入流体向水平方向扩散，减弱了注入流体在某一分支井沿高渗通道向下的优先流动，从而削弱了热突破，可获得更高的出口温度。因此较长的分支井有利于系统取热。

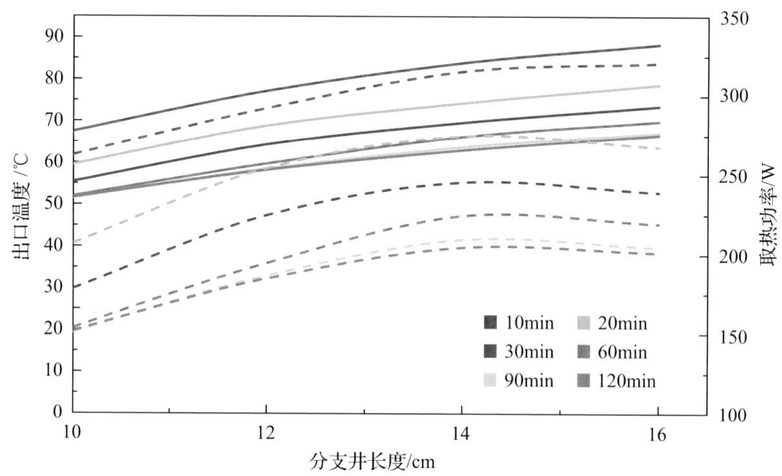

图 7.16 不同生产时间下出口温度(实线)和取热功率(虚线)随分支井长度变化曲线

高速渗流通道直接沟通注采分支井眼易导致热短路，从而造成热突破提前，因此研究了注采分支井交叉排列的取热效果。图 7.17 对比了平行排列和交叉排列方式下系统的取热效果，可知当注采分支井从平行排列方式转变为交叉排列方式时，系统热突破时间明显推迟，出口温度和取热功率增加。因此，采用交叉排列的注采分支井布井方式有利于系统取热。

图 7.18 展示了不同生产时间下出口温度和取热功率随分支井直径变化曲线，可知生产过程中，随分支井直径增加，系统出口温度和取热功率仅有较小幅度上升。因此，认为分支井直径对系统取热效果的影响可忽略不计。

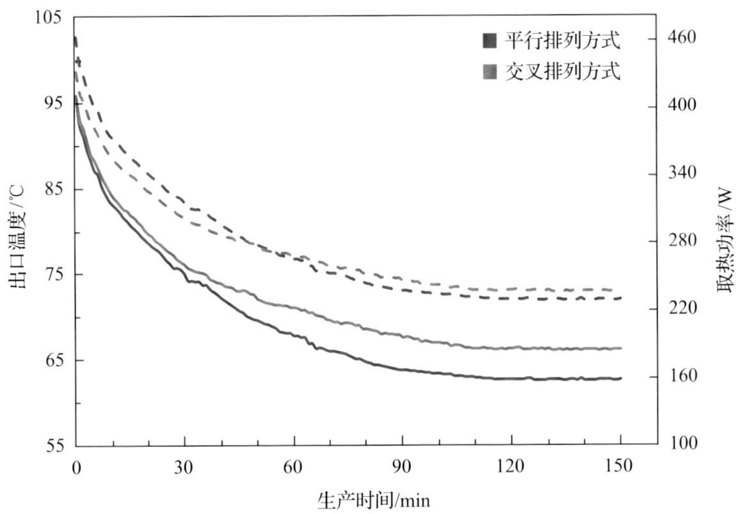

图 7.17　不同分支井排列方式下出口温度(实线)与取热功率(虚线)随时间变化曲线

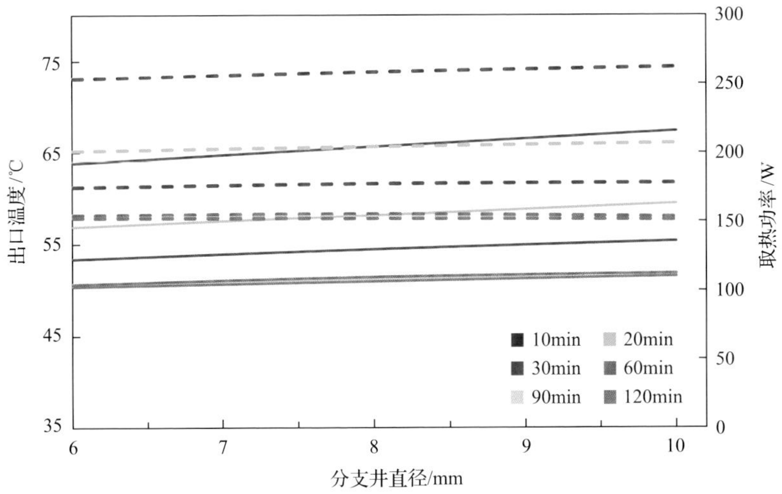

图 7.18　不同生产时间下出口温度(实线)和取热功率(虚线)随分支井直径变化曲线

7.3　多分支井与单井同轴套管开式循环地热系统取热对比

根据 7.2 节的实验结果，选择取热效果最佳的多分支井结构参数与单井同轴套管开式循环地热系统开展对比实验，其中单井同轴套管开式循环地热系统的结构参数与多分支井地热系统相对应，具体结构参数如表 7.3 所示。图 7.19 展示了单井同轴套管开式循环地热系统取热示意图。

表 7.3　多分支井和单井同轴套管开式循环地热系统结构参数

多分支井地热系统	分支井数量	分支井间距/cm	分支井直径/mm	分支井排列方式
	4	25	10	交叉排列
单井同轴套管开式循环地热系统	开口数量	开口间距/cm	开口直径/mm	开口排列方式
	4	25	10	交叉排列

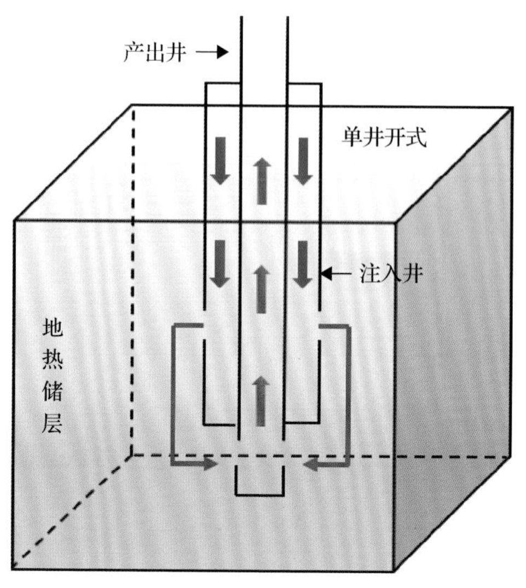

图 7.19　单井同轴套管开式循环地热系统取热示意图

图 7.20 对比了多分支井地热系统和单井同轴套管开式循环地热系统出口温度和取热功率随生产时间变化曲线，可知相较于单井同轴套管开式循环地热系统，多

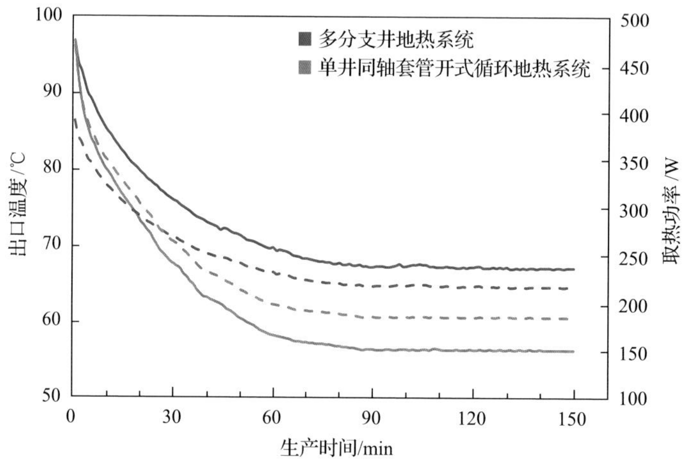

图 7.20　多分支井地热系统和单井同轴套管开式循环地热系统出口温度(实线)与取热功率(虚线)随生产时间变化曲线

分支井地热系统热突破时间明显延迟；多分支井地热系统的出口温度和取热功率分别比单井同轴套管开式循环地热系统提高 10.8℃和 32.3W。由此说明多分支井眼促进了注入流体在水平方向上的扩散，增大了波及面积，与更多裂缝沟通从而缓解了单一高渗通道对热突破的影响，提高了系统的出口温度与取热功率。因此，认为多分支井自循环地热系统比单井同轴套管开式循环地热系统具有更长的运行寿命和更好的取热效果。

参 考 文 献

[1] Clarke A, Trinnaman J A. 2004 Survey of Energy Resources. Oxford: Elsevier, 2004.

[2] 王贵玲, 张薇, 梁继运, 等. 中国地热资源潜力评价. 地球学报, 2017, (4): 448-459.

[3] 张薇, 王贵玲, 刘峰, 等. 中国沉积盆地型地热资源特征. 中国地质, 2019, 46(2): 43-56.

[4] 张森琦, 文冬先, 许天福, 等. 美国干热岩"地热能前沿瞭望台研究计划"与中美典型 ECS 场地勘查现状对比. 地学前缘, 2019, 26(2): 321-334.

[5] 汪集旸. 一带一路, 地热先行. 科技导报, 2016, 34(21): 1.

[6] 汪集旸. 加快中国地热发电的步伐. 科技导报, 2012, 30(32): 3.

[7] 庞忠和, 罗霁, 龚宇烈. 国内外地热产业发展现状与展望. 中国核工业, 2017, (12): 47-50.

[8] Lukawski M Z, Silverman R L, Tester J W. Uncertainty analysis of geothermal well drilling and completion costs. Geothermics, 2016, 64: 382-391.

[9] Brown D W, Duchane D V, Heiken G, et al. Mining the Earth's Heat: Hot Dry Rock Geothermal Energy. Berlin: Springer Science & Business Media, 2012.

[10] 宋先知, 李根生, 石宇, 等. 一种多分支水平井闭式循环开发水热型地热的方法: CN201710200768.7. 2017-03-30.

[11] Song X Z, Shi Y, Li G S, et al. Numerical simulation of heat extraction performance in enhanced geothermal system with multilateral wells. Applied Energy, 2018, 218: 325-327.

[12] Shi Y, Song X Z, Wang G S, et al. Study on wellbore fluid flow and heat transfer of a multilateral-well CO_2 enhanced geothermal system. Applied Energy, 2019, 249: 14-27.

[13] Churchill S W. Friction-factor equation spans all fluid-flow regimes. Chemical Engineering(NY), 1977, 84: 91-92.

[14] Gnielinski V. New equations for heat and mass transfer in the turbulent flow in pipes and channels. Nasa Sti/Recon Technical Report A, 1975, 75: 8-16.

[15] Churchill S W, Chu H H S. Correlating equations for laminar and turbulent free convection from a horizontal cylinder. International Journal of Heat and Mass Transfer, 1975, 18(9): 1049-1053.

[16] 中华人民共和国国家质量监督检验检疫总局, 中国国家标准化管理委员会. 油井水泥试验方法: GB/T 19139—2012. 北京: 中国标准出版社, 2013.

[17] García A, Santoyo E, Espinosa G, et al. Estimation of temperatures in geothermal wells during circulation and shut-in in the presence of lost circulation. Transport in Porous Media, 1998, 33(1-2): 103-127.

[18] Brown D W. A hot dry rock geothermal energy concept utilizing supercritical CO_2 instead of water. Proceedings of 25th Workshop on Geothermal Reservoir Engineering. Palo Alto: Stanford University, 2000.

[19] Pruess K. Enhanced geothermal systems(EGS) using CO_2 as working fluid: A novel approach for generating renewable energy with simultaneous sequestration of carbon. Geothermics, 2006, 35(4): 351-367.

[20] Pruess K. On production behavior of enhanced geothermal systems with CO_2 as working fluid. Energy Conversion and Management, 2008, 49(6): 1446-1454.

[21] Luo F, Xu R N, Jiang P X. Numerical investigation of fluid flow and heat transfer in a doublet enhanced geothermal system with CO_2 as the working fluid (CO_2–EGS). Energy, 2014, 64: 307-322.

[22] Pan L, Freifeld B, Doughty C, et al. Fully coupled wellbore-reservoir modeling of geothermal heat extraction using CO_2 as the working fluid. Geothermics, 2015, 53: 100-113.

[23] Cao W J, Huang W B, Jiang F M. Numerical study on variable thermophysical properties of heat transfer fluid affecting EGS heat extraction. International Journal of Heat and Mass Transfer, 2016, 92: 1205-1217.

[24] Chen Y, Ma G W, Wang H D, et al. Application of carbon dioxide as working fluid in geothermal development considering a complex fractured system. Energy Conversion and Management, 2019, 180: 1055-1067.

[25] Wang C L, Cheng W L, Nian Y L, et al. Simulation of heat extraction from CO_2-based enhanced geothermal systems considering CO_2 sequestration. Energy, 2018, 142: 157-167.

[26] Guo T K, Gong F C, Wang X Z, et al. Performance of enhanced geothermal system（EGS）in fractured geothermal reservoirs with CO_2 as working fluid. Applied Thermal Engineering, 2019, 152: 215-230.

[27] Atrens A D, Gurgenci H, Rudolph V. Electricity generation using a carbon-dioxide thermosiphon. Geothermics, 2010, 39(2): 161-169.

[28] 石岩. 二氧化碳羽流地热系统运行机制及优化研究. 长春: 吉林大学, 2014.

[29] 罗峰. 增强型地热系统和二氧化碳利用中的流动与换热问题研究. 北京: 清华大学, 2014.

[30] Chen J L, Jiang F M. A numerical study of EGS heat extraction process based on a thermal non-equilibrium model for heat transfer in subsurface porous heat reservoir. Heat and Mass Transfer, 2016, 52(2): 255-267.

[31] Ouyang X L, Xu R N, Jiang P X. Three-equation local thermal non-equilibrium model for transient heat transfer in porous media: The internal thermal conduction effect in the solid phase. International Journal of Heat and Mass Transfer, 2017, 115: 1113-1124.

[32] Cao W J, Huang W B, Jiang F M. A novel thermal-hydraulic-mechanical model for the enhanced geothermal system heat extraction. International Journal of Heat and Mass Transfer, 2016, 100: 661-671.

[33] Shi Y, Song X Z, Li J C, et al. Numerical investigation on heat extraction performance of a multilateral-well enhanced geothermal system with a discrete fracture network. Fuel, 2019, 244: 207-226.

[34] Shi Y, Song X, Wang G S, et al. Numerical study on heat extraction performance of a multilateral-well enhanced geothermal system considering complex hydraulic and natural fractures. Renewable Energy, 2019, 141: 950-963.

[35] Sun Z X, Zhang X, Xu Y, et al. Numerical simulation of the heat extraction in EGS with thermal-hydraulic-mechanical coupling method based on discrete fractures model. Energy, 2017, 120: 20-33.

[36] Yao J, Zhang X, Sun Z X, et al. Numerical simulation of the heat extraction in 3D-EGS with thermal-hydraulic mechanical coupling method based on discrete fractures model. Geothermics, 2018, 74: 19-34.

[37] 黄小雪. 增强型热储基于热-流-固多场耦合模型与传热特性的研究. 天津: 天津大学, 2017.

[38] Soave G. Equilibrium constants from a modified Redlich-Kwong equation of state. Chemical Engineering Science, 1972, 27(6): 1197-1203.

[39] Peng D Y, Robinson D B. A new two-constant equation of state. Industrial & Engineering Chemistry Fundamentals, 1976, 15(1): 59-64.

[40] Span R, Wagner W. A new equation of state for carbon dioxide covering the fluid region from the triple-point temperature to 1100K at pressures up to 800MPa. Journal of Physical and Chemical Reference data, 1996, 25(6): 1509-1596.

[41] Li X J, Li G S, Wang H Z, et al. A unified model for wellbore flow and heat transfer in pure CO_2 injection for geological sequestration, EOR and fracturing operations. International Journal of Greenhouse Gas Control, 2017, 57: 102-115.

[42] Li X J, Li G S, Yu W, et al. Thermal effects of liquid/supercritical carbon dioxide arising from fluid expansion in fracturing. SPE Journal, 2018, 23(6): 1-15.

[43] Span R. Multiparameter Equations of State: An Accurate Source of Thermodynamic Property Data. Berlin: Springer-Verlag, 2013.

[44] Heidaryan E, Hatami T, Rahimi M, et al. Viscosity of pure carbon dioxide at supercritical region: measurement and correlation approach. The Journal of Supercritical Fluids, 2011, 56(2): 144-151.

[45] Jarrahian A, Heidaryan E. A novel correlation approach to estimate thermal conductivity of pure carbon dioxide in the supercritical region. The Journal of Supercritical Fluids, 2012, 64: 39-45.

[46] 程林松. 渗流力学. 北京: 石油工业出版社, 2011.

[47] Biot M A. Mechanics of deformation and acoustic propagation in porous media. Journal of Applied Physics, 1962, 33(4): 1482-1498.

[48] 陈勉, 金衍, 张广清. 石油工程岩石力学. 北京: 科学出版社, 2008.

[49] 杨桂通. 弹塑性力学引论. 北京: 清华大学出版社, 2004.

[50] Ju B S, Wu Y S, Fan T L. Study on fluid flow in nonlinear elastic porous media: Experimental and modeling approaches. Journal of Petroleum Science and Engineering, 2011, 76(3-4): 205-211.

[51] Rice J R. Fault stress states, pore pressure distributions, and the weakness of the San Andreas fault. International Geophysics: Elsevier, 1992, 51: 475-503.

[52] Louis C. Rock Mechanics. New York: Elsevier Science, 1974.

[53] Cho Y, Ozkan E, Apaydin O G. Pressure-dependent natural-fracture permeability in shale and its effect on shale-gas well production. SPE Reservoir Evaluation & Engineering, 2013, 16(2): 216-228.

[54] Wang H. A numerical study of thermal-hydraulic-mechanical simulation with application of thermal recovery in fractured shale-gas reservoirs. SPE Reservoir Evaluation & Engineering, 2017, 20(3): 513-531.

[55] Zou L, Tarasov B G, Dyskin A V, et al. Physical modelling of stress-dependent permeability in fractured rocks. Rock Mechanics and Rock Engineering, 2013, 46(1): 67-81.

[56] Miller S A. Modeling enhanced geothermal systems and the essential nature of large-scale changes in permeability at the onset of slip. Geofluids, 2015, 15(1-2): 338-349.

[57] Haaland S E. Simple and explicit formulas for the friction factor in turbulent pipe flow. Journal of Fluids Engineering, 1983, 105(1): 89-90.

[58] Lyu X R, Zhang S C, Ma X F, et al. Numerical study of non-isothermal flow and wellbore heat transfer characteristics in CO_2 fracturing. Energy, 2018, 156: 555-568.

[59] Lyu X R, Zhang S C, Ma X F, et al. Numerical investigation of wellbore temperature and pressure fields in CO_2 fracturing. Applied Thermal Engineering, 2018, 132: 760-768.

[60] Incropera E P, Dewitt D P. Fundamentals of Heat and Mass Transfer. 4th. New York: Wiley, 1996.

[61] Holmberg H, Acuña J, Næss E, et al. Thermal evaluation of coaxial deep borehole heat exchangers. Renewable Energy, 2016, 97: 65-76.

[62] Song X Z, Wang G S, Shi Y, et al. Numerical analysis of heat extraction performance of a deep coaxial borehole heat exchanger geothermal system. Energy, 2018, 164: 1298-1310.

[63] Wang G S, Song X Z, Shi Y, et al. Numerical investigation on heat extraction performance of an open loop geothermal system in a single well. Geothermics, 2019, 80: 170-184.

[64] 杨世铭, 陶文铨. 传热学. 第四版. 北京: 高等教育出版社, 2006.

[65] Hasan A R, Kabir C S. Aspects of wellbore heat transfer during two-phase flow (includes associated papers 30226 and 30970). SPE Production & Facilities, 1994, 9(3): 211-216.

[66] Kabir C S, Hasan A R, Kouba G E, et al. Determining circulating fluid temperature in drilling, workover, and well control operations. SPE Drilling & Completion, 1996, 11(2): 74-79.

[67] Aliyu M D, Chen H P. Sensitivity analysis of deep geothermal reservoir: effect of reservoir parameters on production temperature. Energy, 2017, 129: 101-113.

[68] Zhao Y S, Yang D, Liang W G. THM (Thermo-hydro-mechanical) coupled mathematical model of fractured media and numerical simulation of a 3D enhanced geothermal system at 573 K and buried depth 6000–7000m. Energy, 2015, 82: 193-205.

[69] Jiang F, Chen J, Huang W, et al. A three-dimensional transient model for EGS subsurface thermo-hydraulic process. Energy, 2014, 72: 300-310.

[70] Huang X Y, Zhu J L, Li J, et al. Parametric study of an enhanced geothermal system based on thermo-hydro-mechanical modeling of a prospective site in Songliao Basin. Applied Thermal Engineering, 2016, 105: 1-7.

[71] Hayashi K, Willis-Richards J, Hopkirk R J, et al. Numerical models of HDR geothermal reservoirs: A review of current thinking and progress. Geothermics, 1999, 28(4-5): 507-518.

[72] O'Sullivan M J, Pruess K, Lippmann M J. State of the art of geothermal reservoir simulation. Geothermics, 2001, 30(4): 395-429.

[73] Karimi-Fard M, Gong B, Durlofsky L J. Generation of coarse-scale continuum flow models from detailed fracture characterizations. Water Resources Research, 2006, 42(10): 1-13.

[74] Matthäi S K, Nick H M, Pain C, et al. Simulation of solute transport through fractured rock: A higher-order accurate finite-element finite-volume method permitting large time steps. Transport in Porous Media, 2010, 83(2): 289-318.

[75] 耿黎东. 基于微纳尺度流动的页岩储层产能预测模型与完井参数优化. 北京: 中国石油大学(北京), 2017.

[76] 陈必光. 地热对井裂隙岩体中渗流传热过程数值模拟方法研究. 北京: 清华大学, 2014.

[77] Leung C T O, Zimmerman R W. Estimating the hydraulic conductivity of two-dimensional fracture networks using network geometric properties. Transport in Porous Media, 2012, 93(3): 777-797.

[78] de Dreuzy J R, Pichot G, Poirriez B, et al. Synthetic benchmark for modeling flow in 3D fractured media. Computers & Geosciences, 2013, 50: 59-71.

[79] Peter J L, William G M. The NIST chemistry webBook: A chemical data resource on the Internet. Journal of Chemical & Engineering Data, 2001, 46(5): 1059-1063.